Phenomenology
Psychoanalysis

马迎辉 主编

现象学与心理分析研究文集

中央编译出版社
Central Compilation & Translation Press

图书在版编目（CIP）数据

现象学与心理分析研究文集 / 马迎辉主编. —北京：中央编译出版社，2022.6
ISBN 978-7-5117-3936-0

Ⅰ.①现… Ⅱ.①马… Ⅲ.①现象学-文集 ②精神分析-文集 Ⅳ.①B81-06②B84-065

中国版本图书馆 CIP 数据核字（2022）第 059376 号

现象学与心理分析研究文集

责任编辑	郑永杰
责任印制	刘　慧
出版发行	中央编译出版社
地　　址	北京市海淀区北四环西路 69 号（100080）
电　　话	（010）55627391（总编室）　（010）55627309（编辑室）
	（010）55627320（发行部）　（010）55627377（新技术部）
经　　销	全国新华书店
印　　刷	北京环球画中画印刷有限公司
开　　本	710 毫米×1000 毫米　1/16
字　　数	278 千字
印　　张	20
版　　次	2022 年 6 月第 1 版
印　　次	2022 年 6 月第 1 次印刷
定　　价	128.00 元

新浪微博：@中央编译出版社　　　微　信：中央编译出版社(ID: cctphome)
淘宝店铺：中央编译出版社直销店(http://shop108367160.taobao.com)　（010）55627331

本社常年法律顾问：北京市吴栾赵阎律师事务所律师　闫军　梁勤
凡有印装质量问题，本社负责调换，电话：（010）55626985

目 录

解题：现象学与心理分析（代序言） …………………… 倪梁康 1
胡塞尔、弗洛伊德论"无意识" …………………………… 马迎辉 4
始创阶段上的心理病理学与现象学
　　——雅斯贝尔斯与胡塞尔的思想关系概论 ………… 倪梁康 21
直观与同情
　　——闵可夫斯基现象学心理病学的方法论反思 …… 黄　旺 38
论宾斯万格存在分析学的理论特征 …………………… 任其平 60
论语音
　　——从现象学到精神分析 ……………………………… 沈志中 75
弗洛伊德哲学与梅洛-庞蒂的"肉身"概念 …………… 宁晓萌 90
"你未曾在我看见你的地方凝视我"：梅洛-庞蒂与拉康 … 张怀远 110
当代欲望主体的哲学处境
　　——拉康与萨特学说中的自我、主体与他者 ……… 卢　毅 128
保罗·利科论心理分析与现象学 ……………………… 付志勇 146
创伤与存在
　　——列维纳斯与比昂的思想交汇 …………………… 杨婉仪 162
欲望的逻辑
　　——列维纳斯与拉康"错失的相遇" ………………… 王光耀 176

德里达解构理论中的弗洛伊德酵素 …………………… 陶佳意 194

无意识：表象的现象性还是感受的现象性？
　　——米歇尔·亨利对弗洛伊德无意识理论的现象学分析
　　………………………………………………… 郭婵丽 211

拉康与马里翁：对两种现代爱欲理论的比较和反思 ……… 胡成恩 224

附录一：研讨班一和二导论
　　——拉康在1953年之前的方向
　　……………………………………… 雅克–阿兰·米勒 著
　　　　　　　　　　　　　　　　　　　　　黄清怡 译 242

附录二：无意识：内部还是外部？
　　——从弗洛伊德到拉康 ………………………… 居 飞 279

附录三：从射影几何模型看精神分析实践中的"真理"
　　…………………………………………………… 蔡婷婷 298

参考文献 ……………………………………………………… 312

后　记 ………………………………………………………… 314

解题：现象学与心理分析（代序言）

倪梁康

现象学与心理分析的关系大致可以理解为意识研究与无意识研究的关系。对此笔者在最近的文章中已经做过较为详细的论述①，这里不再赘述。但仍需要对这里的"心理分析（Psychoanalyse）"概念做一个说明。

在德语心理学概念的汉译历史上，用"精神"取代"心理"的做法从一开始便频繁出现并一直传习至今，尤其是在心理病理学的领域。雅斯贝尔斯的"心理病理学"（Psychopathologie）本身就被译作"精神病理学"；弗洛伊德的"心理分析（Psychoanalyse）"也被译作"精神分析"；"心理诊疗术（Psychiatrie）"被译作"精神病治疗学"；"心理医生（Psychiater）"被译作"精神病医生"；"心理疗法（Psychotherapie）"被译作"精神疗法"；"心理病人（Psycho）"被译作"精神病人"；"心理发生"被译作"精神发生"；"schizophrenia"被译作"精神分裂"，等等。

究其原因，很可能是因为心理学汉译过程中受日文翻译的影响所致。② 但这个词的翻译会影响我们对德语哲学与心理学中的"心理科学

---

① 倪梁康：《意识现象学与无意识研究的可能性》，载《中国社会科学》，2021年第3期。

② 日中英医学对照用语辞典编集委员会编：《日中英医学对照用语辞典》，朝仓书店1994年版，第284页。

（Psychologie）"与"精神科学（Geisteswissenschaft）"的根本差异的理解，至少会造成理解的混乱从而引发很大的困扰。

当然，在德文"Geist"的次要含义中也包含"鬼神"的意思，而且在德文中也有"精神疾病（Geisteskrankheit）"的组词。但有一点可以确定，它的基本含义是在英文的"spirit"和"mind"之中，而不是在"psyche"之中。此外，尽管"精神"是一个基本的德文概念，但与它相近的词在希腊文中是"νοῦς"和"πνεῦμα"，在希伯来文中是"ruach"，在拉丁文中是"spiritus"和"mens"，在意大利文中是"spirit"，在法文中是"esprit"，如此等等。①

由于"精神"一词在德国思想史上被赋予了崇高的意义，例如黑格尔的"精神现象学"，或狄尔泰相对于自然科学而言的"精神科学"（人文科学、社会科学），因此，将病态心理语境中的"Geist"与"psych-"都译成"精神"显然是不合适和不可取的。

这种做法对于心理病理学创始人卡尔·雅斯贝尔斯而言，就是混淆了心理学的对象，他明确区分"心灵（心理）"与"精神"②。他的传记作者汉斯·萨尼尔曾将雅斯贝尔斯的理论批判的最终基础理解为"探究心理学本身的对象"，"这个对象作为普遍的心灵统一体来理解，即是心灵；作为精神（Geist）来理解，它即是人格；作为生命力来理解，它即是生命；作为心灵、肉体和精神的统一体来理解，它即是人。"③

一百多年来，汉语的翻译词"精神病"在日常使用和学术使用中都被用来指称某些因为大脑功能紊乱而导致在认知、情感、意志的心理活

---

① Joachim Ritter, Karlfried Gründer und Gottfried Gabriel, *Historisches Wörterbuch der Philosophie*, Basel: Schwabe Verlag, 1971 – 2007, Bd. 3, S. 154. 但"Geist"一词在这里的对应希腊文不是"nous"，而是"pneuma"。笔者对此并不认同。

② 雅斯贝尔斯曾提出"精神的心理病理学（Psychopathologie des Geistes）"的概念（Karl Jaspers, *Allgemeine Psychopathologie*, Berlin / Heidelberg / New York: Springer, 1973, S. 609）。雅斯贝尔斯的这部重要著作若仍按照目前流行的"精神病理学"的译法来翻译，在遭遇这个概念时自然就会面临窘境。

③ 汉斯·萨尼尔：《卡尔·雅斯贝尔斯》，张继武、倪梁康译，生活·读书·新知三联书店1988年版，第107页。

动与行为方面所形成的不同程度障碍的心理疾病,这种情况虽然有所收敛,例如"精神病院"的名称大都已被取消,但至今仍在延续,例如大家仍在使用"精神专科"这样的名称;眼下人们常常会将"精神专科"治疗的"精神病"视作"心理专科"治疗的"心理病"的危重版。这种状况须需得到改正!

在几近完成本文之际,笔者已经高兴地看到,在目前汉语心理学的学术研究领域,用"心理"来翻译"psych-"的做法已经渐成趋势。但愿这会在不久的将来会很快成为研究人类各种正常和不正常心理状态的心理学家们和心理哲学家们的共识!

胡塞尔、弗洛伊德论"无意识"

马迎辉[*]

在胡塞尔现象学与弗洛伊德的心理分析学的关系问题上,学界存在两种代表性的看法。芬克明确指出:"在'无意识'这个名称下显示的问题,只有根据对'意识'的分析,才能就其真正的问题性质加以把握,并得到有步骤的充分的说明",因为它归属于"意向性的或更确切地说意向关联(……)的本质中"。[①] 因而,基于对无意识的一般理解来反对现象学的意识观念论在哲学上必然是幼稚的,无意识必须展示在意识的意向关联之中,它归根结底是一种意识现象。这一看法在近年的研究中逐渐占据了统治地位,贝奈特、米沙拉、威尔施等研究者从各自角度一致认定胡塞尔成功地贯穿了弗洛伊德的无意识区域,从而实现了对弗洛伊德无意识理论的现象学奠基。

与之相对的是利科和德里达的观点。利科在《弗洛伊德与哲学》中提出了一个倾向于心理分析的著名论断:"现象学的无意识就是心理分析的前意识。"[②] 德里达也提醒我们,在胡塞尔确立起"当下"的绝对性的同时,他就已经在根基处抛弃了一种弗洛伊德式的无意识及其显示

---

[*] 马迎辉,浙江大学哲学学院、现象学与心性思想研究中心,"百人计划"研究员。
[①] 胡塞尔:《欧洲科学的危机与超越论的现象学》,王炳文译,商务印书馆 2001 年版,第 574 页。
[②] Paul Ricœur, *Freud and Philosophy, An Essay on Interpretation*, New Haven/ London: Yale University Press, 1970, p. 392.

自身的可能性。① 因而，在他们眼里，心理分析显然较现象学更深入地触及了意识现象的根源和本质，如果真的存在某种奠基关系，那也应该是心理分析对现象学的奠基。

据此，本文将通过深入胡塞尔、弗洛伊德发现无意识的具体途径、谈论无意识的具体语境和方式，尝试回答如下问题：他们的无意识概念具有何种本质特征，他们对无意识的规定在什么意义是合理的；无意识领域能否被通达，是否具有独特的内在建制；最终，芬克式的超越论现象学的奠基与利科、德里达式的心理分析学的奠基，哪一种更具合理性？

一、胡塞尔对无意识的规定

在胡塞尔看来，无意识意味着意识的一种不清醒状态，是对意识觉知状态的否定。清醒意识是实显性的，而不清醒意义上的无意识则表现为一种非实显的、非现前的视域意识，它总是作为围绕现在的关联域而存在；在清醒意识的实施过程中，总有一个"非实显的，但却共同起作用的显现方式和有效性综合的整个'视域'"② 起着作用，胡塞尔指出，这种视域中隐含的"非实显的显现流形体的关联之谜"③，只有在现象学反思中才能被揭示。

在超越论现象学的初始阶段，这一关键的现象学事态实际上就已经被提出了。在《观念》第一卷中，胡塞尔正是通过对意识的实显行为与非实显行为之间关系的考辨，向我们揭示了纯粹意识的存在、显现，以及与此相关的现象学反思、还原等操作的现实可能性。我们甚至可以

---

① 德里达：《声音与现象》，杜小真译，商务印书馆2001年版，第80页。
② 胡塞尔：《欧洲科学的危机与超越论的现象学》，王炳文译，商务印书馆2001年版，第193页，引文对照德文本作了术语上的统一，相同情形不再一一指明。
③ 胡塞尔：《欧洲科学的危机与超越论的现象学》，王炳文译，商务印书馆2001年版，第193页。

说，与清醒意识相对的无意识在本质上就是超越论现象学的纯粹意识。胡塞尔在20世纪20年代中期提出的建构一门无意识现象学的任务①，在此意义上可以被看作是从被动发生的角度对纯粹意识的研究。

在随后的思考中，胡塞尔将这种非实显的意识进一步界定为"一种完全不再被直观却仍被意识的连续性，流逝的连续性，一种'滞留'的连续统，在另一个方向上，则是一种'前摄'的连续统"②。非实显的视域意识在他看来并不是一种无迹可寻的模糊的意识状态，相反，它自身有其独特的内在建制，一种唯有在现象学反思中才能被揭示的内时间意识的结构。换言之，只要我们洞悉所谓的滞留和前摄的连续统的具体形态，那么这种意识的内在结构、显现的可能性及其界限就可以被揭示出来。

除了这种非实显的无意识之外，无意识在胡塞尔那里还有另一个重要的使用。在他早年的时间意识研究中，胡塞尔追问道："现在人们可能会提出问题：一个构造性体验的开端相位又是如何的呢？它也是在滞留的基础上被给予的吗，如果没有滞留与开端相位相连，那么这个相位就将是'无意识的'吗？"③意识的开端之所以能够成为被反思的客体，就是因为我们的反思目光发自于作为开端意识之变异的滞留相位。开端并未丧失，它持续地滞留着，这是胡塞尔一直在说的道理。但问题是，如果对意识的考察只能从滞留出发，那么就无法理解我们为什么还会有一种肯定性的"现在"意识。针对这一矛盾事态，胡塞尔给出了极为重要的判断："谈论某种'无意识的'、只是补加地才被意识到的内容是一种荒唐。意识必然是在其每个相位上的意识。"④开端意识必须首先存在并被意识到，它的变异样式以及对它的反思才是可想象的。由此，在意

---

① Husserl, *Analysen zur passiven Synthesis, aus Vorlesungs-und Forschungsmanuskripten* 1918/1926, hrsg. Margot Fleischer, Martinus Nijhoff, 1966, S. 154.
② 胡塞尔：《欧洲科学的危机与超越论的现象学》，王炳文译，商务印书馆2001年版，第194页。
③ 胡塞尔：《内时间意识现象学》，倪梁康译，商务印书馆2009年版，第158页。
④ 胡塞尔：《内时间意识现象学》，倪梁康译，商务印书馆2009年版，第158页。

识的最初创造中,胡塞尔断然拒绝了无意识的不可穿透性。

在20年代的研究中,这一乐观态度得到了延续。胡塞尔明确指出:"关于原当下,我们能说的是,'无意识'在它之内是意识;在一个零意识内,无意识的感性客体与其他一切无意识的感性客体无差别地'被意识到'。"① 换言之,在原当下中,所谓的"无意识"实质上就是一种原意识,它可以被原初意识到。

但这里并非没有问题。我们必须追问,首先,胡塞尔何以能区分出两种不同的无意识,即非实显的无意识与开端意义上的无意识,这种区分本身何以可能?其次,胡塞尔何以要"以否定的方式"认定存在一种本质上能够被意识到的无意识,这种看似悖谬的"认定"是否会摧毁现象学的意识概念的整体性?

在揭示第一种无意识概念时,胡塞尔的立足点是当下呈现的单纯的感知行为。只要感知行为被标明为清醒意识,那么感知行为的过去和将来视域当然是不清醒的、非实显的。但实际情况远非如此简单。从发生现象学的角度来说,现在感知的具体内涵不可能不被习性积淀所决定,换言之,被它的非实显的"无意识的"过去和将来视域所规定。在此意义上,当下的清醒意识非但不是开端,它本身就是一种构造的结果,它的发生源头就是开端意识,或者说活的当下中的原印象。同时,非实显的无意识的内在建制展示为滞留和前摄的连续统,因而当胡塞尔在开端意识与滞留的关联中确认开端意识的"无意识"与"原意识"状态时,他实际上已经道出了两种无意识之间的关联:开端意识的无意识性就是一种基于滞留、前摄的连续统之上的判定。

但这种无意识何以从根本上说是一种原意识?人们固然可以说,这里蕴含了一种纯粹的直接性:在原初意义上,意识就是自身意识到。但这显然不能替代严格的现象学说明。与早年从滞留性的过去和开端性的

---

① Husserl, *Analysen zur passiven Synthesis*, *aus Vorlesungs-und Forschungsmanuskripten* 1918/1926, hrsg. Margot Fleischer, Martinus Nijhoff, 1966, S. 388.

现在之间的"辩证"关系来判定无意识本质上是一种原意识不同,胡塞尔在发生现象学的语境中指出,原意识的明见性与一种被称作"绝然的还原"的特殊的现象学还原相关:绝然的还原只能在再回忆和当下化的体验中实施,它通过揭示原当下、原印象与滞留变异的连续统,标明了原初的自身感知具有一种绝对的明见性和被给予性。① 这里的关键事态是,再回忆和当下化体验只有建立在滞留和前摄的连续统之上才有可能。在此意义上,在再回忆和当下化体验中实施的还原,实质上就是向开端意识及其生成流逝的基底的还原。

因而,如果说,一般意义上的现象学还原意味着悬置自然态度以及以此态度对世界、意义的构建,进而揭示出一种绝对存在的话,那么绝然的还原所标明的则是一种更深层的悬隔和揭示,即在现象学还原所揭示的纯粹意识的领域内,进一步揭示出作为纯粹意识的发生构造之基础的原初的自身感知,在时间意识中,这种还原展现为向活的当下的还原。② 据此不难理解,第一个无意识与那种在清醒意识的实施进程中向非实显的意识领域的现象学还原的相关;而第二个无意识则与这种新的还原,即在自身展现为滞留和前摄连续统的非实显的意识的基地上,向作为其发生的最终开端的原印象及其生成序列的绝然的还原相关。由此,胡塞尔谈论的无意识绝不在任何意义上存在对立和矛盾,这恰恰展现了现象学的反思和还原所特有的移步换景。

据此,从开端意识向滞留以及滞留的连续统的流逝来看,胡塞尔的无意识可以表述为在滞留的持续变异中趋向于无的无意识以及作为这种流逝意识之原开端的零位意识。意识从无流向无,前者与可反思性相关,而后者则与触发力相关。具体地说,开端意识意义上的无意识在其

---

① Husserl, *Einleitung in die Philosophie*, *Vorlesungen* 1922/23, hrsg. Berndt Goossens, Kluwer Academic Publishers, 2002, S. 98 - 99.
② 兰德格雷贝明确指出,绝然的还原所揭示的活的当下不可能在现象学反思中被揭示。Landgrebe, *World and Consciousness*, trans. Donn Welton, Cornell University Press, 1981, p. 52. 在对无意识问题的研究中,米沙拉同样论及了绝对的还原与活的当下之间的事态关联。Mishara, *Husserl and Freud: Time, memory and unconscious*, in *Husserl studies*, 2010, pp. 34 - 37.

流逝中，不断地具体化，并最终聚拢为综合统一体，就滞留的触发力越来越弱而言，它终结在了不可觉察性中，成了无意识或零区域。① 胡塞尔曾经将这种向无意识的"消逝样式"视为所有超越论意识素材的原规律。

二、弗洛伊德的无意识概念

胡塞尔的无意识尽管在存在上具有多维性，在显现上具有多视角性，但它归根到底是可被意识到的，因而是非独立的。但这种观点遭到了弗洛伊德的强烈反对。在他看来，无意识是独立的，它绝非一种特殊的意识状态："如果哲学家们认为，接受无意识观念的存在困难重重，那么在我看来一种无意识的意识的存在就更难以接受了。"②

弗洛伊德对无意识和意识有着如下明确的说明："现在让我们来界定'意识'这一概念：它出现在我们的意识中，我们能觉察到，这是'意识'这一术语的惟一含义。至于潜伏的构念，假如我们有诸多理由设定它们在心理中存在，就如同在回忆中那样，那么就用'无意识'来表示它。所以，一个无意识的概念是我们无法觉察到的。"③ 很清楚，对他来说，意识的标志首先在于"能觉察到"，而无意识则意味着"无法觉察到"，这一点在"催眠后暗示"的实验中可以清楚地看到。④ 被试在清醒意识中只能突然意识到在催眠状态下获得的指令，但却无法回忆

---

① 胡塞尔：《内时间意识现象学》，倪梁康译，商务印书馆 2009 年版，第 63 页。Husserl, *Analysen zur passiven Synthesis*, aus Vorlesungs-und Forschungsmanuskripten 1918/1926, hrsg. Margot Fleischer, Martinus Nijhoff, 1966, S. 171 – 172.
② 弗洛伊德：《心理分析中无意识的注释》，见《性学三论与论无意识》，高峰强译，长春出版社 2004 年版，第 341 页。本文在引用时做了术语上的统一。
③ 弗洛伊德：《心理分析中无意识的注释》，见《性学三论与论无意识》，高峰强译，长春出版社 2004 年版，第 339 页。
④ 弗洛伊德还从失误动作、梦、强迫观念说明了无意识存在的必然性，并在此基础上为无意识的独立性做了整体辩护。弗洛伊德：《论无意识》，见《性学三论与论无意识》，高峰强译，长春出版社 2004 年版，第 347—350 页。

起获得指令的场景,尽管指令具有动力性,能激发清醒意识,但它本身却被禁锢在清醒意识之外。癔症患者心中主动的、潜伏的观念具有相似的动力机制。①

无意识的特征众多,除了能否被觉察之外,心理分析的无意识还具有另一种特征:它是一种非时间的系统:"Ucs. 系统(指无意识系统——引者注)都无时间性,即它们不按时间顺序进行,也不因时间的推移而改变,与时间不发生任何关系。相反,在 Cs. 系统(指意识系统——引者注)中的活动,与时间才建立起联系。"② 意识活动与时间相关,是可计量的,而无意识则在时间之外,甚至是超时间的,它与时间不发生任何关联。

但众所周知,这里所谓的不能被意识觉察,对弗洛伊德来说,并不意味着整个无意识区域都不能以任何方式被揭示。能进入意识的潜伏的观念可以被视为前意识的,而严格意义上的无意识则仅仅指那些尽管具有动力,却抗拒进入意识的潜伏观念。弗洛伊德后来对此总结说:"有两种无意识,一种是潜伏的但能成为有意识的,另一种是被压抑的,其本身干脆说,是不能成为有意识的。……那种潜伏的、只在描述意义上而非动力学意义上的无意识,我们称之为前意识;而把无意识一词留给那种被压抑的动力学上的无意识。"③

弗洛伊德的立场还可以进一步细分。当他坚信无意识的被压抑状态能够被克服时,这里特指的是无意识中的观念内容能够进入意识:在有意识的观念克服了障碍与无意识的记忆痕迹联系起来的情况下,"患者此时所获信息,与他被压抑的记忆之间的相同只不过是

---

① 弗洛伊德:《心理分析中无意识的注释》,见《性学三论与论无意识》,高峰强译,长春出版社 2004 年版,第 339—340 页。

② 弗洛伊德:《论无意识》,见《性学三论与论无意识》,高峰强译,长春出版社 2004 年版,第 361 页。弗洛伊德认为无意识具有如下特征:不可回忆性,相互不存在矛盾,原发性过程,无时间性,以心理现实代替外在现实等等。但就我们此处的论题而言,仅限于无意识的不可回忆性和非时间性就足够了。

③ 弗洛伊德:《自我与本我》,杨韶刚译,见《弗洛伊德文集》卷七,长春出版社 2004 年版,第 118 页。

貌合神离。"① 而当他否定这种关联时，他指的是无意识的本能冲动、情绪和感发，它们只能以观念的形式被表征，自身不可能成为意识的对象。

不难看出，在无意识与意识的区分问题上，弗洛伊德较之胡塞尔似乎更加尊重日常的见解，"无意识的意识"这种表述接近于"圆的方"，在语义上是先天矛盾的。因而，"既然从意识层面研究本能生活遇到了几乎无法克服的困难，那么我们关于本能生活的主要知识仍源于对心理障碍的心理分析学研究。"② 心理分析对无意识的探讨据此似乎成了唯一可行的方法。

但是，弗洛伊德对意识与无意识的区分存在着如下问题。首先，觉察和回忆行为本身就是有意识的，它们本质上必然具有实显性，而这种特性当然会阻隔它们向无意识区域——一种根本不具有这种特性的区域——的切入。胡塞尔的现象学还原，包括绝然的还原，显然克服了这种实显性和由它导致的"阻隔"，实现了不同意识类型之间的转换。弗洛伊德在此问题上的缺陷是他过于执着于意识的可觉察性，他对意识系统的地形学考察因此并未彻底放弃实在论的立场，他缺乏类似现象学还原的操作。

其次，以能否被觉察或被回忆来区分意识与无意识本质上必然预设了意识系统的整体性。人们只需想到意识与无意识尽管在能否被觉察或被回忆上获得了严格的区分，但仍然属于广义上的意识系统，这一点就足以被理解。因为不存在某种潜在的、内在的关联，任何关于潜伏的观念进入或不进入意识的说法都是无根由的，为什么偏偏是意识，而不是另一种本质上匿名的存在？因而，任何对无意识或本能的抗拒、动力学生成的揭示，必须以在意识与无意识之间存在的更为原初的关联为前

---

① 弗洛伊德：《论无意识》，见《性学三论与论无意识》，高峰强译，长春出版社 2004 年版，第 354 页。
② 弗洛伊德：《本能及其变化》，见《性学三论与论无意识》，高峰强译，长春出版社 2004 年版，第 149 页。

提。但在区分意识概念时，弗洛伊德忽略的恰恰就是这一关键问题。①

弗洛伊德将心理分析称为"心理地形学"或"深层心理学"，它旨在对心理活动进行一种深层的动态分析，但这种动态关联的基础在他那里首先恰恰是缺失的。这种缺失产生的根源，从胡塞尔的眼光来看，就是忽视了时间意识体验，因为唯有它才能为意识系统提供整体性。但弗洛伊德一开始就拒绝了这一思路。他认为无意识无时间性，"不按时间顺序进行，也不因时间的推移而改变，与时间不发生任何关系"，而意识活动则"与时间才建立起联系"。但问题在于，即便实显的意识行为占据了时间，无意识难道就不可能在其他任何意义上与"时间"相关联？当弗洛伊德以"顺序""推移"来标明时间时，他实际上就再次陷入了实在论，他显然拒绝了对时间的主观体验维度的现代考察，这一考察发源于布伦塔诺，最终在胡塞尔的现象学中获得最高成就。

客观时间与主观的时间体验并不相同，客观时间必须在体验中才可能获得意义，它必然奠基生成于时间意识的体验。主观的时间体验在胡塞尔那里就是上文提到的以滞留、前摄的关联域或流逝样式为构架的存在体验。这里只需强调，滞留和前摄并不是一种客观的、实显性的时间点，它本质上是意识相位的一种活的、形式化的自身关涉，整个意识的原初的关联性在胡塞尔看来必然能够在时间意识的构架中得以展现。

从至此的讨论中，人们不难发现胡塞尔的工作中隐含了对心理分析的奠基，这一点尤其体现在他通过现象学还原与绝然的还原所实施的向双重无意识区域的突破，以及对时间意识的原初体验与无意识之间的关系的强调中。

---

① 弗洛伊德在1923年明确意识到了这一问题："意识与无意识之间的划分终究不过是一个要么必须'肯定'，要么必须'否定'的知觉问题，而知觉本身的行动并没有告诉我们一件东西为什么被知觉到，或没有被知觉到。"（弗洛伊德：《自我与本我》，杨韶刚译，见《弗洛伊德文集》卷七，长春出版社2004年版，第119页）弗洛伊德据此引入了对心理过程的连贯组织，即自我的考察，这里涉及的复杂问题，笔者将另文讨论。

三、前意识，还是深层无意识？

（一）作为前意识的无意识

在更细致的对比中，人们马上发现了问题：弗洛伊德在广义的无意识中区分出前意识与严格意义上的无意识，胡塞尔的无意识是否同样可以得到更细致的区分？胡塞尔的无意识是像利科和德里达认为的那样，仅仅对应着弗洛伊德的前意识，还是像其他新近的研究者，如威尔施指出的，"胡塞尔其他对非课题状态的分析，都与弗洛伊德的前意识概念相一致"，而只有那种由"过去的滞留"构成的"'零'区域才与弗洛伊德的无意识相似"？①

这里的关键在于，我们能否在滞留变异的无意识与开端的零位意识之间划出明确界限。初看起来，这似乎是不可能的。因为胡塞尔告诉我们，滞留的持续变异本身即发端于作为开端意识的原当下，因而两种无意识就它们的发生来看，本就是一个生成过程。

从滞留和前摄的连续统来看，开端意识是空无的零点意识，但在绝对的还原中我们可以看到，它本质上是一种绝对的"有"，具有绝对的活性。在滞留和前摄的持续变异中，活的当下中的素材必将持续地滞留变异为无活力的聚合物，它必然通向触发性的零区域，但它失去的仅仅是触发力，因而并未成为真正的"无"，基于对清醒意识的现象学还原，胡塞尔甚至将这种无触发力的存在物描述为具有内在建制的滞留和前摄的连续统。如果说滞留和前摄的连续统是一种触发性的存在的话，那么开端意识就是一种前触发的存在。②

---

① Welsh, *The Retentional and the Repressed: Does Freud's Concept of the Unconscious Threaten Husserlian Phenomenology?*, in *Human Studies* 25, 2002, p. 169.

② 显然，当霍伦斯坦指出，应该将胡塞尔的"'无意识'的构造理论"置于"一种前触发的构造理论"中来看待时，他把胡塞尔是无意识理解为了开端意识或活的当下。Holenstein, *Phänomenologie der Assoziation*, Martinus Nijhoff, Den Haag, 1972, S. 38.

除了活性与触发力的差异之外，这两种无意识之间还存在一个至少同样重要的区别：滞留变异的具体的流逝必然超出开端意识所处的意向关联，从而具有了一种不同于原当下的意向样式。具体地说，滞留实际上显示为两种本质上不同的存在样式：首先在活的当下中与前摄、开端意识相关的滞留，胡塞尔称之为活的滞留，而另一种滞留则是超出活的当下的滞留，我们可以称其为第二性的滞留。实质上，胡塞尔谈论的滞留的连续统正是与第二性滞留的流逝样式直接相关。在其早期的时间意识研究中，这种所谓的滞留的连续统或具体的流逝样式已经被他具体描述为一种新的意向存在，即滞留的双重意向性：滞留的纵意向性由滞留的自身滞留化所构成，而滞留的横意向性则意味着现存滞留的综合，后者为实显意识或清醒意识提供了最重要的基础。

滞留的双重意向性是胡塞尔在其早期的时间意识研究中就已经获得的成就。但毋庸讳言，在揭示滞留变异意义上的无意识时，胡塞尔仅仅暗示了这一重要的问题方向。譬如在《被动综合分析》中，他对滞留的描述仅限于指出滞留具有一种综合样式、近视域和远视域、自身展示出一种连续的流逝样式，但他没有进一步向我们描述这些具体的存在样式究竟是什么。①

滞留的流逝变异并不是一种单纯的流逝，流逝变异本身就是一种综合。当我们就滞留变异本身断定它不是一种触发力上的无，而是一种绝对的"有"时，这种"有"实质上就体现为流逝综合，即滞留的双重意向性。不仅如此，我们甚至可以就双重意向性的生成构架，来直接谈论它与清醒意识在奠基结构上的本质关联，我们将看到，在划定胡塞尔的

---

① 这一"忽略"在胡塞尔的超越论现象学的研究大量存在，它甚至影响到了我们对超越论现象学的整体定位，因为人们无法回答如下问题：被动发生的现象学具有内在的时间性构架吗，人格和习性的先天性源自何处，超越论现象学是否具有整体性，如果有的，它源自何处，如何等等。倪梁康先生近年来从绝对流的纵意向性入手对超越论现象学的解读为理解上述问题提供了重要的线索，如倪梁康：《纵意向性——关于胡塞尔一生从自然、逻辑之维到精神、历史之维的思想道路的再反思》，载《现代哲学》2013年第4期。笔者对无意识的内在结构的考察受到了先生提供的研究思路的决定性的启发。

无意识与弗洛伊德的关系上,这一点将发挥积极的作用。

按照贝奈特的说法,活的滞留与前摄、开端意识能够在第一性的内意识中被意识到。而当胡塞尔将滞留变异的无意识判为触发力上的无时,实际上表明这种无意识超出了第一性的内意识。但是,当胡塞尔承认这种无意识"绝不是一个无",而具有其自身独特的意向存在时,他实质上暗示我们,这种意向存在必然拥有其独特的被意识方式,贝奈特称之为第二性的内意识。① 弗洛伊德从回忆的角度,即有意识记忆和无意识记忆,实质上也指出了这两个事态间的差别。② 我们有必要测度一下这些被意识方式的特征和界限。

在胡塞尔的思考中,实显性意识与内感知具有本质性的事态关联,现象学还原直接针对的就是这种实显性意识,而作为一种不同于内感知的新的反思样式的现象学反思,则与现象学还原所揭示的内在时间的统一性相关。③

因而,关键在于为实显性意识奠定基础的现存滞留的综合,即滞留的横意向性,自身建基于滞留的纵意向性。在这样一种奠基关系中,内感知与现象学反思之间并不存在绝对的割裂,相反,这里恰恰存在一种过渡的先天可能性。当我们在内感知中揭示出实显性意识的基础时,现象学反思的先天基础也就被揭示了。④ 因而,我们完全可以从对清醒意识的反思中切入,或者用弗洛伊德的话说,"回忆"出无意识中的某种状态,即前意识状态。显然,胡塞尔所谓的滞留变异意义上的无意识,

---

① Bernet, *Unconscious consciousness in Husserl and Freud*, in Phenomenology and the Cognitive Sciences 1, 2002, pp. 327 – 351。
② 弗洛伊德:《论无意识》,见《性学三论与论无意识》,高峰强译,长春出版社 2004 年版,第 354 页。
③ 胡塞尔:《纯粹现象学通论》,李幼蒸译,中国人民大学出版社 2010 年版,第 143 页。
④ 当弗洛伊德指出:"不要将意识的觉知混同于作为这种觉知之对象的无意识的心理活动"时,笔者认为他已经敏锐地触及了这里的临界事态,但可惜由于他未对意识、反思的本质,尤其是意识的时间性的特征进行深入的研究,致使他忽视了切入无意识的另一条道路。弗洛伊德:《论无意识》,见《性学三论与论无意识》,高峰强译,长春出版社 2004 年版,第 350 页。

实质上对应于弗洛伊德的前意识。实际上，当胡塞尔将他这一方面的工作冠名为"著名的标题，即'无意识'的标题"时，"著名"二字或多或少已有暗指弗洛伊德之义。在此意义上，笔者有限地认同利科的判断，胡塞尔的无意识的确与弗洛伊德的前意识具有重叠的部分，但必须注意，这一部分仅仅指滞留、前摄的变异综合的连续统意义上的无意识。

当然，这里所谓的对应并不意味着等同。相比弗洛伊德对前意识的心理主义的考察而言，胡塞尔的方式显然是本质性的，他追问的是意识行为在时间性中的基础、行为间的本质关系及其被反思的先天可能性。换言之，胡塞尔揭示的前意识区域具有其本己的意向结构，即横、纵意向性，正是这种先天的意向关联决定了它的可被现象学反思的特性。因而，在前意识问题上，芬克式现象学实现了对心理分析学的哲学奠基这一主张显然具有一定的合理性。

（二）深层无意识何以可能？

在此基础上，我们来看无意识的第二层含义。实质上，无论是弗洛伊德抗拒进入意识的潜在的观念，还是胡塞尔作为意识之开端的前触发的零意识，都可以被看作真正的无意识概念。人们会马上指出，胡塞尔的开端意识在第一性的内意识中能够被直接意识到，它与弗洛伊德的无意识显然具有本质差异。但问题在于，这种内意识真的能够贯穿从清醒意识到前意识，或者说滞留的双重意向性所构建的意向存在吗？当我们认为前意识能够在现象学反思中被揭示时，第一性的内意识是否与这种揭示方式本身具有共同的本质特征？如果答案是肯定的，我们显然不再有任何理由谈论一种真正的潜在的观念，意识也就不可能存在深渊。

胡塞尔揭示活的当下依据的并非一般意义上的现象学还原，而是绝然的还原。现象学还原建基于内在的时间统一性，这种统一性直接源自第二性滞留的流逝综合，而活的当下中的滞留是一种原始的活生生的滞留。原始的滞留与第二性的滞留具有本质差异,前者尽管在观念上可以被看作开端意识的变异,但在胡塞尔看来,时间意识的原初结构是活的当下整体,开端相位只有在与前摄、原始滞留的关联中才能得到反思的理解,因而这种滞留样式从一开始就是原初的。而第二性的滞留则不同,它是原初滞留的流逝变异形式,同时也与整个活的当下的流逝变异相关,因而它承载了可回忆之物。此外,从它们各自参与构造的统一性中,我们也可以看出如下差异:第二性的滞留参与构造的是滞留的双重意向性意义上的统一性,它与习性和社会性相关,而原初的滞留参与构造的是活的当下的原创造所具有的统一性,它仅仅与本性相关。实质上,就胡塞尔从一般的现象学还原中刻意区分出绝然的还原这一做法来看,他对此差异早已有所警觉。

据此,如果绝然的还原这一动作发自于现象学还原所揭示的双重意向性,即是说,发自于由第二性滞留的流逝变异所构建的这种意向存在,那么鉴于第二性滞留与原初滞留之间存在的变异性与原初性的差异,绝然的还原在什么意义上具有先天性和合法性,这一点便可能成为疑难。而其根源就在于,与内感知与现象学还原之间由于存在"现存滞留的综合"从而具有了过渡的先天可能性不同,活的当下与第二性的滞留流逝综合之间很难找到类似的中间事态。

当胡塞尔坚信绝对的前触发的开端意识能够被直接意识到时,这种第一性的内意识已经是指在绝然的还原中被揭示出的意识体验了。同时,也正是从这种绝然的意识体验出发,他才能够坚持滞留变异意义上的无意识自身能够随触发程度的差异,经历从可觉察性到不可觉察性的改变。但这显然并不能消除人们的如下忧虑:如果共同支撑现象学还原和绝然还原之间的中间事态并不存在,那么绝然还原、活的当下以及第一性内意识如何被揭示,我们何以能够谈论对开端意识的意识到?

基于严格的观念论立场,胡塞尔的观点是清楚的:作为时间意识的原规律,时间相位的滞留性变异的本质就是综合,我们甚至可以说,滞留的变异本身就是综合,它只能以综合的样式表现自身。用他的话说,我们在滞留的连续的相合统一中拥有"过去实施的相即性的滞留性的回忆——这种相即性自身不仅持续存在，而且作为实施者的曾在的相即性而持续存在——"①，而这种连续的综合同一性的"确然性样式不变地贯穿了意向性的整个连续统！"② 因此，在触发性的滞留综合的相合统一性中，反思者完全可以贯穿意向性的整个连续统，最终回溯到意识的绝对开端。因而，正是基于这种综合统一性的进程——即滞留的双重意向性——他才可以认为，向开端意识的回溯反思必然具有先天可能性。这一论断实质上为弗洛伊德的有意识的观念克服了障碍与无意识的记忆痕迹的可能具有的关联性做了先天说明，并从现象学角度为无意识的观念内容成为意识对象的先天可能性做了说明。

但是，胡塞尔所谓的综合毕竟是变异性的，而一旦综合同时意味着变异，甚至以变异为基础，那么原初滞留向第二性滞留的变异在什么意义上仍能够保持原当下的原初性就是可疑的。更麻烦的是，这种原初性即便在观念上是存在的，它在可揭示性上也并非毫无困难，因为只要绝然的还原建立在滞留和前摄的连续统之中，或者说建立在习性的境遇之中，那么它在什么意义上能够彻底地剥离自身的习性内涵，进而达到纯粹的形式化？③

德里达所代表的解构观点更为激进：既然原初滞留与第二性滞留之间存在的变异破坏了活的当下的原初性，那么作为原印象的变异，在第二性滞留变异发生之前，原初滞留难道不已经在活的当下内部更早地解构了这种原初性？④ 据此，我们不难理解，德里达何以会在胡塞尔的活的当下的绝对权威中植入弗洛伊德的无意识了，因为变异意味着原初性

---

① Husserl, *Einleitung in die Philosophie*, *Vorlesungen 1922/23*, hrsg. Berndt Goossens, Kluwer Academic Publishers, 2002, S. 126.

② Husserl, *Einleitung in die Philosophie*, *Vorlesungen 1922/23*, hrsg. Berndt Goossens, Kluwer Academic Publishers, 2002, S. 130.

③ 我们大致可以将此事态归结为观念化与实存论分析之间的差异。笔者认为，梅洛-庞蒂对现象学的还原的著名判断：彻底的还原是不可能的，即与此事态相关。

④ 德里达：《声音与现象》，杜小真译，商务印书馆2001年版，第84—87页。

的彻底丧失，彻底沦为"无"意识。

笔者认为，我们在此揭示向意识的深层区域过渡的困难——在滞留变异中，活的当下基于自己的原初的活的意向结构，拒绝原本地给出自己的原初性——在事态上完全类似于弗洛伊德所谓的无意识对意识的抵抗："无意识观念是被一些活力排斥到意识之外的，这些活力反对它们自己被意识所接受。"① 不同的是，胡塞尔通过对深层的意向关联的揭示，实质上从观念论的视角清晰地描绘出了产生这种拒斥的先天的可能性。

因而如果说，在可反思或"回忆"意义上，胡塞尔通过纵、横意向性所揭示出的那种触发的无意识与弗洛伊德的前意识在特征上极为相似的话，那么，就滞留的流逝综合与活的当下——尤其是原初滞留——之间存在的变异和"间距"而言，与弗洛伊德一样，胡塞尔实质上也相似地展示出了一种深层的前触发的无意识。

利科和德里达在此问题上显然误解了胡塞尔，而芬克的看法则仍然具有一定的效力，尤其是现象学在广义的无意识领域中依据反思的内在差异为我们提供了区分前意识与无意识的内在标准这一点上。但是，在深层无意识能否被如实地揭示这一问题上，相对芬克式的乐观理解，笔者愿意保持一种谨慎的态度：在意识相位的流逝中，尽管滞留性变异以综合的样式展示自身，但活的当下在流逝的变异中能否保留其原初性是值得进一步追问的。

四、结论

胡塞尔与弗洛伊德之间并不存在一条不可逾越的鸿沟。从我们的讨论可以看出，弗洛伊德并没有从意识的各个系统的内在特性和存在的角

---

① 弗洛伊德：《心理分析中无意识的注释》，见《性学三论与论无意识》，高峰强译，长春出版社2004年版，第341页。

度，清晰地标明无意识、前意识与意识的本质区别，而胡塞尔则不同，基于对内时间意识的内在建制及其与反思、还原之间的关联性的突破性考察，他从意识哲学范围内为我们指明了一条可行的切入前意识和无意识的道路。在此意义上，利科显然低估了胡塞尔的意识哲学所能涉及的范围，而芬克式现象学为心理分析的奠基的意图大致来说是可接受的，如果将他的奠基意图严格限定在方法论上，那么这一点就格外明显了。

但在前意识与深层无意识的关系问题上，胡塞尔的观念化理路受到了严重挑战：只要滞留、前摄的连续统的流逝综合具有变异的特性，那么，即便这种变异的本质在于综合，深层无意识在变异中能否保持其原初性，这种原初性能否如其所是地被揭示，这些事态仍然是可疑的。在此问题上，德里达的解构方法尽管过于极端，但确有一定的实事根据。

最后有必要指出，以现象学的方式重构无意识并非出于一种猎奇心理。实质上，胡塞尔以观念化的方式指明变异综合已经关涉到了弗洛伊德所揭示的压抑、变形、再现等现象的基础，而这一向度的思考将为理性现象学洞穿本性和习性层面的物化、异化等变异现象提供基本的理论前提。

（原载于《江苏行政学院学报》，2015 年第 3 期）

始创阶段上的心理病理学与现象学
——雅斯贝尔斯与胡塞尔的思想关系概论

倪梁康*

卡尔·雅斯贝尔斯（Karl Theodor Jaspers，1883—1969年）于1913年发表《普通心理病理学》，第一次赋予心理病理学①以科学的形态。也正是在这年，他登门拜访并结识了他自1909年就开始阅读其著作的埃德蒙德·胡塞尔。可以说，刚刚诞生不久的现象学在其初期阶段形成的一个重要效应便是雅斯贝尔斯对一门现象学的心理病理学的创立。如今来回顾这段交互影响的历史应当可以有助于我们理解现象学与心理病理学这两门学科的开端形态和思想初衷。

一

雅斯贝尔斯在思想史的记载中会被赋予两个称号：德语的②心理病

---

* 倪梁康，浙江大学哲学学院、现象学与心性思想研究中心教授。

① 德文中的"Psychopathologie"一词通常被译作"精神病理学"，正如"Psychoanalyse"通常被译作"精神分析"、"Psychiatrie"被译作"精神病治疗法"一样。这种译法带来的问题是："psycho-"而且非常态意义上的"psycho-"被译作"精神"。心理方面有病的人也被称作"精神病人"。这个现代翻译的问题在于，将汉语中的正面意义上的"精神"（对应于德文的"Geist"）混同于负面意义上的心理病理。笔者在这里，特别是在哲学的意义上还是将"psycho-"统一译作"心理"。"Psychopathologie"也就相应地被译作"心理病理学"，"Psychiatrie"译作"心理诊疗学"、"Psychoanalyse"译作"心理分析"。

② 由于雅斯贝尔斯"二战"后移居巴塞尔，放弃德国国籍而加入瑞士国籍，因此我们甚至不能说他是德国的思想家，而只能说他是德语的思想家。

理学家与哲学家。后面这两个称号在这里的排序并非依照它们在雅斯贝尔斯思想特征刻画方面的重要程度，而是遵从了它们在其思想发展中形成的先后顺序。事实上，雅斯贝尔斯今天就其毕生思想的内容而言更多被视作一位哲学家而非心理病理学家，但他的思想发展的确是一条从心理病理学到哲学的行进历程。

关于这段发展历程，路德维希·宾斯旺格①曾说过：雅斯贝尔斯并未始终作一名心理诊疗学者，其原因"并不在于他自己——他倒是全身心地扑在了心理诊疗学的工作中——而是在于心理诊疗学者们'不想要他'"。②但雅斯贝尔斯自己认为，"这是宾斯旺格的纯粹想象……"③ 对此，雅斯贝尔斯的传记作者汉斯·萨尼尔还加上一个说明："如果真的有人不想要他，而且一辈子都如此的话，那么只有那些哲学教授了。雅斯贝尔斯渐渐地离开医院而踏进这些哲学教授们的领地。"④ 这可能表达了一个真实状况。当然，雅斯贝尔斯对自己的哲学选择终生无悔。

雅斯贝尔斯中学毕业后最初计划学习法律，并于1901和1902年在弗莱堡、慕尼黑学习了三个学期。但后来因为自己患有难以医治的终生疾病⑤，

---

① 路德维希·宾斯旺格（Ludwig Binswanger, 1881—1966年）在这里是指小宾斯旺格而非其祖父奥托·路德维希·宾斯旺格（Otto Ludwig Binswanger, 1852—1929年）。小宾斯旺格是一位瑞士心理诊疗师和心理分析学家，出生于瑞士著名心理诊疗师家庭宾斯旺格。他的祖父老路德维希·宾斯旺格曾为尼采做过心理诊疗，父亲是心理诊疗师罗伯特·宾斯旺格。小路德维希·宾斯旺格本人是C.G.荣格和S.弗洛伊德的学生和朋友。他的思想主要特点在于创立了将现象学、生存哲学与心理分析学结合为一的心理诊疗方法。

② 宾斯旺格：《卡尔·雅斯贝尔斯与心理诊疗学》，载《奥地利神经学和心理学文库》，1943年第51期。

③ 书信，1953年3月13日。这里和前一个引文均转引自汉斯·萨尼尔（Hans Saner）：《雅斯贝尔斯传》，张继武、倪梁康译，生活·读书·新知三联书店1988年版，第31页。

④ 汉斯·萨尼尔：《雅斯贝尔斯传》，张继武、倪梁康译，生活·读书·新知三联书店1988年版，第30—31页。

⑤ 汉斯·萨尼尔：《雅斯贝尔斯传》，张继武、倪梁康译，生活·读书·新知三联书店1988年版，第14—15页："诊断结果渐渐明朗，情况严峻：肺部支气管扩张、早期肾炎，由于肺气肿的加剧，心脏功能不佳。这意味着，这样的身体是有生命危险的，他必须避免任何体力上的劳累，必须生活得有规律，医生必须定时抽取他肺部的排泄物（多达40毫升），每日抽二至三次。只要不这样做，他马上便会发热畏寒，肺病就急性发作。而一旦进行这样有规律的生活，对生活就不可能有过高的奢望。"

雅斯贝尔斯决心改学医学。从1903年开始，他先后在柏林、哥廷根和海德堡等地学习医学。这个时期胡塞尔正在哥廷根任教。心理学与哲学中的现象学运动初见端倪。但雅斯贝尔斯在此期间，如萨尼尔所说，"几乎不去注意精神科学。"而雅斯贝尔斯自己则回顾说："我并不记得曾听说过当时在哥廷根教课的胡塞尔的名字。"① 认识胡塞尔还是在他医学学业结束之后。1909年，雅斯贝尔斯以"思乡与犯罪"为题在海德堡大学完成医学博士学位考试。与此同时，他开始关注研究胡塞尔和狄尔泰的哲学思想，并建立起与马克斯·韦伯的友谊。这些人都对他日后的学术研究与思想发展产生影响。

二

仅就其在现象学方面获得的影响而言，雅斯贝尔斯已经常常被视为现象学运动的外围成员之一。这一方面因为他早年与胡塞尔、盖格尔、舍勒等人之间的思想交流和相互影响，另一方面则主要因为他后来与海德格尔建立的特殊关系：他起先因哲学志趣相投而与海德格尔私交甚密，而后却因政治倾向与个性分歧与海德格尔最终分道扬镳。

至少在其早期，雅斯贝尔斯对在心理学研究中的现象学方法十分感兴趣。很可能是因为他此前曾在慕尼黑旁听过特奥多尔·利普斯的心理学讲座，并对利普斯的思想留有深刻印象，而利普斯及其弟子们后来受胡塞尔影响很大，由此导致雅斯贝尔斯对胡塞尔的研究感兴趣。无论如何，雅斯贝尔斯自1909年开始研读胡塞尔的现象学著作，自1911年起与胡塞尔建立通信联系，并寄去他于该年发表的一篇文章《论错觉分析》②。1912年，雅斯贝尔斯还发表了一篇以"心理病理学中的现象学

---

① 萨尼尔：《雅斯贝尔斯传》，张继武、倪梁康译，生活·读书·新知三联书店1988年版，第20页。引文转引自雅斯贝尔斯的遗稿。
② 雅斯贝尔斯：《论错觉分析（Zur Analyse der Trugwahrnehmung）》，载《总体神经学与心理诊疗学杂志》(Zeitschrift für die gesamte Neurologie und Psychiatrie)，1911年第6期。

研究方向"① 为题的论文,并将其再次寄给胡塞尔。最终他于1913年在哥廷根拜访并结识胡塞尔本人。②

雅斯贝尔斯的学生与传记作者萨尼尔曾就雅斯贝尔斯对现象学家工作做过如下概括:"对于自1909年起雅斯贝尔斯就阅读其著作并于1913年亲自结识的胡塞尔,以及对于他于1912年便结识的莫里茨·盖格尔,雅斯贝尔斯钦佩他们创造新方法的活力、思维的缜密、阐明前提的力量、区分细微差别的精确性以及对事实本身的还原。然而从他们获得的成果来看,雅斯贝尔斯又觉得,运用现象学方法倒不如去发展这种方法更为重要。虽然胡塞尔创造了进行精确分析的工具,这使得迄今为止未见到的事物已切近可见了,胡塞尔'完成了看的姿态'③,然而他所看到的东西在哲学上是无关紧要的。这里缺少注视生存关系的目光。通过胡塞尔和李凯尔特的对比,雅斯贝尔斯愈来愈清楚地感到,哲学和科学不能混为一谈,必须确立标准,使它们相互分离开,各自有其自身的思维方式。"④

正是在与胡塞尔结识的1913年,雅斯贝尔斯在海德堡的新康德主义哲学家威廉·文德尔班那里完成并发表了其任教资格论文《普通心理病理学》⑤。这部长达七百多页的著作事实上是一部心理病理学的总体教程,对心理病理学首次做了系统加工,并对心理病理学研究首次进行了方法上的反思。雅斯贝尔斯自己在该书的第一版前言中写道:"这部书想要提供一个关于普通心理病理学的整个领域、关于这门科学的事实与

---

① 雅斯贝尔斯:《心理病理学中的现象学研究方向》(Die phänomenologische Forschungsrichtung in der Psychopathologie),载《总体神经学与心理诊疗学杂志》(Zeitschrift für die gesamte Neurologie und Psychiatrie),1912年第9期。

② 萨尼尔:《雅斯贝尔斯传》,张继武、倪梁康译,生活·读书·新知三联书店1988年版,第32页;舒曼:《胡塞尔年谱》,海牙,1977年,第175页;舒曼:《胡塞尔书信集》,第VI卷,海牙,1970年,第200页及以后各页。

③ 雅斯贝尔斯:《总结与展望。演讲与论文集》(Rechenschaft und Ausblick. Reden und Aufsätze),慕尼黑,1951年,第386页。

④ 萨尼尔:《雅斯贝尔斯传》,张继武、倪梁康译,生活·读书·新知三联书店1988年版,第35—36页。

⑤ 雅斯贝尔斯:《普通心理病理学——一部为大学生、医生、心理学家撰写的指南》(Allgemeine Psychopathologie—Ein Leitfaden für Studierende, Ärzte und Psychologen),柏林,1913年。

观点的概观。"① 正是因为这部书,"心理病理学这时才第一次成为一门科学。"②

尤其值得注意的是,雅斯贝尔斯在该书中首先提到的心理病理学观点是现象学的观点:在第一部分第一章中,他便开始讨论"病态心灵生活的主观显现(现象学)"。他在这里开宗明义地依据了自己一年前撰写的《心理病理学中的现象学研究方向》文章。也正是这篇文章,雅斯贝尔斯首次论述了现象学与心理病理学的关系,在他看来,正是 E. 胡塞尔在布伦塔诺及其学派以及 Th. 利普斯之后迈出了有计划的现象学的关键一步。对于心理病理学而言,已经有了一系列通向一门现象学的起点,但现象学尚未成为一种普遍认可的、为真正心理病理学任务做出有计划准备工作的研究方向。③ 而在一年后出版的《普通心理病理学》中,雅斯贝尔斯就他理解的心理病理学的现象学做出进一步说明:"现象学具有以下的任务:将病人真实体验到的心灵状况加以直观的当下化(anschaulich vergegenwärtigen),根据它们的亲缘关系来考察它们,尽可能明确地界定它们,区分它们,并且用固定的术语来引证它们。由于我们永远不可能像直接感知物理事物那样去直接感知陌生的心灵,因此这里所涉及的只能是一种当下化,一种同感、理解,通过对心灵状况的各

---

① 雅斯贝尔斯:《普通心理病理学——一部为大学生、医生、心理学家撰写的指南》(Allgemeine Psychopathologie—Ein Leitfaden für Studierende, Ärzte und Psychologen),柏林,1913 年,第 III 页。

② 萨尼尔:《雅斯贝尔斯传》,张继武、倪梁康译,生活·读书·新知三联书店 1988 年版,第 30 页。关于这本书的前因后果,萨尼尔在这里还写道:"斐迪南·施普林格于 1911 年通过威尔曼斯问雅斯贝尔斯是否愿意写一本心理病理学教科书。年仅二十八岁,而且只进行了几年研究的雅斯贝尔斯欣然允诺。两年后该书便问世。心理病理学这时才第一次形成一门科学。以后被称为临床心理诊疗法'教皇'的奥斯瓦尔德·布姆克当时还在弗赖堡当主治医生,他当时在一篇书评中写道:'这是一本不同凡响的书。这使它和它的作者在我们的科学史上一举成名并将长久地占有一席之地。它既意味着一种结束,同时又意味着一种开端……哲学的素养、概念的精确、坚定地尊重事实与彻底拒绝一切思辨统一起来了。'声名显赫的学者们,例如库尔特·施奈德、路德维希·宾斯旺格、高普几十年之后仍重复这一评价。"

③ 雅斯贝尔斯:《心理病理学中的现象学研究方向》(Die phänomenologische Forschungsrichtung in der Psychopathologie),载《总体神经学与心理诊疗学杂志》(Zeitschrift für die gesamte Neurologie und Psychiatrie),1912 年第 9 期。

种外部标志的列举、通过对此状况出现所需的各种条件的列举、通过感性直观的比较与系统化。通过一种提示性的展示，我们可以随情况的不同而被导向这种同感和理解。在这方面为我们提供帮助的首先是病人的<u>自身阐述</u>，我们可以在私下的交谈中诱发和检验这些阐述，最完善和最清晰地建构这些阐述，它们在病人自己撰写的书面形式中往往内容上更丰富，但因此也可以简单地接受下来。谁自己体验到了，谁就会最先找到恰当的阐述。一位仅仅做观察的心理诊疗师要想对病人关于其体验所能说出的东西做出表述，则将是徒劳无益的。"①

雅斯贝尔斯在这里表达出的对现象学描述的理解，很可能来自对胡塞尔《逻辑研究》的阅读以及对其他慕尼黑学派成员思想的研究，当然也包括对布伦塔诺、狄尔泰等人描述心理学方法的领会。作为心理病理学家，他首先敏锐地注意到现象学描述面临的陌生感知的问题：如何直接地把握他人的心灵生活，而且是他人的非正常的心灵生活。这个问题当时实际上尚未出现在胡塞尔的现象学思考中。胡塞尔当时面对的问题是意识的普遍结构。因此，无论是弗洛伊德的"无意识"或"潜意识"研究，还是雅斯贝尔斯的"病意识"或"异常意识"研究，都还没有进入胡塞尔的视域。只是在胡塞尔的后期，他才开始思考和讨论现象学中的"无意识"与"异常性"的问题。

三

无论如何，胡塞尔显然曾仔细阅读雅斯贝尔斯的这两篇文章，对它

---

① 雅斯贝尔斯：《普通心理病理学——一部为大学生、医生、心理学家撰写的指南》（Allgemeine Psychopathologie—Ein Leitfaden für Studierende, Ärzte und Psychologen），柏林，1913年，第47页。雅斯贝尔斯在《哲学自传》（王立权译，上海译文出版社2003年版，第23页）中提及对现象学的理解："我将胡塞尔的现象学，即他开始时称之为描述心理学的现象学，作为方法接受和保持下来，并且拒绝将它进一步发展为本质直观。对病人内心体验到东西作为意识中的显现做出描述，这一点表明自身是可能的和有效的。不仅感官欺骗，而且幻觉体验、自我意识与感受的各种方式都可以通过病人自身阐述而如此清晰地得到领会，以至于它们在其他案例中可以有把握地被重新认出。现象学成为一种研究方法。"

们有基本的了解。也正因为此,当雅斯贝尔斯于1913年在哥廷根访问胡塞尔,并且有些"犟头犟脑地"对胡塞尔说"我并不清楚现象学究竟是什么"时,胡塞尔可以回答他说:"您在您的著述中对现象学有出色的推动。如果您做的是正确的,那么您就不必知道它是什么。"① 细究起来,这个问题胡塞尔实际上还在雅斯贝尔斯访问前一年,即在1912年10月17日致雅斯贝尔斯的回信中便已回答过,而且胡塞尔在这里同时还想用现象学还原的方法来影响雅斯贝尔斯:"您不必担心您并不完全清楚现象学究竟是什么。这会导向最深刻的哲学问题。主要的工作在于,首先以<u>个别的方式</u>、在确定地提出的特殊的心理学问题(如认识论问题等等)上把握到彻底地和<u>诚实地</u>进行现象学分析的绝对必然性,学会这样一种正确的观点,在此观点中,所有经验地附加统摄的东西、习得的东西、附加思考的东西、所有习常的空话、所有心理物理的神话都被彻底地撇开,并且被等同于零,唯一有效的仅仅是那个在纯粹直观中被给予的东西。您十分了解这是多么困难,因为您已经在其中做出了如此熟练的工作。"② 胡塞尔在这里阐述的是他在1907年以前便在课堂上讲授(《现象学的观念(五篇讲座稿)》),但在1913年才公开发表(《纯粹现象学与现象学哲学的观念》第一卷)的超越论现象学还原的思想。

  从总体上看,胡塞尔对雅斯贝尔斯的思想了解不多。除了上述两篇文章以外,胡塞尔晚年于弗莱堡时期还读过雅斯贝尔斯的《世界观的心理学》。③ 在哥廷根时期,胡塞尔对《论错觉分析》的文章评价很高。他在前引信中"对在心理诊疗领域中进行的现象学改革表示欢迎"。他注意到一个现象:"心理诊疗师要比实验心理学家更好地和更快地认识到内在现象学对于一门真正科学有用的心理学的根本意义,后者(从现代实验心理学的产生来看这是可以理解的)在其提问和方法方面过多地

---

  ① 雅斯贝尔斯:《总结与展望。演讲与论文集》(Rechenschaft und Ausblick. Reden und Aufsätze),慕尼黑,1951年,第386—387页。
  ② 舒曼:《胡塞尔书信集》,第VI卷,海牙,1970年,第199页。
  ③ 雅斯贝尔斯:《世界观的心理学》(Psychologie der Weltanschauungen),柏林,1919年;舒曼:《胡塞尔年谱》,海牙,1977年,第368页。

受到以物理学为取向的生理学的引导。我满意地观察着几位年轻的心理诊疗师的深刻理解,他们借此而进入对现象学方法之困难的探索之中。"① 他显然将雅斯贝尔斯的工作视为现象学在心理学的临床实践领域的影响结果之一。

对于雅斯贝尔斯的第二篇文章《心理病理学中的现象学研究方向》,胡塞尔在收到文章后给雅斯贝尔斯 1912 年 5 月 19 日的致谢函中没有再做更多评价,而主要指出了雅斯贝尔斯在现象学研究的历史事实确定方面的误差:在前面的引文中,雅斯贝尔斯认为,"在心理学研究范围内,在布伦塔诺及其学派以及 Th. 利普斯为他完成了准备工作之后,E. 胡塞尔迈出了有计划的现象学的关键一步。"对此,胡塞尔在信中写道:"在看第一眼时我就发现一个很容易纠正的历史误差:我极为尊重的 Th. 利普斯并不可能为我的现象学努力'完成准备工作',因为他的第一批与我的方向相似的著述是在《逻辑研究》出版一年后才发表的(《统一性与相关性》,1902 年,而后是《论感受、意愿与思维》,1902 年,等等。《逻辑研究》第二卷出版于 1901 年 4 月)。他早期的著述(《心灵生活的基本事实》《逻辑学原理》)根本不在考虑范围内,而且只是对我起着有意识的对立面的作用。迈农的情况与此完全相同,他常常在对象理论方面被放在我的前面,但他在 1904 年才在这个方向上出现,而他的《假设》和《客体》是在 1902 年。"② 可以看出,胡塞尔在这里明确否认的是利普斯和布伦塔诺学派,而非布伦塔诺本人对他在现象学研究方面的可能影响。③

---

① 舒曼:《胡塞尔书信集》,第 VI 卷,海牙,1970 年,第 199 页。
② 舒曼:《胡塞尔书信集》,第 VI 卷,海牙,1970 年,第 200 页。胡塞尔在这里提到的利普斯和布伦塔诺学生迈农的相关著述分别为:Theodor Lipps, *Einheiten und Relationen. Eine Skizze zur Psychologie der Apperzeption*, Leipzig, 1902; Theodor Lipps, *Vom Fühlen, Wollen und Denken. Eine psychologische Skizze*, Leipzig, 1902; Theodor Lipps, *Grundtatsachen des Seelenlebens*, Bonn, 1883; Theodor Lipps, *Grundzüge der Logik*, Hamburg, 1893; Alexius Meinong, "Über Gegenstandstheorie", in ders. (Hrsg.), *Untersuchungen zur Gegenstandstheorie und Psychologie*, Leipzig, 1904, S. 1 – 50; Alexius Meinong, *Über Annahmen*, Leipzig, 1902。
③ 关于胡塞尔与利普斯和迈农的思想关系,笔者在后面还会分别详细讨论。

对于雅斯贝尔斯的研究，胡塞尔在总体上将其纳入现象学心理学的范畴，即以现象学的方式探讨和处理心理问题的工作。易言之，他原则上将雅斯贝尔斯的工作纳入慕尼黑与哥廷根学派的工作领域。而雅斯贝尔斯与这两个学派的成员之间也的确互有交往和影响。胡塞尔本人也在讲座①中讨论现象学的心理学，尤其讨论布伦塔诺与狄尔泰的描述心理学对他的影响。诚然，对他本人而言，最首要的问题在于纯粹现象学与现象学的哲学。但如果有人愿意用现象学的方式去处理心理、无意识和异常意识的问题，他也乐见其成，只是他自己会将这方面的工作视为第二阶段的，亦即次要的任务。

除此之外，胡塞尔对雅斯贝尔斯的心理学研究所持的一个保留态度在于：他认为雅斯贝尔斯的心理学研究带有生物主义的倾向，这是否与雅斯贝尔斯的尼采研究相关，还不得而知。至少胡塞尔在 1920 年 8 月 9 日给李凯尔特的信中表示，在这个看法上，他与李凯尔特达成"完全的一致"②。但在这点上，事实上胡塞尔与李凯尔特一样都不能说是公允的。与其说雅斯贝尔斯的心理学研究具有生物主义的倾向，还不如说它具有反生物主义的立场，或者说人类主义的倾向。然而，对于一个在心理病理学中将现象学加以运用和发展的哲学家，这甚至可以说是不言自明的。

四

如前所述，在现象学创始人胡塞尔面前，雅斯贝尔斯说他自己并不知道现象学究竟是什么。但确切地看，这仅仅是一种修辞手段，或是出

---

① 尤其是 1925 年夏季学期的"现象学的心理学"讲座，后来作为《胡塞尔全集》第九卷发表（海牙，马尔梯努斯·尼迈耶出版社 1965 年版）。

② 舒曼：《胡塞尔书信集》，第 V 卷，海牙，1970 年，第 183 页。胡塞尔在这里对他的前任李凯尔特在其新著《生命的哲学》（图宾根，1920 年）中对雅斯贝尔斯的新著《世界观的心理学》（柏林，1919 年）的批评表示赞同。但他认为，除此之外，雅斯贝尔斯是一位"思想丰富、值得尊重"的人。

于谦虚，或是出于其他的考虑，例如出于对胡塞尔现象学权威的抵御。①事实上他的文章《心理病理学中的现象学研究方向》恰恰表明了他对现象学研究方式以及相关成果的了解乃至熟知。例如他认为坎定斯基发表于1885年的《感官欺罔领域中的批判的和临床的观察》"几乎完全是现象学的"；厄斯特莱希发表于1910年的《自我现象学及其基本问题》等也是"在有计划地从事现象学"，如此等等。② 就此而论，他所说的"不知道现象学究竟是什么"，实际上指的是他不知道自己所理解的现象学与胡塞尔所理解的现象学究竟是不是一回事。在严格意义上，雅斯贝尔斯在心理病理学中对现象学方法与其说是"运用"，不如说是"发展"，甚至说是"创造"，因为此前并没有将现象学方法运用在心理病理学中的案例。这主要是指：在心理病理学的文献中没有对这种方法的清晰阐述，遑论对这种方法的临床运用。在此意义上，萨尼尔认为："首次因考虑到心理学特殊的对象而清晰地运用现象学方法的是雅斯贝尔斯"，或者说，他"确立了明确使用现象学方法的基础，并因此使得现象学心理学成为可能"。③ 这主要表现在他的文章《心理病理学中的现象学研究方向》中。萨尼尔将雅斯贝尔斯在这篇文章中阐述的作为可以导向一种"可传达的、可检验的、可讨论的知识"④ 的现象学之方法进行归纳整理，并划分为以下三个具体步骤：

"1. 心理学必须尽可能完备地收集材料。对于个人来说，这种材料就是他的表达方式，即通过探索和自我描述而获得的信息。这里，理想

---

① 从雅斯贝尔斯相关回忆的字里行间可以看出，他并不乐意被视作胡塞尔的学生："我受到友好的接待，受到夸奖，并且——让我如此诧异！——被当作他的学生来对待。"（雅思贝尔斯：《总结与展望。演讲与论文集》（Rechenschaft und Ausblick. Reden und Aufsätze），慕尼黑，1951年，第386页）

② 雅斯贝尔斯：《心理病理学中的现象学研究方向》（Die phänomenologische Forschungsrichtung in der Psychopathologie），载《总体神经学与心理诊疗学杂志》（Zeitschrift für die gesamte Neurologie und Psychiatrie），1912年第9期。

③ 萨尼尔：《雅斯贝尔斯传》，张继武、倪梁康译，生活·读书·新知三联书店1988年版，第99—100页。如果更准确一些，那么最后一句话中的"心理学"应当是指"心理病理学"。

④ 雅斯贝尔斯：《心理病理学文集》（Gesammelte Schriften zur Psychopathologie），柏林，1963年，第317页。

的东西就是必须被理解为心理图解的完整的传记。这种材料的广度,特别是把意识到方法的传记体引入病理学,是前所未有的。

"2. 心理学家必须'看见'这种材料。但是他必须看见的东西不是人们通过感官感觉接受的自然科学事实,而是在流逝中不断消亡的感受体验。因此,'看见'也就是'理解'、'回想'、'把握'以及'觉察';这是一种深沉的、需要集中和训练的回忆。为了达到这种看见,还必须对一定的心灵现象进行一种'挑选、界定和区分'。这些心灵现象必须作为被看到的现象而得到划分、描述,而且要用'某种一定的表达,有规则地给它们命名'。作为可命名的、可以重新认识的现象,它们是科学的要素。

"3. 最后,心理学家必须清理'无数被命名的现象的混乱',从而'有计划地、有意识地,并且在各个已经到达的界限上,使心灵的多样性一目了然'。类型学可作为辅助方法,其价值在于它可以使各种想法获得成果。

"因此,现象学的理想是'一种可纵观地被整理的、不可还原的心灵质性的无限性',它们以观念类型的方式被纯粹的看到,并且在概念上清晰地被把握到。"①

萨尼尔认为:"雅斯贝尔斯通过方法论的反思说清楚了对这些关系的认识,而在他之前的心理学却未做到这一点。"据此他认为雅斯贝尔斯对心理病理学的第一个贡献便是:"创立了现象学方法并由此而创立了现象学的心理病理学"。②

值得注意的是,如前所述,胡塞尔在对雅斯贝尔斯寄来的这篇冠有现象学标题的文章并未做出他对雅斯贝尔斯寄去的第一篇文章《论错觉分析》那样喜形于色的积极批判。他只是表达了自己对他的兴趣,并告

---

① 萨尼尔:《雅斯贝尔斯传》,张继武、倪梁康译,生活·读书·新知三联书店1988年版,第101—102页。
② 萨尼尔:《雅斯贝尔斯传》,张继武、倪梁康译,生活·读书·新知三联书店1988年版,第101、109页。

之将会把它转给他的学生和朋友去阅读研究。① 不做评价的原因究竟是因为胡塞尔忙于纠正雅斯贝尔斯的那个"很容易纠正的历史误差"？还是因为胡塞尔只欣赏雅斯贝尔斯在第一篇文章中对现象学方法的运用，却不完全赞同他在第二篇文章中对方法本身的论述？这始终还是一个问题。

同样开放的、需要进一步考虑的一个问题是：是否可以说雅斯贝尔斯创立了一种"心理病理学的现象学方法"或一门"现象学的心理病理学"？但有一点毋庸置疑：雅斯贝尔斯的确第一次在心理学或临床诊疗中引入并实施了现象学的方法：他在获得博士学位（1908年）和获取医生开业执照（1909年）后，于1910年报名担任海德堡大学心理诊疗院的实习医生。该心理诊疗院的院长弗朗茨·尼瑟尔因欣赏雅斯贝尔斯的博士论文而收他为自己的助手，而后他在这家医院里工作了6年（直至1915年）。他在此期间的工作身份是无俸的医生助理和关于神经疾病和心灵疾病方面的大学生医疗保险的法院鉴定人和医生。他享有许多研究和实践的自由，可以将自己的现象学心理诊疗法付诸运用。萨尼尔记载说："一次，他当着尼瑟尔［Franz Nissl，海德堡大学医院的院长］的面给一个狂躁发作的精神分裂症患者用现象学方法进行检查，尼瑟尔第一次看出了他努力的成果。他检查时使用的语言是那样明晰，整个过程显示出一种医院里迄今从未见过的意识。"②

根据至此为止的论述，我们至少可以说，雅斯贝尔斯第一次在心理病理学领域中通过反思而阐明了一种现象学方法，并第一次将它运用在心理诊疗学的临床实践操作中。而且这种现象学方法并未在雅斯贝尔斯离开心理学和心理病理学领域之后便作为需要得到克服的手段而被束之高阁。即使在他后期于哲学（生存哲学、大全哲学、世界哲学）领域中偏重于生存澄明（Existenzerhellung）的方法，一如海德格尔在其生存哲学领域中使用

---

① 舒曼：《胡塞尔书信集》，第Ⅳ卷，海牙，1970年，第200页。
② 萨尼尔：《雅斯贝尔斯传》，张继武、倪梁康译，生活·读书·新知三联书店1988年版，第29页。

了相应的此在结构分析方法,雅斯贝尔斯仍然在此方面有别于海德格尔:雅斯贝尔斯将现象学的描述方法始终运用在其哲学写作中。①

五

尽管雅斯贝尔斯早年曾主动联系、结识胡塞尔,并两次在他家中做客,而且他初期也受胡塞尔思想方法的影响颇深,但他对胡塞尔在总体上还是持一种批判的态度。这是可以理解的。如前所述,雅斯贝尔斯在哲学论题上批评胡塞尔没有将现象学家的目光投向生存关系,在哲学方法上拒绝接受本质直观。这两个方向的批判态度都是基于雅斯贝尔斯本人的哲学立场的考虑。胡塞尔与雅斯贝尔斯的思想差异源自纯粹意识现象学家或逻辑现象学家与心理病理学家或生存哲学家之间的分歧。两人都会欣然接受这个事实并继续坚持各自的立场。事实上,胡塞尔与雅斯贝尔斯在现象学的描述方法上有共同的思考与运用,但在哲学的论题上有不同的理解与运用:按照胡塞尔的看法,哲学上至关重要的是超越论意识连同其本质结构,而在雅斯贝尔斯看来则是生存关系。因此在雅斯贝尔斯这里已经发生了一个目光转向:超越论的问题域以及与此相关的体现胡塞尔现象学特征的现象学意识分析或意向分析的反思目光的锐利,在雅斯贝尔斯这里已经被弃之不顾,在他那里取而代之的是一种现象学生存分析的可能目光转向,这与他意气相投的朋友海德格尔从事的此在分析或生存分析是相似的,两人也因此获得"生存哲学家"的称号,尽管他们都否认自己是生存主义者。②

---

① 对此可以参考萨尼尔的报告:"雅斯贝尔斯很早就有意识地练习现象学的描述。他终于出色地掌握了它。对此的证明主要有他对自己疾病史的描述,他对心理的状态和体验的描述,或是对社会的瞬间印象的描述,以及偶尔进行对自然的描述,例如他描述进行军过程的气氛、情景。"萨尼尔:《雅斯贝尔斯传》,张继武、倪梁康译,生活·读书·新知三联书店1988年版,第29页。

② 雅斯贝尔斯与海德格尔在此问题上的不同之处在于:前者想用其此在结构分析取代胡塞尔的意向分析,后者则将此在分析视为比意向分析更为基础,或者说,将存在分析视为意向分析的基础。

除此之外，还需要指出，雅斯贝尔斯对胡塞尔所持的批判态度也因为他对胡塞尔的论点误解而愈发强烈。这一点至少表现在以下两个方面：

　　其一，由于雅斯贝尔斯竭力强调哲学与科学的区别，并且在后期尤其将哲学理解为一种生存澄明，因此他不赞成甚至反感胡塞尔在《逻各斯》文章中对哲学应当成为严格的科学的要求。看起来他在去拜访胡塞尔之前就已经持有对胡塞尔的这一误解："对胡塞尔《哲学作为严格的科学》（1910年）的文章，雅斯贝尔斯是'带着反感'阅读的。这篇文章反而'使他明白了'，哲学不是严格的科学。他认为，他'理解了，这里很明显已达到了这样一个地步：在这里，由于要求哲学是一门严格的科学，所以，哲学一词的崇高意义被取消了。就胡塞尔是一位哲学教授而言，我觉得他是最天真地和最彻底地背叛了哲学。'"① 对此，萨尼尔补充说："雅斯贝尔斯以后没有再认真读过这篇文章，所以也没有纠正过他年轻时的这个幼稚的评价。"② 这个评价之所以"幼稚"，是因为雅斯贝尔斯过于望文生义，并未仔细阅读胡塞尔在这篇文章中表达的基本思想：胡塞尔主张的严格的哲学，并不是近代自然科学意义上的科学，而是古希腊作为"意见"（δόξα）之对立面的"知识"（ἐπιστήμη），即一种对事物之本质的洞见。在这一点上，胡塞尔至少与特定时期的海德格尔是一致的，他们都将"严格的科学"区分于近代自然科学意义上的"精确的科学"。③

　　其二，雅斯贝尔斯将胡塞尔的现象学方法理解为纯粹的心理学描述

---

① 萨尼尔：《雅斯贝尔斯传》，张继武、倪梁康译，生活·读书·新知三联书店1988年版，第224—225页。其中引文出自雅斯贝尔斯：《哲学》，第一卷，柏林，1932年，第XXVII页。
② 萨尼尔：《雅斯贝尔斯传》，张继武、倪梁康译，生活·读书·新知三联书店1988年版，第225页。
③ 胡塞尔：《哲学作为严格的科学》，见胡塞尔《文章与讲演》，倪梁康译，商务印书馆2020年版，第3—72页；海德格尔：《哲学论稿：论本然》，《海德格尔全集》，第六十五卷，法兰克福/美茵，1989年，第76节：《关于"科学"命题种种》，命题12—14，还可以参见命题1—2。

方法,并拒绝其本质直观的维度。他在其《哲学自传》中回顾自己与胡塞尔现象学的关系时写道:"我将胡塞尔的现象学,即他开始时称之为描述心理学的现象学,作为方法接受和保持下来,并且拒绝将它进一步发展为本质直观。"① 但是这种将描述方法与本质直观区分开来的做法既不会得到胡塞尔的赞同,也不会得到当时影响过雅斯贝尔斯的慕尼黑—哥廷根学派成员的赞同,甚至也不会得到狄尔泰的认可,至多会得到同样对"本质直观"概念抱有误解的布伦塔诺的默许。因为胡塞尔于1913年公开表露的超越论现象学转向,并没有在描述方法上做出改变:胡塞尔的意识现象分析与他此前的心理现象分析一样,仍然是一种本质的描述,而非经验的或个体的描述。雅斯贝尔斯没有意识到,他自己在后期所做的生存分析是一种可以对心理现象生存状态的普遍结构进行把握的方法,因而同样建立在本质直观的基础上。至少,依据描述方法的生存分析在何种程度上可以是或必须是本质直观的或非本质直观的——这是一个值得深入再思考的问题。无论如何,萨尼尔在归纳雅斯贝尔斯早期在心理病理学中运用的现象学方法的操作步骤时所说的"以观念类型的方式纯粹的看到,并且在概念上清晰地把握到心灵的质性(seelische Qualitäten)"②,已经是对胡塞尔现象学的本质直观与描述方法的另一种表达了。

其三,雅斯贝尔斯认为胡塞尔属于有意形成自己学派的那一类哲学家。伽达默尔在回忆他与1923年在海德堡访问雅斯贝尔斯的情况时说:"卡尔·雅斯贝尔斯待人友好。有一种对世界的好奇心。他尤其详细地问了胡塞尔,对现象学有意形成学派的情况,他显然很反感。这是他对所有'学术宗派'进行批判的一个先声。当然,他身上留有心理分析家

---

① 雅斯贝尔斯:《哲学自传》,王立权译,上海译文出版社2003年版,第23页。
② 萨尼尔:《雅斯贝尔斯传》,张继武、倪梁康译,生活·读书·新知三联书店1988年版,第45—46页。

的姿态,一个人独自面对窗户坐在阴暗处,批判地审视着别人。"① 之所以说这是一个误解,乃是因为在胡塞尔那里可以注意到一个明显的宗派倾向。然而将现象学发展成一种运动或一个学派,这本不是胡塞尔本人的主动意愿。他自己也对"现象学运动"一词始终持保留态度。在哥廷根初期,面对自己获得的影响以及年轻学生、教师对自己的尊崇,他始终保持着十分清醒的头脑。他的哥廷根学生沙普回忆说:"胡塞尔常常向我们谈起他的慕尼黑追随者。诚然,他的谈论带有保留。他自己可能对他的慕尼黑的巨大成功感到自豪,但却很少让别人注意到此。也许这与胡塞尔的一个基本感受相符合:他对小失败感到的不快要强于他对大成功感到的快乐。或许一个人要想达到伟大的目标就必须得如此。"② 很容易看出,胡塞尔追求真理的意愿远远强于他成为宗师的意愿。也正因为如此,他在哥廷根期间不惜以没有人再与他同行的代价完成向超越论现象学的转向。如果胡塞尔屈从于学生和年轻朋友的压力,始终停留在《逻辑研究》的工作方向与工作风格上,他后来成为某个学派领袖的可能性远大于他日后的几乎"与世隔绝状态(splendid isolation)"③ 的可能性。

  这些今天似乎很明显,而在当时却根深蒂固的误解,再加之哲学立场的基本差异,是导致雅斯贝尔斯后来与海德格尔一起站到反对胡塞尔权威的统一战线中的原因。雅斯贝尔斯与海德格尔是于1921年4月8日④在弗赖堡举行的胡塞尔寿辰庆典上相识的。⑤ 对于这段历史,我们现在只能

---

① 伽达默尔:《哲学生涯》,陈春文译,商务印书馆2003年版,第25页。
② W. 沙普:《回忆胡塞尔》,见《埃德蒙德·胡塞尔(1859—1959年)》,海牙,1959年,第20页。
③ 胡塞尔:《胡塞尔1933年5月4、5日致迪特里希·曼科的信》,倪梁康译,载《世界哲学》,2012年第6期。
④ 雅斯贝尔斯在其《哲学自传》中将他的这次弗莱堡访问时间误记为1920年(雅斯贝尔斯:《哲学自传》,王立权译,上海译文出版社2003年版,第92页)。
⑤ 雅斯贝尔斯:《哲学自传》,王立权译,上海译文出版社2003年版,第92页;萨尼尔:《雅斯贝尔斯传》,张继武、倪梁康译,生活·读书·新知三联书店1988年版,第45—46页。但按照舒曼的和施皮格伯格的记载,这次访问应当发生在1921年的胡塞尔寿辰庆典上:《胡塞尔年谱》,海牙,1977年,第246页。

从雅斯贝尔斯的回忆录中了解其大概。其中有一点是可以确定的：雅斯贝尔斯在弗莱堡第一次见到胡塞尔和海德格尔时便发现，他与海德格尔之间有一种"在反对抽象秩序之权威的过程中两个青年人之间的团结性"①。这恰恰是针对胡塞尔而言。

(原载于《江苏行政学院学报》，2014年第2期)

---

① 雅斯贝尔斯：《哲学自传》，王立权译，上海译文出版社2003年版，第92—93页。——在论述胡塞尔与海德格尔关系时，我们还会对此做进一步的论述和分析。

直观与同情

——闵可夫斯基现象学心理病学的方法论反思

黄　旺[*]

以雅斯贝尔斯、闵可夫斯基、宾斯旺格等人为代表的现象学心理病学致力于对精神病患者主观心理经验的描述和分析,展开对各种精神障碍的病理学研究和临床治疗,这种研究路径区别于传统的精神病理学,后者基于自然科学的方法论,以对症状的客观、外在和可量化的观察为手段,建立起对各种精神疾病的分析框架。这两种研究路径的区分,可以粗略地被视作是自然科学的"说明"路径和精神科学的"理解"路径的区别,或者也可被概括为"第三人称进路"和"第一人称进路"的区分。[①] 当然,在这两个极端之间,还存在一些中间形态,例如,以弗洛伊德为代表的心理分析,以及以认知—行为治疗为代表的部分心理治疗学派就调和了两者,或者说处于两者研究路径之间的张力和冲突之中。利科曾在《弗洛伊德与哲学:论解释》中指出,在弗洛伊德那里,存在着"能量学"和"解释学"的潜在张力和冲突,前者以19世纪的自然科学为背景,后者则带有人文科学的倾向。因此利科试图摆脱心理分析的能量学模式,而从中发展出一种心理分析的解释学(作为怀疑解释学或回溯的解释学的代表,对立于信心解释学或向前

---

[*] 黄旺,南方医科大学马克思主义学院副教授。
[①] 徐献军:《精神病理学中的第一人称进路》,载《西北师大学报(社会科学版)》,2016年第5期。

的目的论解释学)。①

但我们立即会询问,这种对精神病患者主观经验的第一人称描述如何可能?如果按照现象学心理病学家的看法,我们要做的是把握精神病人的主观心理状况,"患者生活于其中的世界",即"理解病人如何经历他的世界",那么在研究者缺乏对"他人之心"的第一人称通达的情况下,这种理解的努力如何可能成功?我们真的能借此通达一个"疯狂意识"吗?如果我们自认为已经把握了疯狂者的心理世界,我们如何保证这种理解不是对对方的一种歪曲,不是用一种透明的、清晰的意识去曲解另一种并不透明的意识,就像利奥塔指责拉康对无意识的分析最终是用清晰的意识的语言结构曲解了无意识那样?此外,如果借此方法足以理解诸如幻觉的意识,为何作为现象学家的萨特为了对幻觉和精神错乱进行现象学直观和描述,会决定冒险服用致幻剂麦斯卡林?而现象学心理病学如果不能有力地回答这些问题,就将导致"现代心理病学中的不可知论"②。

基于上述问题,本文拟澄清以闵可夫斯基为代表的现象学心理病学的工作方法,进而将该方法放回到现象学和解释学的理论背景中加以反思,以回应现代心理病学乃至一般认识论中的"不可知论"威胁。

一、现象学与精神病理学

现象学所朝向的是被给予的意识事实本身,是对意识生活的描述和分析,与之相同,现象学心理病学朝向的是患者的意识生活。但胡塞尔所开创的描述现象学方法(对自然世界和既有知识的悬置、本质还原)

---

① 利科:《弗洛伊德与哲学:论解释》,汪堂家、李之喆、姚满林译,浙江大学出版社 2017 年版,第 54 页以下。
② "因为他(患者)的幻觉,这一差异似乎如此巨大,以至于在我们与病人之间看起来没有关联。然而,我们不能满意于这一态度,这等同是现代心理病学的不可知论。"(Eugène Minkowski, *Le Temps vécu*: *études phénoménologiques et psychopathologiques*, Paris: Presses Universitaires de France, 1995, p.73.)

最初针对的只是自我的意识，是通过"自由想象"的方法对被给予的自我意识的本质直观，而他人的意识经验，尤其是与之极为陌异的精神病患者的意识经验并没有被纳入进来，因为现象学研究的是意识的"可能性"，是意识的本质结构，意识的诸现实形态（包括那些病态形态），仅仅是通达该本质形态的途径和手段，而它完全可以避开陌生意识而仅通过自我的"自由想象"来完成，当然更不必借助病态的意识经验。因此，至少在描述现象学阶段，胡塞尔的现象学方法属于"方法论的唯我论"，而海德格尔在《存在与时间》中的此在分析，尽管谈到了所谓的"共在"，但此在本质上依然是一个"孤独的此在"。只是到了先验现象学阶段，胡塞尔才开始处理陌生经验问题，试图使陌生经验和人格在先验自我的意识中被构造出来。现在，姑且不论这种交互主体性现象学是否实现了对陌生经验的真正通达和是否尊重了他人经验的他异性，毋庸置疑的是，雅斯贝尔斯、闵可夫斯基和宾斯万格均表明自己立足于描述现象学和早期海德格尔来通达病态经验，而拒斥先验现象学还原，这就留下了一个至少表面看起来需要解决的问题：现象学心理病学家们如何能借助一种有"唯我论"倾向的方法来完成对患者的主观经验的描述？

对此，雅斯贝尔斯指出，现象学精神病理学要把握的是患者的主观症状，也即患者的恐惧、痛苦、快乐等情绪及其内在进程。而它们本身并不能如治疗者自身的经验那样被现象学直观到，只能或者通过对方的物理伴随被感觉到，例如通过观察患者的表情；或者通过病人对自身经验的陈述（借助治疗者的问询）。因此，现象学心理病学所依赖的事实，最初与自然科学范式的心理病学所依赖的是相同的事实，即患者的各种外在表达。主观症状所依赖的事实，依然是与客观症状相同的那些外在事实（而非流动着的意识经验本身），只不过我们现在以一种与前者不同的方式去把握它，也即不是外部地加以观察、归纳、推论，而是试图借此"看入"或"参与"到对方的心理世界中去。由此，问题就在于，这种"看入"是如何可能的，它对病人心理的把握是否可靠？雅斯贝尔斯说："由于我们不能如对待物理现象那样，直接知觉他人的心灵，这永远只能是当下化、同情、理解的事情，我们只能根据情况通过对心灵状态的外在特征的系列枚举，通过对他人心灵现象发生条件的枚举，通过感性的直觉类比和符号化，通过一种感应呈现，来知觉他人的心灵现象。"① 由此，现象学心理病学把握病态经验的方法就集中落在"当下化、同情、理解"等方法上。

对于现象学心理病学方法所依赖的直接身体表达（如表情）和语言表达（如病人的自我陈述和可接触到的生活史材料）这两大类事实基础，相对而言，宾斯旺格更加倚重后者，而闵可夫斯基更倚重前者。宾斯旺格说，"要解释的现象在很大程度上是语言现象。我们知道，存在的内容在哪里都不能比通过语言得到更清楚的发现和更精确的解释；因为正是在语言中我们的世界设计才确切地安置和清楚地说出自身，并因此在那里得到探知和传递。"② 因此，他广泛借助"自发的丰富材料和即刻可理解的言语表现，例如自我描述、梦的记录、日记记录、诗歌、信件、自传的草稿"。③ 针对这种材料，他主要采取现象学解释学的文本诠释方法，即对之加以同情的"理解"和解释，而非科学方法式的"说明"。由此，他通过海德格尔的此在的生存论分析，将病人的心理世界描述为一种独特的"在世存在和超世存在"的世界筹划。"在存在分析中吸引我们注意力的毋宁说是语言表达和表现的内容，是它们指出了世界设计或说话者生活的或曾经生活于其中的设计，或者简言之它们的世界内容。"④ 因此对他来说，向陌生经验的跨越一方面可以通过同感、"感应"来完成，但更重要的是病态意识本身也是一种在世存在的特殊筹划方式，所以存在分析通过这一共同的在世存在结构而在正常心理世

---

① Karl Jaspers, *Allgemeine Psychopathologie*, Berlin: Springer Verlag, 1959, p. 47.
② 路德维希·宾斯万格：《存在分析思想学派》，见罗洛·梅等主编：《存在：心理病学和心理学的新方向》，郭本禹等译，中国人民大学出版社2012年版，第250页。
③ 路德维希·宾斯万格：《存在分析思想学派》，见罗洛·梅等主编：《存在：心理病学和心理学的新方向》，郭本禹等译，中国人民大学出版社2012年版，第251页。
④ 路德维希·宾斯万格：《存在分析思想学派》，见罗洛·梅等主编：《存在：心理病学和心理学的新方向》，郭本禹等译，中国人民大学出版社2012年版，第251页。

界和病态心理世界之间架起了桥梁,"讨论过很多次的将我们的'世界'与心理疾病患者的'世界'分割开来且令两者的交流变得如此困难的鸿沟,不仅得到了科学的解释,而且通过存在分析被科学化地架构了桥梁。现在我们不再停止在那个所谓的边界上,即在我们能够移情(Einfühlung)与不能移情的精神生活之间的边界。"①

综上,现象学心理病学家们的方法在根本上是一脉相承的,理解其中一人的工作方法,也就容易理解其他人的工作方法。只是相对于宾斯旺格而言,闵可夫斯基更侧重通过对生命的直接表达(如表情和行动)来理解病人的陌生意识,他所依赖的方法也不同于外部的观察、机械的方法,而主要借助于他所谓的"直观"和"同情"的理解。下面我们将进一步分析闵可夫斯基的现象学心理病学方法,然后将其纳入现象学方法和解释学方法的整体理论视野中来加以反思。

二、澄观与同情:闵可夫斯基的直观方法

闵可夫斯基通达陌生经验的方法同时受柏格森生命哲学和胡塞尔现象学的影响。他自陈:"之后胡塞尔的现象学与柏格森主义在我的思想中结合起来,这两者都指向对直接被给予物的观看,彼此密切关联。"②由此,他在把握病态经验时主要依赖直观(l'intuition)的方法,而反对自然科学以归纳和抽象为特点的外部观察法,因为后者以"推论思维"为特点,所以它无法把握世界的无限生成(也即绵延)本身,而生成本质上是非理性的。"因为时间就是那样的东西,如果人们要分析它或至少弄明白它,就要求一种特别适合于它的本性的方法。柏格森曾提出了

---

① 路德维希·宾斯万格:《存在分析思想学派》,见罗洛·梅等主编:《存在:心理病学和心理学的新方向》,郭本禹等译,中国人民大学出版社2012年版,第265页。
② Eugène Minkowski, *Le Temps vécu*: *études phénoménologiques et psychopathologiques*, p. xiv.

直观的方法。"① 在闵可夫斯基那里，个体的内在心理世界被视作亲历的时间（le temps vécu，生命时间），所以现象学精神病理学所采用的方法也是柏格森式的直观②方法，而非胡塞尔的现象学本质直观方法。在柏格森看来，所谓的直观乃是对绵延的直接认识，它能以内在的方式把握生命本身，而自然科学的方法以空间的方式对待绵延，将时间空间化，将生成转变为存在（存在者），使世界被人为地划分为彼此分隔的实体和概念。当科学用这样一套概念框架来把握对象时，它是出于实践行动的必要，以便实现对对象的操纵，但这种方法并不能实现对生命的直接认识，后者只能通过直观来进行。"关于有机创造，关于真正构成生命的进化现象，我们无论如何都不能对它们进行数学处理。"③ 因此，我们能够以理智来把握无机物质，但却必须以作为本能的直观来把握生命。"科学围绕其对象，尽可能多地从外面考察其对象，把对象拉过来，而不是深入对象。但是，直观能把我们引到生命的内部，即本能是无偏向的，能自我意识，能思考其对象和无限地扩展其对象。"④

在闵可夫斯基看来，患者的陌生经验及其人格正是典型的生命现象，因此心理病学家只要通过柏格森式的直观，即直观其患者的行为及其整体表现，就能够以内在的方式把握到病态经验。"的确，我们对个体过去的知识在我们关于他的判断中构成一个重要部分。然而，常常当我们和他在一起且不得不对他做判断时，这一知识被在单个行为中渗透（洞察，pénétrer）他的整个心灵的需要所超越；关于其过去的知识仅仅以次级的方式参与进来，作为理性类型的单纯指示。因为了解个体的过去整个行为而对之有信心，这完全不同于在他生命中的严酷时刻，在他

---

① Eugène Minkowski, *Le Temps vécu : études phénoménologiques et psychopathologiques*, p. 19.
② l'intuition 在柏格森那里通常不无道理地被译为直觉，它与"直观"是同一个词。本文为了术语的统一，以及强调现象学的直观与柏格森的直觉之间的复杂关联和该词词源上的视觉意味，一概表述为"直观"。
③ 柏格森：《创造进化论》，姜志辉译，商务印书馆2012年版，第23页。
④ 柏格森：《创造进化论》，姜志辉译，商务印书馆2012年版，第148页。

告诉我们一些事情时,尽管有个体激起我们各种不信任,仍试图去洞察他是否真诚。在第一个情形中,我们具有归纳的知识;在第二个情形中,是通过洞察而获得直观的知识。在生命中知识的第二种类型绝不比第一种类型次要,我们常常求助于它,并且它总是构成最高的标准,比其他所有标准更为重要的标准。我们现在必须在精神病理学事实的领域中发展该标准。"① 这种直观,本质上乃是一种"同情",是将自身生命的整个人格和全部过去投身于其他个体,携带着情感和自身"生命冲力(élan)"去穿透对方的内在经验方式。"理智的同情、渗透,借助情感的诊断——无论它针对的是正常的心理还是病理学的心理——构成一个特有的行为……"② 只有凭借这一特有的渗透到其他生命中去的行为,我们才能建立起"与现实的生命关联"。"我们这里所考虑的,乃是在洞察他和与他一起感受一事(un)时,以协调的方式与周围生成一起前进的机能。我们这里也用'亲历的同时性'这一术语来指这一被考察的现象。"③

进而,以更为严格的方式,闵可夫斯基给出了两种不同类型的直观,他分别称之为澄观(contemplation)④ 和同情(sympathie),作为对直观的例证式说明,两者都遵循所谓"渗透的法则(principe de pénétration)"。澄观不同于看(regarder),不是更集中注意力地去看,而是在澄观者和被澄观者之间有不中断的交流,犹如两者之间以相同的节律潮涨潮落,主客体相互融合,以一种谐振的方式和谐运动。尽管澄观依赖于对外在对象的视觉感知,但它超越了主客对立而达到了对生命的整体把握。"这一渗透使得在澄观中没有主客对立的位置;也不只是

---

① Eugène Minkowski, *Le Temps vécu: études phénoménologiques et psychopathologiques*, pp. 209 - 210.
② Eugène Minkowski, *Le Temps vécu: études phénoménologiques et psychopathologiques*, p. 209.
③ Eugène Minkowski, *Le Temps vécu: études phénoménologiques et psychopathologiques*, p. 59.
④ 这个词在法语中通常有"凝视""注视""冥思"等意思,但闵可夫斯基显然不是在通常意义上使用该词。他这里所指的观看更接近中国古代思想所谓的"感通",一种观入万物,以万物合一的澄明观视方式。为忠于该词字面义和作者文化语境的视觉中心背景,故译为"澄视"。

两者之间的对等，因为如果我自身沉浸到我所凝视的事物中，被凝视的事物就活了（s'anime），变得和我一样鲜活，它渗透到我存在的深处，成为我灵感的源泉。"①

另一种直观现象"同情"（闵可夫斯基强调该词的词源意义②）指与同伴的同喜同悲的体验，两个绵延着的生成以直接、内在的方式相互和谐地渗透。它不同于两个个体基于共同利益而对同一个事物感到同喜同悲（例如集体因胜利而高兴），后者是个体经验的外在一致或感受感染，而前者包含对他人经验的体察。闵可夫斯基认为，作为直观，同情乃是一种原初行为，它不可被还原为更原初的行为。一般心理学将其分为不同的心理阶段，完全误解了同情现象。因为它必须首先说明我们注意到他人感受的方式，因而要求助于所谓的类比推理、模仿、联想等活动，但这些活动完全是人为的臆构，在意识现象学中没有根据。"心理学在将我们的心灵还原为一堆碎片，并且将这堆东西封闭在我们自身内在的某个地方后，将我们监禁在一种不可穿透的盔甲中，然后徒劳地寻找一个逃脱的出口。同情使我们——请容许以悖谬的方式——可以说，我们的心灵在除自身外的任何地方；同情让自身心灵港湾的所有部分完全敞开，借此，在其朝向周围世界的自然冲力中，它逃脱我们的所有存在，并且借此，它在对等和相互性的原初感觉中，吸收所有在其范围中所找到的东西。"③ 与之相对，被我们当作把握现实的唯一方式的感知，反而是不符合我们生命本性的观看方式，它引入了一种对生命强暴式的解释框架，一个陌异的操纵机制（"座架"）。

不论是澄观还是同情，本质上是同一性质的直观行为。在我们看来，区别只是在于，前者更多是一种针对自然，针对诸如植物或低等动物的观入方式，而后者更多的是对具有人格的生命个体的观入方式。

---

① Eugène Minkowski, *Le Temps vécu: études phénoménologiques et psychopathologiques*, p. 60.
② 在 Sympathie 的词源学上，sym-指"一同"，而 pathie 的词源 pathos（帕索斯）指情绪、情感，帕索斯不同于逻各斯，它被伽达默尔等人视作解释学和修辞学的共同基础。
③ Eugène Minkowski, *Le Temps vécu: études phénoménologiques et psychopathologiques*, p. 62.

因此在现象学精神病理学中，闵可夫斯基更加看重对同情的描述和分析。现象学精神病理学家不是像科学家那样描述和记录症状，而是通过同情把握和描述患者亲历的世界及其结构，揭示其主观经验的结构性病变。

此外，闵可夫斯基除了将直观视作现象学精神病理学的基本工作方法外，还把直观（澄观和同情）所实现的与现实生命的关联作为人的生命经验分析的基本框架。在他看来，每个生命的亲历时间中有着"个体冲力"和"与现实的生命联系"这一基本对立，两者相辅相成。个体如果过于偏重"个体冲力"而缺乏另一者，则具有精神分裂性人格（schizoïdie）；反之，如果具有与现实的健全联系，则是和谐性人格（syntonie）。"精神分裂人格的代表性现象是个体行动，因为它是个体的，包含了孤独症的迹象。和谐性人格的代表性现象是同情（在该词的词源学意义上）和澄观。"① 据此，诸如精神分裂症和躁狂抑郁症这两大组精神紊乱的心理世界（亲历时间）及其人格类型就得到了描述和解释。精神分裂症患者的问题在于失去了与现实生命的关联，它们具有强烈的个体冲力，甚至有着很好的高级精神机能，但却与周围的生成无法形成和谐关系，与他人的情感缺乏联系，精神分裂症本质上是孤独症。因此，对其的治疗恰恰是训练其低层次能力，恢复其健全常识感和同情能力。反之，躁狂抑郁症也是与现实的生命联系发生病变，但却表现为与现实的频繁而迅速转移的联系，进而使这种联系停留在表面，由此也破坏同情的建立，在这里，"当然，联系存在着，但它仅仅是瞬间的联系。缺乏对它的渗透，在其中不再有亲历的绵延，在我们的躁狂病人那缺乏的是在时间中的展开。"② "思维奔逸"症状就是其典型表现。

---

① Eugène Minkowski, *Le Temps vécu : études phénoménologiques et psychopathologiques*, p. 273.
② Eugène Minkowski, *Le Temps vécu : études phénoménologiques et psychopathologiques*, p. 275.

三、直观与同情的方法论反思：
力与力的内在认识

在对闵可夫斯基的直观和同情概念扼要描述后，我们立刻会产生两个相应的疑问，它要求我们做出进一步的方法论澄清。

首先，如果这种直观方法直接溯源于柏格森，那么它与现象学有何关联？基于柏格森哲学的直观方法和现象学的直观方法有何不同？为何自认为以现象学为指导的精神病理学，却并不采用现象学的本质直观方法，甚至没有采用现象学最基本的意向性分析框架？南希·梅策勒（Nancy Metzel）曾指出："尽管胡塞尔意向性的某些方面与闵可夫斯基的工作密切相关，但胡塞尔对意向性本质的基本洞见是与闵可夫斯基的思想背道而驰的。"[①]

在笔者所接触到的闵可夫斯基的有限文献中，并未看到作者对此的详尽说明。然而他明确承认，胡塞尔的现象学是帮助我们把握生命经验的基本方法，虽然他很少使用胡塞尔现象学的术语和分析框架。现象学方法对他而言，首先是一种悬置的方法，也即悬置既有的概念、知识和信念，借此面向心理学的事情本身。同时，这种方法也帮助他摆脱了心理主义的威胁，借以实现了对正常和病态心理的本质结构的观看及描述。在此意义上，我们也依然可以说，闵可夫斯基有意识地遵循着现象学的方法。

但另一方面，本质直观，特别是胡塞尔早期的范畴直观和普遍直观，在本质上与作为澄观和同情的直观有着不可调和的冲突。因为前者恰恰是借助所谓的"范畴立义"来把握活生生的经验，因而经验总是以作为范畴的"代现"形式向我们显现。借以我们直观到的已经是理想性

---

① Eugène Minkowski, *Lived Time: Phenomenological and Psychopathological Studies*, Evanston: Northwestern University Press, 1970, p. XXXI.

的艾多斯,而这将构成对绵延着的生命的背离,使生命首先以理念的形式向我们显现,进而走向柏格森所谓的对时间绵延的空间化。这种意义上的本质直观朝向的是存在(存在者),而非流动着的生成,基于"立义形式—立义内容"范式的直观模式无法把握活生生的时间,"被亲历的时间",而是与后者格格不入。

然而,进一步的考察会使我们看到,这只表明早期胡塞尔的静态现象学框架难以理解和把握生命本身,因为它还带有强烈的柏拉图主义残余,还存在着"思与生命"之间的尖锐对立。① 而正是胡塞尔本人很早就认识到,静态现象学的范畴立义框架无法把握时间的原初流动本身,我们不能停留在被立义了的含义对象,而是要走向"'立义内容—立义范式'的消融"②,也即返回到它的原初构造本身,进而揭示滞留和前摄的内时间意识构造。我们会看到,尽管由于视角不同,两人对内时间意识的描述有许多极富启发性的差异,但在基本精神上他们保持了高度一致。例如,闵可夫斯基区分"现在(maintenant)"的时间和"当下(présent)"的时间,这一对立与胡塞尔客观时间和滞留的原初时间有着本质的相似性。只是由于闵可夫斯基未能接触到胡塞尔后来的手稿,对胡塞尔后期思想缺乏了解,所以使两者之间的关系看起来较为疏远。我们后面将通过分析进一步表明,作为澄观和同情的直观,其实描述的正是胡塞尔发生现象学试图揭示相同实情,也即"活的当下"及其双重意向性。

其次,这一带有浓重神秘色彩的柏格森式直观,如何能保证它的合法性和可靠性?因为这种直观乃是个体化的,不可重复的一次性行为,它既无法被他人完全验证,也无法被自身所确证。直观着的直观者和被直观经验都处于赫拉克利特之流中,它真的能摆脱闵可夫斯基所批判的"心理病学的不可知论"吗?在何种意义上我们有权说我们已经通过直

---

① 马迎辉:《思与生命——从胡塞尔到米歇尔·亨利》,载《现代哲学》,2017 年第 2 期。
② 胡塞尔:《内时间意识现象学》,倪梁康译,商务印书馆 2009 年版,第 29 页。

观渗透进了病人的疯狂意识？所有这些问题，都要求我们对直观做进一步的方法论反思。而这只能通过对直观行为的更深入描述和分析来进行。

尽管柏格森本人的直观方法一直有被诟病为神秘化的嫌疑，但至少在《材料与记忆》中，我们能看到他对直观的清晰描述，这一描述将给我们的进一步分析带来启发。柏格森认为，在我们的意识活动中，可以区分出纯粹记忆、知觉和"记忆—形象"三个环节。纯粹记忆是对过去的回忆，它沉浸在过去的形象中而未参与现实；而知觉是在回忆的支持下进行感觉，参与到现实和行动中；记忆—形象是纯粹记忆的物质化或实显。当过去的纯粹记忆一旦变成记忆—形象，就开始走向和参与现实的感知，融入感知中。此时个体过去的记忆（他全部的历史经验和完整人格）参与到知觉行动，使知觉形成了直观的能力，"通过允许我们在单个直观中把握绵延的众多瞬间，它使我们从事物之流的运动中解放出来，也即从必然性的节奏中摆脱出来。能压缩进单个直觉中的这些记忆时刻越多，我们对材料的把握就越牢固。因此，一个生命存在的记忆的确是衡量他对事物做出行动的能力的尺度，是这一能力的唯一智力的回射。"① 在柏格森的锥形图表上，AB 平面的纯粹记忆（梦的平面、大脑）和 S 点的知觉（行动平面、身体）之间存在不同层级，因此知觉和行动本质上不同程度地融入了记忆和个体的全部人格积淀，构成了直观活动，"我们的整个个性（连同我们回忆的全体）处于我们实际感知里当前的未分割状态中。"② 因此，健全的直观能力主要在于自发记忆的良好运转。用胡塞尔的术语翻译过来就是：这种直观总是在作为习性积淀的滞留下的基于"原初联想"的直观行为，或用海德格尔的术语翻译：直观总已经是一种在主体的视域（它以自身记忆为基础）中才得以显现

---

① Henri Bergson: *Matter and Memory*, trans. Nancy Margaret Paul and W. Scott Palmer, London: George Allen&Unwin LTD., p. 303.
② Henri Bergson: *Matter and Memory*, trans. Nancy Margaret Paul and W. Scott Palmer, London: George Allen&Unwin LTD., p. 215.

出被给予物的原初理解和领会的活动。科学观察恰恰要求切断滞留的原初意向性,摆脱观察者的主观视角的影响,以便把握所谓的客观对象和事实(作为实体的存在者,而非生成)。然而,"纯粹直观(无论是对外部还是内心的)就是对未分割的连续体的直观。"①

正是在柏格森的意义上,闵可夫斯基将直观和同情视作精神病理学家需要以自己的个体冲力、全部人格、情感去参与的行为,他越是试图作为纯粹客观的观察者去诊断症状,就越与患者的生命经验相隔阂。"这意味着为了理解病人的存在方式,我们不再能满足于作为'科学家'去描述和记录病人所表现出的症状,而是必须将我们的整个人格放入游戏中,以便使之与病人的具体特征遭遇,基于情感的视角,这些具体特征能在他们作为整体的反应中被认出来。单纯观察的诊断因此让位于通过渗透的诊断,宾斯旺格特别强调了这点。"②

这样,我们就来到对认识和理解的一种古老观点,它可以回溯到恩培多克勒的观点:"我们是以自己的土来看'土',自己的水来看'水',自己的气来看神圣的'气',自己的火来看毁灭性的'火',更以自己的爱来看'爱',以自己的憎恶来看'憎'。(D108)"③ 直观和同情本质上就是狄尔泰所说的"以生命理解生命"的生命解释学,或者说是黑格尔在《精神现象学》中谈到的对"力"的内在认识。伽达默尔在谈到历史解释学时详细分析了这点。黑格尔关于力与力的外在表现的区分表明,"力是不可以从其外观而认识或量度的,而只能在一种内在的方式中被经验。……经验力的东西也是一种内在知觉(Innesein)。"④ 兰克和德罗伊森为代表的历史学派对历史的理解就属于这种

---

① Henri Bergson: *Matter and Memory*, trans. Nancy Margaret Paul and W. Scott Palmer, London: George Allen&Unwin LTD., p. 239.
② Eugène Minkowski, *Le Temps vécu: études phénoménologiques et psychopathologiques*, pp. 65 – 66.
③ 北京大学哲学系外国哲学教研室编译:《西方哲学原著选读》(上),商务印书馆1981年版,第44页。
④ 伽达默尔:《诠释学Ⅰ:真理与方法》,洪汉鼎译,商务印书馆2013年版,第294—295页。

内在认识,"这不是一种概念性的意识:历史科学的最终结果是'对万物的同情、共知（Mitgefühl, Mitwisserschaft des Alls）'。……理解就是直接地分有生命,而无需任何通过概念的思考中介过程。"① 在德罗伊森看来,这种力乃是道德力（die sittlichen Mächte）;而在柏格森和闵可夫斯基那里,这种力被解释为"生命冲力"和"个体冲力",凭借着理解者自身的力(它与被理解者的力同质),我们才能以内在的方式认识他人自身的力(生命经验本身)而非把握该力的外在表现(客观诊断)。在此基础上,狄尔泰明确指出,只有同情（Sympathie）才使真正的理解成为可能。

因此,理解陌生经验的活动虽然与海德格尔和伽达默尔的解释学保持一致,但毋宁说与施莱尔马赫所代表的浪漫主义(同情)解释学和狄尔泰所代表的生命解释学更为亲缘。因为无论是海德格尔的此在的生存论解释,还是伽达默尔的哲学解释学,都不是将对他人心理的理解视作解释学的主要任务,相反,它认为回到文本表达背后的"作者原意"(在这里即患者的主观经验)既不必要甚至也不可能。"正如历史事件一般并不表现出与历史上存在的并有所作为的人的主观思想有什么一致之处一样,文本的意义倾向一般也远远超出它的原作者曾经具有的意图。理解的任务首先是注意文本自身的意义。"② 因此解释学所要探寻的不是表达背后的陌生心理(个性),而是文本自身在效果历史意识中所蕴含的不可穷尽的意义空间,是事情本身的显现或存在论的真理。而在施莱尔马赫的浪漫主义解释学中,为了获得对文本的更好理解,要求寻求心理的解释,也即回到作者的主观经验。对作者的生命经验及其个性的了解有助于理解对方的话语,反之亦然。在伽达默尔看来,这种心理学的解释"归根结底就是一种预感行为（ein divinatorisches Verhalten）,一种把自己置于作者的整个创作活动中,一种对一部著作撰写的'内在根

---

① 伽达默尔:《诠释学Ⅰ:真理与方法》,洪汉鼎译,商务印书馆2013年版,第302—303页。

② 伽达默尔:《诠释学Ⅰ:真理与方法》,洪汉鼎译,商务印书馆2013年版,第526页。

据'的把握,一种对创造行为的模仿"①。而这种浪漫主义解释学的预感正好能构成对同情的说明。容易看到,解释学对作者的心理学理解与现象学心理病学对病态心理的理解本质上是相似的。不同的只是,一个是对天才的理解,一个是对疯狂的理解,"就诠释学这一方面来说,与天才的作品相配应的,它需要预感(Divination)、直接的猜测(das unmittelbare Erraten),这归根结底预先假设了一种与天才水平相当的能力"②。

据此,我们就将闵可夫斯基把握他人之心的直观和同情的方法放回到了解释学之中。该方法的特征和有效性在伽达默尔《真理与方法》第一部分"人文主义的几个主导概念"中得到了非常深刻的揭示。通过直观把握他人生命经验本身,这不再是一个神秘的过程,相反是一个随处可见的平常行为,是在教化的共同体中形成的一种良好的共通感、判断力和趣味,它本质上是一种机敏和实践智慧。同情本质上依赖于共通感,或者舍勒所说的"同一感(Einsfühlung)"。所以,闵可夫斯基才特别强调直观行为对分寸感的要求。"我们在尺度和限度的感觉中发现了与现实的生命联系的同一现象,它围绕着我们的所有感知,如同活的边缘域,它使得我们的感知无限精细和无限人性。有行为的规则是好的,但更好的是知道如何去运用它们。……乃是直观、仅仅是直观开辟了我们行动的路线,它在特殊情形中使我们摆脱了既有的规则戒律。"③

四、同情、同一感与同感; "活的当下"与交互主体性

上一节讨论了直观和同情方法在哲学上可以做何种理解,接下来我们将进一步考察这种行为是如何可能的。这里,我们终于涉及同情和同感(Einsfühlung, empathy)之关系问题,以及现象学中的唯我论与交互

---

① 伽达默尔:《诠释学I:真理与方法》,洪汉鼎译,商务印书馆2013年版,第269—270页。
② 伽达默尔:《诠释学I:真理与方法》,洪汉鼎译,商务印书馆2013年版,第272页。
③ Eugène Minkowski, *Le Temps vécu: études phénoménologiques et psychopathologiques*, p. 63.

主体性问题。日常用语中这两个词非常接近，常常可以互用，区别只是在于，同情常常伴随着对他人经验的理解、赞同、支持的情感，而同感则更强调对他人心理的认知，例如我们对恶棍折磨他人为乐的心理能够有同感的理解，但却不会有同情的理解。而在休谟、李普斯、舍勒、斯泰因等哲学家那里，两个术语的用法则往往并不相同。舍勒在《同情的本质及其诸形式》中，将共同感受（Miteinanderfühlen）、同情感（Mitgefühl）、感受感染（Gefühlsansteckung）、同一感（Einsfühlung）视作同情的四种形式，因而使同情成为一个更普遍的观念。他认为，同感（对陌生意识的经验）本质上要在同一感或一体感基础上得到解释。而我们之所以陷入他人心灵经验的难题，正是源于所谓的同感理论模式的误导，后者认为每个个体都封闭在自身的心灵之中，然后通过诸如看到与我类似的生命体及其躯体之间的类似性，故而在我的身体与他人躯体之间建立类比推理或联想，最后将我的心理经验移入他人之中来完成同感。舍勒相反认为，人最先生活在他者之中，是"作为他者的自身"，儿童的个人生活最初完全是隐蔽的，"他神智迷惘，为他所在的那个实在的周围世界所制服，仿佛失去个人意志……他非常缓慢地——仿佛要——从这条在他身上汹涌流过的长河中抬起精神的双眼，发现自己是一个有时也有自己的情感、观念和追求的生命。"[1] 这种同一感乃是对他人感知的基础，现象学心理病学家们深受舍勒这一思想的影响，闵可夫斯基所谓的同情也是诉诸该同一感，甚至本质上已经就是同一感。"那些试图从'推论'或者'移情（即同感——引者注）'过程推导出对另一些我的认识的理论之基本缺陷是，它们从一开始便倾向于过低估计自我感知方面的困难，而又过高估计对他人感知方面的困难。"[2]

---

[1] 舍勒：《同情感与他者》，刘小枫主编，朱雁冰等译，北京师范大学出版社2014年版，第98页。

[2] 舍勒：《同情感与他者》，刘小枫主编，朱雁冰等译，北京师范大学出版社2014年版，第103页。斯泰因的观点与舍勒针锋相对，她认为："不是通过同一感，而是通过移情（Einfühlung），我们体验到他人。同一感和我们自身的体验行为的丰富通过移情成为可能。"（艾迪特·斯泰因：《论移情问题》，张浩军译，华东师范大学出版社2014年版，第42页）我们支持舍勒的观点，并且认为，胡塞尔后期的观点也是与舍勒更接近而非斯泰因。

胡塞尔的道路似乎与之完全不同。在《笛卡尔沉思》的第五沉思中，胡塞尔也试图解决先验唯我论的难题，"当我这个沉思着的自我通过现象学的悬搁而把自己还原为我自己的绝对先验的自我时，我是否会成为一个独存的我（solus ipse）？"① 胡塞尔将这个问题进一步表述为，一个陌生经验是如何在先验自我的绝对意识中显现和被构造出来的。为了说明这一构造，胡塞尔诉诸一个原真还原步骤，也即将与陌生主体相关的所有意向关联先排除出去，从而在此领域上观察陌生经验如何被构造。"我们不必考虑一切可与陌生主体直接或间接地相关联的意向性的构造作用，而是首先为那种现实的和潜在的意向性的总体关联画定界限。在这种意向性中，自我就在它的本己性（Eigenheit）中构造出了自身，并构造出了与它的本己性密不可分的、从而它本身可以被看作是它的本己性的综合统一体。"② 在经过这一"抽象"的排除之后，在原真领域这一奠基性基础上，通过结对（将他人视作和我一样的身体主体）和共现（在对他人躯体的统觉中使陌生意识以当下化的形式被一同意识到）最终完成对他人的构造。"结对就是那种我们称之为不同于'认同'的被动综合的'联想'的被动综合的一种原始形式。"③ 共现则作为感知的一种伴随要素而本质上从属于感知。

现在，这一通过原真还原的构造是否意味着胡塞尔本质上回到了唯我论的先验自我，然后再试图在这种先验自我的基础上构造陌生经验和交互主体呢？④ 如果是这样的话，无疑本质上依然陷入了唯我论。对此，我们给出三个评论：

第一，胡塞尔的先验还原所还原到的一开始就是一个交互共同体，

---

① 胡塞尔：《笛卡尔式的沉思：先验现象学引论》，张廷国译，中国城市出版社2002年版，第122页。

② 胡塞尔：《笛卡尔式的沉思：先验现象学引论》，张廷国译，中国城市出版社2002年版，第127页。

③ 胡塞尔：《笛卡尔式的沉思：先验现象学引论》，张廷国译，中国城市出版社2002年版，第154页。

④ M. Theunissen, *The Other: Studies in the Social Ontology of Husserl, Heidegger, Satre, and Buber.* Trans. Christopher Macann. The MIT Press, 1984.

一个匿名的、世代生成着乃至永生不死的共同体,而非一个处于经验孤岛上的单数主体,原真还原只是一个"抽象",一种说明的方便方法,并非指先验自我最初封闭在本己性的原真领域中。从唯我论的原真领域出发去说明陌生经验的构造和把先验自我一开始就视为非唯我论的交互主体性,这两者可以并行不悖。

第二,胡塞尔诉诸被动综合层次上的原初联想及相应的"结对"和"共现"来说明陌生经验的感知,这本质上已经是将"所谓的同感"解释为一种原初的直观或闵可夫斯基意义上的同情行为。因为共现的当下化本质上是感知中的当下化(=柏格森所说的记忆挤入感知行动中),而非再造的直观当下化(=柏格森的纯粹记忆)。因为我将他人脸红理解为害羞和我将剪刀理解为剪刀的行为具有相同性质,本质上都是基于"原始促创"而得以完成,也即都是以纵意向性的视域积淀为基础完成的理解行为。至于是否能还原到原初直观的差异只是一个并不重要的区别。我们看到,至少在《笛卡尔式的沉思》中,胡塞尔已经否定了早期的观点,即不再将"同感"视作是经验陌生意识的根本环节,仅偶尔提到并称之为"所谓的同感",只是在涉及某些"'更高心理领域'的诸特定内容"① 时才谈到"同感"。

第三,胡塞尔只是诉诸原真还原来说明陌生意识如何被构造,却没有在发生学上从更为原初的本己自我如何在先验自我基础上构造自身谈起,这意味着胡塞尔在陌生意识构造问题上并没有回到真正原初的发生,进而使他的交互主体性至少容易给人留下唯我论的强烈印象。例如,从发生学上看我们可以指出,婴儿和原始人最初都是"泛灵论"的,他们将一切都经验为有着他人之心的,尔后才从中构造出物质对象(但还不是客观对象),舍勒也曾正确地指出,在婴儿那里,最初识别的是表情。

---

① 胡塞尔:《笛卡尔式的沉思:先验现象学引论》,张廷国译,中国城市出版社2002年版,第164页。

尽管存在上述问题，但胡塞尔的发生现象学最终回到并忠于生命经验，他的发生现象学"不再讲意识，甚而不再讲主体性，而是讲'生命'，他试图穿过赋予意义的意识的现实性，甚至穿过共同意义的潜在性，返回到某种作为的普遍性……这就是一种基本上匿名的、即不是以任何个人的名义所完成的意向性……胡塞尔为了反对那种包括可被科学客观化的宇宙的世界概念，有意识地把这个现象学的世界概念称之为'生活世界'（Lebenswelt）……"① 由此，对陌生意识的经验最终回到的不是某种特殊的、在外感知基础上进行的次级的同感行为，而是被动综合的原初联想。对陌生意识的经验在根本上依赖的是"活的当下"的双重意向性，这个"活的当下"带有其全部的人格积淀，使一切意向相关项（自然和个体生命）同等地在此视域背景上得到直观显现，无论是面向自然的澄观直观还是面向个体生命的同情直观。对陌生意识的经验本质上基于同情，完整的同感行为或者并非必要，或者要奠基于同情。

五、陌生意识的直观：可能性与不可能性

经过对精神病理学中所运用的同情方法的哲学反思，现在我们有可能来回答本文开头提出来的问题，即自我是否以及如何能经验陌生意识乃至疯狂意识。

首先，基于同情的直观（作为对力的内在认识），我们能够渗透进他人的意识及其生命经验。具体来说，这基于至少以下几方面原因：第一，我们同属生命，是在同一条生命之河中缓慢抬起头来并构建起自我意识的个体，是同一棵生命之树上的生长出来的枝叶，这是理解在根本上得以可能的条件。我们具有同样的个体冲力和人类伦理共同体中的道

---

① 伽达默尔：《诠释学Ⅰ：真理与方法》，洪汉鼎译，商务印书馆2013年版，第352页。

德力，从同一条血脉那传承而来，这使我们能像理解自身一样理解他人，甚至比理解自身更容易地理解他人。作为反例，儿童完全无法理解成年人的性行为，乃是因为儿童并不分有成年人的性驱力。在这里"不可知论"的威胁之所以盛行，只是由于科学方法的统治，后者使排除个体主观视域的"说明"方法占据主导。任何理解本质上都要基于爱和伴随着爱，也即，依靠同情。

第二，我们所具有的思想观念，本质上是共同体历史积淀的结果，因此不同主体间所具有的经验乃是共通的，自我的意识由他者所构成，私人语言并不存在。而且，因为"能被理解的存在只是语言"①，而语言始终是公共的，在此意义上，我们拥有的是公共的心灵。这个公共心灵中古老而久远的视域积淀沉入了我们自身的无意识，闵可夫斯基将它称为每个个体中的"超个体"的深度维度和无意识领域。"我在我之中携带着普遍命运的观念，我在我自身、我的个体冲力中携带着与某种超出我并且引导着我的精神相通之领域的观念，后者本质上是非理性的，不能与我分离开来或变得更精确。"②

第三，通过原初联想的活动，通过基于先验想象力而来的"统觉转渡"能力，包括借助自由想象和更高层次的同感行为，我们能够超出自身的经验，而"预知"那些我们并未经验过的意识，从熟悉的经验迁移到陌生经验，例如我们虽然没有经验丧子之痛，但基于自身的其他痛苦，我们也能同感到他人的丧子之痛。这在闵可夫斯基的精神病理学工作中体现得非常明显，因为他发现，精神障碍的各种"疯狂"经验都可以与普通人经验的某些负面方面相关联，从而帮助我们"预感"那些精神紊乱。例如，内源性抑郁心理与我们痛苦、压抑、无聊的经验亲缘；妄想和正常的白日梦式现象学补偿具有本质相似性，等等。借助这种类似性迁移，我们可以将理解推向非常遥远而陌生的意识。

---

① 伽达默尔：《诠释学Ⅰ：真理与方法》，洪汉鼎译，商务印书馆2013年版，第667页。
② Eugène Minkowski, *Le Temps vécu: études phénoménologiques et psychopathologiques*, p. 45.

其次，我们所能理解的乃是他人意识的"意向性内容"，而非其"实项内容"。实项内容的经验只能在原真领域中为各自本己的自我所通达。在此意义上，他人之心本质上是无法被理解的，"施莱尔马赫——甚至更明确的，是威廉·冯·洪堡——把个性看作一种永不能完全解释明白的神秘物。"① 作为类似的立场，舍勒说，只有身体感觉和感性情感才是不可被他人经验的，"假若心理的东西总是只发生在'一个人'身上，那么，它便是不可传达的。在这里应指出，这种理论从一般意义上关于心理的言说事实上指的只是身体感觉和感性情感。"② 因此，既可以说我们经历着同一种痛苦，也可以说每个人都无法与别人经历相同的痛苦，舍勒将之称作"心理现象领域与心理现实"的区别，这实际上对应了胡塞尔关于意向性内容和实项内容的区别。③ 在此意义上，我们会同意他人之心无法被理解，并且要求从中引出重大的伦理学命题：对这一观点的捍卫，本质上乃是对他者的绝对权利的捍卫，这就要求我们将他人视作和我一样的主体，让自己暴露在他人面容的注视下，并且回应对他者的责任。④ 在此意义上，"他者永远是绝对超越的。我不可能触及他者。我不可能从内部去理解他者"。⑤

于是，关于精神病理学中的"不可知论"威胁，我们就可以用闵可夫斯基那句他未加阐释的话来回答："我很了解这个人，但在根本上我

---

① 伽达默尔：《诠释学Ⅰ：真理与方法》，洪汉鼎译，商务印书馆2013年版，第274页。
② 舍勒：《同情感与他者》，刘小枫主编，朱雁冰等译，北京师范大学出版社2014年版，第112—113页。
③ 因此，针对维特根斯坦所讨论的私人感觉的问题，我们会说：在实项意义上，私人感觉存在，并且不能被他人通达。但能被我们觉知的私人感觉总是同时具有意向性内容，因而它不可能是真正的私人感觉，而已经是同一种感觉。此外，我们还拥有一些没有上升到意识的私人感觉，它既没有被本人觉知（即不拥有意向性内容），更无法上升为语言，但我们可以了解到该私人感觉在自身中的效应，例如某些创伤经验就构成真正的私人感觉，它是我们意识和语言的基础，虽然我们无法有意义地言说它。
④ Emmanuel Levinas, *Totalité et Infini_ Essai sur l'extériorité*, Paris: Martinus Nijhoff, 1971.
⑤ 德里达：《解构与思想的未来》，夏可君编校，杜小真等译，吉林人民出版社2006年版，第50页。着重号为引者所加。

对他一无所知。"① 本文的论述,本质上是在现象学和解释学层面对这句话的理论阐明。

(原载于《浙江社会科学》,2018 年第 8 期)

---

① Eugène Minkowski, *Le Temps vécu*: *études phénoménologiques et psychopathologiques*, p. 166.

论宾斯万格存在分析学的理论特征

任其平[*]

瑞士著名精神病学家路德维希·宾斯万格（Ludwig Binswanger, 1881—1966年）是欧洲存在分析学的创立者。他积极吸纳现象学和存在主义哲学思想，对精神分析进行修正和改造，开创了存在主义精神分析学（简称存在分析学）运动。宾斯万格的基本观点强调人的在世之在，关注人的整体性。"在世之在"包含着个体自身的世界以及与其他人和物此时此地的关系。人存在于世界中，始终与世界中的具体人或物打交道。人的存在指的是人的整体，包括主观和客观，既是物质的又是精神的。在世之在表达了人的基本、直接和必然的存在条件。离开了世界，人就不存在；离开了人，世界就不存在。在世之在克服了主观与客观之间的分裂，因而恢复了人与世界的统一性。同时，他还强调，人不仅是在世之在，而且还是超世之在，这就使人避免陷入封闭"自我"的泥潭。宾斯万格采用现象学方法、存在人类学方法和临床方法，长期探讨人类的潜意识、梦、本真、非本真、被抛、焦虑、内疚和死亡等重要主题，建构了完善的存在分析学体系。

宾斯万格存在分析学的理论特征具体表现为：反对因果论，主张对人的行为进行存在分析；反对二分法，主张对人的经验进行整体理解；反对机械论，主张对人的生存进行本真解读；反对本能论，主张对人的

---

[*] 任其平，南京晓庄学院心理健康教育与研究中心教授。

存在进行现象学描述。

一、反对因果论，主张对人的行为进行存在分析

弗洛伊德（Sigmund Freud）对病人心理行为的分析是严格遵循因果关系的解释的。弗洛伊德对病人患病原因的分析总要联系病人早年的不幸经历，或者从性的方面寻找病人心理和行为的症结。严格地说，弗洛伊德总是从过去、从生理的角度来分析、解释病人的病因，根本忽视病人的当下心理体验。

20世纪30年代以后，宾斯万格逐渐觉察到这种因果决定论无法真正理解病人的内心世界和解释病人的深层困惑。他"否定了对生理现象因果解释的原则本身，因为照他看来，主观意义和因果性互相排斥。"[①]因为弗洛伊德的因果观对病人心理和行为的解释有时显得十分牵强甚至带有很大的不确定性，而这对挖掘病人的深层情感和拓展病人的即时体验是极为不利的。正是基于这种对因果观的不满，宾斯万格开始把目光转向了现象学和存在主义哲学。在宾斯万格看来，治疗学家既要从"解释"的角度，又要从"理解"的角度来对病人的病因进行分析。他明确提出，精神分析的基础应该是现象学哲学，而不是因果决定论。他反对把"解释"与"理解"分开，认为心理学不要照搬自然科学的模板。他说："心理学就是心理学，是一门独立的科学，不必行进在自然科学的痕迹中。"[②] 同时，他对精神分析进行了存在主义的"修正"。在行为动因的解释上，存在主义哲学主张人具有自由选择的能力，是反对各种形式的因果关系决定论的。存在主义概念中最基本的概念是存在（being）。

---

① 阿·米·鲁特凯维奇：《从弗洛伊德到海德格尔——存在精神分析评述》，吴谷鹰译，东方出版社1989年版，第120页。

② K. Hoffmann, Ludwig Binswanger's Collected Papers: Introduction and Critical Remarks, *International Forum of Psycho-Analysis*, Vol. 6, 1997, p. 193.

按存在主义者的定义，being 就是 being-in-the-world（在世之在）。在世之在的最突出特征就是自由选择。人的这种自由选择的能力是人与动物不同的根本所在。因果决定论忽视人的独特性、变化性，其缺陷显而易见。存在主义对自由选择的强调与弗洛伊德和行为主义的决定论形成鲜明的对照。

在临床实践中，宾斯万格接纳了海德格尔（Martin Heidegger）的此在分析，摆脱了因果决定论的困惑，并试图揭示人的真正本质。他指出："作为科学的心理学与心理治疗学显然与'人'有关，但毕竟主要不是与心理患有疾病的人有关，而是与这类人（man as such）有关。对人的全新理解应该归功于海德格尔的此在分析，这种理解拥有其新观念的基础：不再根据一些理论来理解人——那是一种机械的、生物学的或心理学的观念。"① 宾斯万格把精神分析与存在主义和现象学哲学进行创造性整合，借用海德格尔的"此在分析"概念，提出了自己的存在分析学理论。他指出："我们把存在分析学理解为科学研究的一种人类学类型，即是一种旨在探求人的本质的类型。它的名称和哲学基础都源自海德格尔的此在分析。"② 实际上，宾斯万格是通过拒绝因果概念来反对心理学中的实证论、决定论和唯物论的③。心理学中的实证论、决定论和唯物论都是客观主义的观点，从不给解释和理解人的存在状态留有主观体验的空间。这种"客观主义"对治疗神经症和精神病的患者毫无意义。宾斯万格指出："'客观主义'的观点不会给予神经机能症病人的精神生活以真正的理解。个人的经验不应当归结为科学的概念结构，而以它自己的术语来加以解释。"④ 可见，宾斯万格对因果决定论的批评是比

---

① L. Binswanger, "Existential Analysis and Psychotherapy", in Fromm-Reichmann and Moreno (eds), *Progress in Psychotherapy*, New York: Grune & Stratton, 1956, p. 144.

② May et al (eds), *Existence: A New Dimension Psychiatry and Psychology*, NY: Basic Books, 1958, p. 191.

③ 郭本禹：《心理学通史·第四卷·外国心理学流派》（上），山东教育出版社 2000 年版，第 629 页。

④ 阿·米·鲁特凯维奇：《从弗洛伊德到海德格尔——存在精神分析评述》，吴谷鹰译，东方出版社 1989 年版，第 120 页。

较彻底的。

宾斯万格反对弗洛伊德的因果决定论,主张对人的心理行为进行存在分析。他非常重视人的在世之在,认为因果关系对人的心理行为无关紧要。尽管宾斯万格也研究病人产生症状的原因,但那只是作为理解病人在世存在的一个条件,而不是对病人的心理行为的因果性解释。存在分析治疗注重的是现在,但并不忽视过去,只是认为过去只有通过现在才起作用。因此,治疗者不能把病人的生活史作为解释疾病的依据。决定病人致病的因素不可能像弗洛伊德那样在早期经验中找到,而应从存在的各个层次中发现致病的因素。也就是说,人的在世之在是存在分析的出发点和归宿。人生来就是被抛(thrownness)在世的,而这世间并不是人们自己选择的。人的性别、家庭条件、社会角色和文化背景等在出生时就固定了下来,这种被抛状态为人的存在提供背景,被抛决定了人的自由的条件,给人的存在设置了限度,但这种被抛状态不是人的心理行为产生之"因"。

从临床实践上来看,宾斯万格深深地意识到存在分析对病人的理解与治疗具有更为广阔的可能性,具有较高的治疗潜能。他在分析人的在世之在时,特别强调人的世界设计(world-design),这是他反对因果决定论的重要体现。世界设计指的是个体怎样看待和接受世界。世界设计是区分存在分析和传统精神分析的一个重要的标志,它影响着宾斯万格案例研究中的心理治疗风格。存在分析的一个重要目标就是对个体的世界设计进行描述和研究,个体在世界中的潜能都受其世界设计的制约①。宾斯万格认为,要想理解病人就必须理解病人的世界,分析病人的世界设计,只有这样才能对病人的治疗具有重要价值。他认为,治疗师要帮助病人摆脱单一、狭窄的世界设计,要"唤醒"病人的自由选择意识。人的存在可以有无限多的可能形式,究竟如何发展主要取决于人的自由

---

① Bühler, Karl-Ernst, "Existential Analysis and Psychoanalysis: Specific Differences and Personal Relationship between Ludwig Binswanger and Sigmund Freud", *American Journal of Psychotherapy*, Vol. 58, No. 1, 2004, pp. 40–49.

选择。

在宾斯万格看来,自由是指拥有一个世界或融进这个世界的有限可能性,自由是指个人拥有某种世界的状态。自由被设定为人的一种固有属性,它不同于我们通常意义上所说的自由。有些病人受到单一、狭窄的世界设计的束缚,主要原因就是他们缺乏拥有内心自由的状态。而存在分析恰恰能为病人提供一个自由选择的机会,对存在的基础进行探索,并凭借成熟的看法对过去的抉择重新进行省察。可见,宾斯万格的存在分析学更多的是从人的在世之在来谈论人的心理行为,强调人的自由选择,重视人的世界设计,从根本上反对因果决定论。

二、反对二分法,主张对人的 经验进行整体理解

海德格尔曾对西方传统哲学进行猛烈抨击,认为西方几千年的哲学发展过程实质上是逐渐遗忘"存在"的过程。为此,他提出关于"存在"的学说。他强调指出,我们应该去"理解"人的存在,具体地说就是"理解"人的存在方式。显然,宾斯万格接受了海德格尔的思想,认为主客分离是"所有心理学的致命缺陷"①,并试图用海德格尔的理论来解决这个问题。

对于弗洛伊德把人的精神与本能对立起来、只强调本能的观点,宾斯万格是持批评态度的。在他看来,"主客分离会使治疗师把病人理解为某个东西,并且仅仅根据一种存在模式理解为某种东西,那么,这就在所有其他人之上扮演着评判的角色"②。实际上,作为治疗师不应该坚持主客分离的观点,不应该扮演"法官"的角色。对此,宾斯万格对主客分离的观点反讽道,"我一旦把我的病人客观化,把他的主体客观化,

---

① May et al. (eds), *Existence: A New Dimension Psychiatry and Psychology*, p. 193.
② J. Needleman, *Being-in-the-World: Selected Papers of Ludwig Binswanger*, New York: Basic Books, 1963, p. 171.

他就不再是我的病人了"①。显然,主客分离的观点在临床实践中受到抨击,主要就是因为治疗师把病人的经验进行了割裂式的解释,根本没有从整体上进行理解,这样对人的理解就变得毫无生机和活力。因为这种对人的关系和意义的剥夺导致人们不能完全理解人,也不能发展一种理解病人的病理学。

存在分析理论认为,人的本质就是在世之在,就是整体性,任何破坏这种整体性的做法都是对人的经验的歪曲和分解。宾斯万格也正是在此基础上,从主客关系、心身关系、行为与环境关系等方面来探讨对人的经验的整体理解的。在世之在克服了主观与客观之间的分裂,因而恢复了人与世界的统一性。对"在世之在"的理解,最重要的含义就是真实地、完整地理解一个人,尤其是一个患有心理疾病的人。对人必须要研究他自己的世界,而不是与他的世界相分离的有机体和人格②。对于忽视人的主观性方面,宾斯万格指出:"某个人在他所接受的某些东西总额后面完全消失;他完全客观化了,就是说被组成了,好像用夹子和把柄组成的机械动力系统一样。主体的一端,即'谁'被遗忘了,或者自我客观化了。我们没有看到我们自己,抓住了别人,把他当成了工具。"③宾斯万格对忽视主观性的做法是十分反感的,他强调人的主观与客观的统一。

宾斯万格认为,由于忽视了主观和客观的差异,也就会忽视心身问题。他接受了海德格尔的存在论,认为人的躯体和精神不应被分开。对于治疗师来说,这种整体观对他们真正地理解病人的心理行为和经验具有非常重要的作用。宾斯万格在临床实践中分析案例发现,导致病人产生心理失调的是他们那单一和狭窄的世界设计。这从另一角度说明,人的躯体和精神是统一的,病人症状的出现是其在世之在的一种存在样

---

① J. Needleman, *Being-in-the-World: Selected Papers of Ludwig Binswanger*, New York: Basic Books, 1963, p. 210.

② H. Spiegelberg, *Phenomenology in Psychology and Psychiatry: A Historical Introduction*, Evanston: Northwestern University Press, 1972, p. 221.

③ 阿·米·鲁特凯维奇:《从弗洛伊德到海德格尔——存在精神分析评述》,第136页。

态,是整体性的表现,并非是局部的。

一般来说,主客分离的二分法也会导致心理学家根据环境刺激或生理状态来解释人的心理行为和经验。而存在分析学家强调,人作为一种存在既是主观的,又是客观的,是主体和客体的统一。宾斯万格主张精神病学应当从整体上看待人及其存在,否则就无法克服笛卡尔的二元论。出于这样的理念,他在20世纪30年代以后,在拜里佛疗养院对病人采用了整合治疗的模式,主要包括系统的精神分析、工作治疗、重新培育治疗和身体治疗等内容。其中,特别强调要营造温馨、和谐的家庭治疗氛围,鼓励治疗师了解病人的内心世界,理解他们的内心体验,引导他们发现人生的意义和生活的价值。这种治疗模式对整体地理解人的心理行为和经验具有重要的积极意义。

值得一提的是,存在分析学家都具有很明确的整体观念,他们认为这种整体性还表现在空间性和时间性方面。宾斯万格对病人如何把自己的世界在时间上和空间上加以限定的问题非常感兴趣[1]。有些病人总把自己锁在"过去"的岁月,有些病人的生活空间非常有限。这就使他们的自我与世界处于一种非连续和非辩证的关系之中,失去了在世之在的整体性。宾斯万格从人的在世之在中发现人的各种存在方式,从人的生活史中来理解人的连续且一致的存在样态,甚至把一切行为、梦、幻想以及病人经验中的偶然事件,都当作在世之在的整体性来加以阐释。对宾斯万格来说,此在本身不仅仅是静止的"存在",它还是包含着在世界中运动的一种方式[2]。因为对人的存在的认知永远不可能终止,对人的存在的认知不是基于逻辑的反省,而是对整体的想象、直觉与对任何变化的想象的认知。这种关注病人在时间性和空间性上的研究方式是摆脱主客分离二分法的重要体现,对人进行整体理解具有重要价值。

---

[1] R. S. Valle and M. King, *Existential-Phenomenological Alternatives for Psychology*, New York: Oxford University Press, 1978, p. 306.

[2] H. Spiegelberg, *Phenomenology in Psychology and Psychiatry: A Historical Introduction*, Evanston: Northwestern University Press, 1972, p. 220

三、反对机械论，主张对人的生存进行本真解读

机械论把世界预设为一台机器，机器没有生命、思想和精神，人只有把事物还原为它的各个部件，分别认识这些部件，人对世界的认识才是可能的。事实表明，这种机械论与主客分离的二分法一旦结合就会使人与自然彼此隔离，相互对立，并且丧失各自的自由，自然丧失存在，人也无处可逃。更为奇怪的是，根据机械论的简约性原则，在机械论者眼里，世界中的任何运动都被解释为机械运动，人也被看成是某种东西。

尽管弗洛伊德的精神分析不同于西方传统医学的机械论，他也确实重视人的精神因素，但他的精神分析明显具有还原论的特点，把人的本质归结为较低的一个层次。这也是机械论的另一种表现。宾斯万格在"修正"弗洛伊德的精神分析过程中，明确表达了他对弗洛伊德抱有机械还原论观点的不满，他指出："弗洛伊德的科学进程与临床精神病学并行不悖的地方恰恰就是二者都把人的存在还原为物理学的图式或系统。"[①] 弗洛伊德把人看成是自然的有机体。对此，宾斯万格指出："弗洛伊德仅仅根据自然特性或自然生命来解释人。"[②] 尽管他没有直接抨击精神分析的机械论，但他对精神分析的还原色彩是十分不满的。他认为："相对于非还原主义，弗洛伊德是否定自然发生的特性的。由于弗洛伊德隐喻的复杂结构，精神分析只在表面上是非还原主义的，从而导致解释上的误解。心灵上的术语只是不可知的物理或生理过程的替代

---

① Bühler, Karl-Ernst, "Existential Analysis and Psychoanalysis: Specific Differences and Personal Relationship between Ludwig Binswanger and Sigmund Freud", in *American Journal of Psychotherapy*. 58 (1), 2004, p. 40.

② L. Binswanger, *Reminiscences of a Friendship*, New York: Grune & Stratton, 1957, p. 89.

品。所以,这种误解不是偶然的事情,而是基于精神分析的概念'逻辑'。"① 由此可见,宾斯万格明确传达了一个信息:精神分析表面上重视人的精神因素,但其本质上是还原论的,是无视人的存在的。

宾斯万格反对机械论,目的是要对人的存在进行本真解读。"宾斯万格反对通过技术化、官僚化和机械化对人的疏远、异化和分离。一旦人被当作一种东西,或被当作一种能够被管理、控制、改造和剥削的东西,他们就不能以一个本真的人的方式而生存。"②

宾斯万格是从在世之在的维度来探讨人的本真与非本真问题的。他在具体案例中研究病人的存在。他根据病人的周围世界(外部世界)来研究他们的被抛,根据病人的共同世界(人际世界)来研究他们的沉沦,根据病人的自我世界(自己的世界)来研究他们的生存可能性(existential possibilities)③。他认为,人的在世之在从来都不会是固定和静止,而总是在形成之中。值得注意的是,他关注的是日常、具体的存在,是实体层面的存在;而海德格尔关注的是有关存在本质的哲学概念,是存在论意义上的存在。

那么,人的在世之在如何体现其本真呢?宾斯万格认为,本真的人必须是"整体的人",是有自由选择能力的人,并且为自己的选择承担责任。换句话说,本真就是不断形成某人自己的最真实自我。本真是调节个体生活的一种方法,它不是依从外部标准而是依据内心准则。而人的内部的本真规则的产生,需要个体自己能真正地觉知自身存在的全部可能性,包括自己的潜能。每个人都具有一定的潜能,一旦个体意识到并坚持要实现其潜能时,他才能过本真的生活。所以,本真的生存就意味着此在朝向未来的可能性发展,并逐渐实现其可能性。

---

① Bühler, Karl-Ernst, "Existential Analysis and Psychoanalysis: Specific Differences and Personal Relationship between Ludwig Binswanger and Sigmund Freud", in *American Journal of Psychotherapy*. 58 (1), 2004, pp. 40–49.
② 郭本禹:《心理学通史·第四卷·外国心理学流派》(上),山东教育出版社 2000 年版,第 630 页。
③ R. S. Valle and M. King, *Existential-Phenomenological Alternatives for Psychology*, p. 301.

基于对本真的这种理解，宾斯万格认为，人生来"被抛"的状态并不一定就决定着人的生存是非本真的，关键看人能否接纳它，能否朝向未来。他甚至认为，人的本真就是人接受"被抛"这种现实境况。人的"被抛"的境况构成了人的命运，人必须摆脱这种命运才得以获得本真的生活。如何摆脱这种命运呢？宾斯万格认为，每个人应该对自己的存在结构有一个清醒的认识。否则，人们面对这种"被抛"的境况就会产生非本真体验。他指出："一个人越是顽固地（专横地）反对他被抛进自己的生存状态以及被抛进一般意义上的生存状态，这种被抛产生的影响就越大。"① 因此，本真的生存首先要承认人的被抛在世以及具体的被抛境况。当然，人接受"被抛"状态体现人的本真是有前提的，那就是要求把此在当作动态和展开的形式，并避免把本真理解为一种更带有笛卡尔式的主体。只有这样，人的世界设计才是多样的、开放的，人也才是自由的、本真的。宾斯万格认为，病理的、非本真的、不自由的生存样态表明人的世界设计是狭窄的、单一的、紊乱的。可见，人是否具有多样、敞开的世界设计是反映人的本真与非本真的重要标志之一。

那么，要使人达到本真的生存，除了接受"被抛"状况以外，还可以通过什么途径呢？宾斯万格始终强调人的自由选择以及由此而承担的责任，这可以说是人的在世之在的重要前提，也是保证人的本真生存的必要条件。存在分析的基本前设是人是自由的。自由是人的在世之在的一种属性。但人的自由选择也需要人承担相应的责任，这必然导致人的焦虑。为此，不少人选择逃避自由。例如，宾斯万格在分析著名的埃伦·韦斯特（Ellen West）案例时指出："埃伦·韦斯特的虚幻世界和梦的世界显示了她基于幻想的非本真未来、她的封闭式的世界在非本真的过去生活中占有主导地位。"② 于是，埃伦·韦斯特最终选择了自杀。由此看来："焦虑可以使一个人逃入一种非本真的生活方式——超脱，追

---

① May et al. (eds), *Existence: A New Dimension Psychiatry and Psychology*, p. 340.
② H. Spiegelberg, *Phenomenology in Psychology and Psychiatry: A Historical Introduction*, Evanston: Northwestern University Press, 1972.

求享乐，或在遵奉传统中丧失独立性。但焦虑能够由那种通过献身而实现的本真生活而予以克服甚至排除。"① 通过这种献身而实现的本真生活，又与人的超世之在有着密切关联。超世之在是指人具有超越他住所的世界、进入一个新世界的可能性。而"爱"就使我们走向超世之在，把我们带出自我（self）的世界而带进我们（we-hood）的世界。这时的我们就实现了本真的生活。宾斯万格进一步认为，没有交流也根本不可能存在人的本真状态。这种交流更主要的是指心灵的沟通和精神的交融。宾斯万格的解释是独特的，他认为个人与其他人进行交流是保持本真生存的特殊方法。在临床中为了达到本真状态，他认为坚持对话关系是必要的。

四、反对本能论，主张对人的存在进行现象学描述

在弗洛伊德看来，本能是人类精神现象的主要源泉与动力，所有行为都直接或间接地与本能需要有关。本能是一种决定心理过程方向的先天状态，每一种本能都有其根源、目的和对象。而性本能是追求满足的本能，是人的心理和行为的根本动力。基于这种对人的认识，弗洛伊德认为人是没有自由的，因为人的本能处处受到压抑和限制，人又总是处于潜意识的控制之下。宾斯万格反对弗洛伊德以潜意识、本能等来解释人的存在，认为探索人的存在不需要任何假设，人的存在本身即可说明人自身的存在。心理学的任务只是如实地体验和描述人的存在，而不能以任何理论来解释人的存在。宾斯万格曾对弗洛伊德强调本能忽视精神的做法显然心存不满，并指出，只有在理论上和抽象地才能把本能和精神分开。

---

① 查普林、克拉威克：《心理学的体系和理论》（下册），林方译，商务印书馆1984年版，第291页。

既然人的存在是整体的，实际上根本无法将本能和精神分开，那么怎样对人的存在予以阐明呢？宾斯万格指出："科学，特别是自然科学不要也不应该禁止对所有存在（包括人的存在）领域的阐明。但必须认识到，人的生存和'体验'方式是自主的。"① 在他看来，对人的研究，特别是对病人的治疗，既要重视"解释"，更要重视对他们的在世之在的"理解"，而科学理论却缺乏对人的"理解"。他说，在科学理论中，"现象的真实性、唯一性和独立性，已经被假设的力量、欲望及其支配它们的规律所湮没"。② 人类学不应当盲目追随科学特别是自然科学的研究模式，心理学应该尽可能细致而全面地描述现象，心理学的目的应该是现象学的描述。

宾斯万格认为，现象学的力量表现在它提供了一种研究方法，而不是前设的理论框架。现象学研究取向试图重新定义假定的本质。这样，假定的心理事实就可以从更复杂和多层面来理解。他意识到，对人的理解，只有通过现象学阐释，才会使人成为真正的"人"；显然，本能理论使"人"显得隐晦不堪、毫无光泽。那么，如何对病人如实地进行现象学的阐释和体验而不受固有预设和各种理论的束缚呢？宾斯万格认为，海德格尔的存在论解决了这个难题。他说："海德格尔通过提出在世之在的此在的基本结构，为精神病学家提供了一把钥匙。借助这把钥匙，精神病学家就摆脱了任何科学理论的偏见，就能够在全部的现象学内涵和固有的情境中确定和描述他所研究的现象。"③ 为了对人的存在进行现象学描述，宾斯万格认为存在体验是十分重要的。他指出："现象学意味着精神病学需要建立在体验基础之上，当然，这是一种特殊的体验。这种体验必须从以前关于人的精神病理学及正常与非正常的区别的

---

① J. Needleman, *Being-in-the-World : Selected Papers of Ludwig Binswanger*, New York : Basic Books, 1963, p. 172.

② J. Needleman, *Being-in-the-World : Selected Papers of Ludwig Binswanger*, New York : Basic Books, 1963, p. 157.

③ J. Needleman, *Being-in-the-World : Selected Papers of Ludwig Binswanger*, New York : Basic Books, 1963, p. 206.

体验开始。"①

宾斯万格在重视人的在世之在的同时,也十分重视人的超世之在。而在超世之在中,他加入了"爱"的因素,使他对人的理解显得更为完整和温馨。在他看来,人的存在就不能仅仅理解为海德格尔意指的在世之在,要理解为既包括在世之在,又包含超世之在。宾斯万格充分认识到爱的精神意蕴,并认为这是可以超越弗洛伊德精神分析中作为生物本能的力比多的。在他看来,爱并不只是单方面的行为,而是我们关系(we-relationship)的爱。在对病人进行治疗中,他是十分重视"我们"关系的,认为那是人们获得"真正健康"的必要条件。

人们很可能会认为存在分析主要关注的是治疗,但宾斯万格本人却发现了治疗的局限。他认为存在分析不同于传统精神分析,因而主要不是治疗,而是一项科学事业②。这从另一个侧面说明,宾斯万格很少从治疗技术的角度来谈人的存在,而是从现象学的维度来阐释人的存在的。他虽然没有提出基于存在分析的任何特殊的、先进的临床治疗方法,但这并不意味着存在分析的治疗方法没有特色。其实,对于存在分析的临床治疗和理论研究来说,现象学与其说是一种方法,倒不如说是一种治疗和研究的范式。这种研究路径对后来美国的人本主义心理学的形成和发展不无影响。为了使存在分析学带上现象学的"真实",宾斯万格还专门提出了几条建议。比如,存在分析学将病人的生活史理解为在世之在的一种矫正(modification),而非一种理论;存在分析学让病人去体验他是如何"迷路"的,要像登山向导那样试图将迷路者带回他的共同世界,重建交流平台;存在分析学不要将病人仅仅当作一个客体或是一位病人,而应当作一个存在或是一个同伴,治疗意味着心灵交流,而非接触;存在分析学不要"解释"梦,而是把梦直接"理解"为

---

① H. Spiegelberg, *Phenomenology in Psychology and Psychiatry: A Historical Introduction*, Evanston: Northwestern University Press, 1972, p. 229.

② H. Spiegelberg, *Phenomenology in Psychology and Psychiatry: A Historical Introduction*, Evanston: Northwestern University Press, 1972, p. 228.

在世之在，向病人揭示其在世之在的方式，使病人获得自由；存在分析学使用别的心理治疗方法，以拓展病人对人的存在的理解①。宾斯万格特别强调，在整个治疗过程中，治疗师都应该保持这种对病人的关心和爱。

五、结语

宾斯万格的存在分析学不论是对精神分析的存在主义改造，还是对精神病学的现象学改造，都具有奠基性的意义，他的理论直到现在还是存在主义—现象学的心理学和精神病学的基础。宾斯万格的学说是美国的存在—人本主义心理学思潮的直接理论来源，罗洛·梅（Rollo May，1909—1994年）最早把宾斯万格的存在分析学介绍到美国心理学界②，并明确指出，心理治疗的核心过程就是"帮助人认识和体验他自己的存在"。罗洛·梅之后的布根塔尔、施奈德、亚隆等人，都从宾斯万格理论中获得智力启发。英国的现象学—存在主义心理学家莱因和范多伊曾-史密斯等人也继承了宾斯万格的思想传统。此外，法国哲学家米歇尔·福柯（Michel Foucault，1926—1984年）也受到宾斯万格理论的影响。在福柯逝世后，人们发现他在宾斯万格所有主要文章和著作中都仔细圈点过，从1928年的《对梦的解释和说明观点的变化》直到1942年的《人类存在的基本形式和知识》③。

宾斯万格强调积极自主的人性观，目的是试图描绘出人类存在的心理学图景，真正理解人的存在本质。存在分析治疗确实对缓解人的心灵痛苦、排解人的内心压力、化解人的心理冲突起到了极为重要的积极作

---

① H. Spiegelberg, *Phenomenology in Psychology and Psychiatry: A Historical Introduction*, Evanston: Northwestern University Press, 1972.
② 罗洛·梅、恩斯特·安吉尔和亨利·F. 艾伦伯格：《存在：精神病学和心理学的新方向》，郭本禹等译，中国人民大学出版社2012年版。
③ 詹姆斯·米勒：《福柯的生死爱欲》，高毅译，上海人民出版社2005年版。

用。宾斯万格作为欧洲存在分析学的先驱，一生致力于神经症和精神病的临床实践，致力于存在分析学的创立，客观上丰富和发展了当代心理治疗的理论和实践，使存在分析学治疗成为当代心理治疗的重要学派。由于宾斯万格的存在分析学对焦虑不安的哲学意义的醒悟，它比其他心理治疗学派更适合我们时代的烦恼、受到困扰的人的需要。实际上，宾斯万格也确实试图回答一系列令现代人困惑不解的难题："人在哪里和怎样找到在家（at home）的感觉？"宾斯万格也借用了"家"的比喻，并一直声称他努力的目标就是勾勒出一门人类存在的科学，描绘出一条通往人类安全、生存舒适和有归属感的途径①。面对现代人的生存困境，不少临床工作者已经清晰地认识到：来到咨询室的患者，已不再是身心症状，也不完全是心理问题，而是一个很深的人生哲学问题，即如何找回人生的意义。当他们面临无聊与失望的经验时，他们唯一的目标是如何解决无意义的生活②。虽然宾斯万格的存在分析学创立于20世纪三四十年代，但我们在透视当今社会人们的心灵困惑和精神失落时，有谁敢断言：研究人的心理学不会从宾斯万格的存在分析学思想中再次获益呢？

（原载于《华东师范大学学报（教育科学版）》，2013年第1期）

---

① S. M. Lanzoni, "Bridging Phenomenology and the Clinic: Ludwig Binswanger's 'Science of Subjectivity'", A Dissertation for the Degree of Doctor of Philosophy, Harvard University, 2001, p. 39.
② C. Reeves, *The Psychology of Rollo May*, San Francisco: Jossey-Bass Publishers, 1977.

论语音
——从现象学到精神分析

沈志中*

一、语音——不在场证明

在胡塞尔（E. Husserl）的现象学中，客体存在的明证性必须被还原为对一个纯粹的"超验意识"的呈现，亦即客体存在意味着对"超验意识"而言它"在场"。而胡塞尔在早期也将这个纯粹的超验意识称为"单独的精神生活"（einsame Seelenleben）①。然而，要经由什么样的现象学还原才能找到这一"单独精神生活"本身存在的明证性？是在此，"语音"（voix）对整个现象学的理论建构扮演着决定性的角色。

正如德希达（J. Derrida）在《语音与现象》② 强调，语音是独一无二、绝对纯粹的"自我感受（自感）"（auto-affection）。说即是听。人发出语音的同时也必然立即听见自己的语音。相较于其他形式的自我感受均需借助外在工具（如，透过镜子或相机等外在设备，人才能看见自己）或者不具有普遍性（如，自己触摸自己始终只能是主观感受），语

---

* 沈志中，台湾大学外国语文学系副教授。

① Edmund Husserl, *Logische Untersuchungen*: Theil 2, *Untersuchungen zur Phänomenologie und Theorie der Erkenntnis*. Halle a. d. S.: M. Niemeyer. 1901. § 8, p. 35.

② Jacques Derrida, *La voix et le phénomène*, Paris: PUF, 1967.

音的自我感受不仅是直接的、不需假借任何外在媒介,并且也始终保有普遍性,因为对所有人而言,同一个语音始终表达着相同的意义。因此,对胡塞尔而言,最能体现单独精神生活之纯粹客体性的绝对自感的语音,便构成了现象学的超验主体性的模型。如德希达所言,"语音就是意识"①。

当然我们会质疑,语音作为一种自我感受,那只是一种"自说自听"的"内在语言"。而在对他人表达的"沟通语言"中,语音就未必是"自说自听"。因为除了说话者自己,他人似乎也听见了某种东西。因而,若如胡塞尔所构想,语音只是一种纯粹的自感,不经任何外在媒介,那么在沟通中被听见的语言就必然是没有语音的语言。如此一来,当你听到我说话时,你究竟听到了什么?

为了解决这个从内在语言过渡到沟通语言的难题,胡塞尔提出一个完全是功能性而非本质性的区分,也就是依照语言的"指示"和"表意"两种不同功能,将语言"符号"(Zeichen)区分为"指标"(Anzeichen)和"表达"(Ausdruck)。其中,"指标"单纯只是符号和被意指物之间的连结关系(如"烟斗"表示"男厕"、"口红"表示"女厕")。因此"指标"虽然并非没有"意指"(signification),但它却没有什么"要说"(Bedeutung)②,因此也没有需要被诠释的"意义"(Sinn),是"无意义的"(sinnlos)。反之,有什么"要说"正是"表达"的特征。胡塞尔对"表达"的定义在于那是将一个纯粹"意念"经由"语音"呈现。因此和"表达"对应的并不是意义,而是在意识中引起这个表达的"要说"(Bedeutung)。由此,只要说出来的话合乎文法,就必然有所"要说"。而只要有所要说,话语就有意义,即便所说的是矛盾或不存在的东西(如"一个方形的圆""一个丑的美女"或"一座金山"等)。相反,不合乎文法的话语则必然是"胡说"(Un-

---

① Jacques Derrida, *La voix et le phénomène*, Paris: PUF, p. 89.
② 德希达特别将 Bedeutung 翻译成"要说"(vouloir-dire),以便和"意指"(signification)、"意义"(sens)区分开来。Jacques Derrida, *La voix et le phénomène*, Paris: PUF, p. 18.

sinn）（如伴随着魔法的咒语 Abracadabra 或"绿色是或者"等），因为那不仅不合文法，并且当中显然没有什么"要说"。

如此，借由"指标"与"表达"的区分，胡塞尔便可轻易解释沟通语言如何产生：那是两个平行的内在语言之间的呼应关系。亦即，说话者的一个纯粹意念经由语音表达，而听者可以听懂另一个人的话，则是因为他在自己的精神内在性中，也重复了语音和纯粹意念之间的连结。换言之，当对他人说话时，他人所听见的"声音"也会让他在内在立即直接地重复和我相同的"自说自听"的语音自感。如此，胡塞尔便可解释沟通的可能性，同时确保语音绝对"自我呈现"（auto-présent）的明证性。如此一来，胡塞尔便可将传统哲学所定义的"主体"还原为纯粹自我呈现的超验意识，并将"客体"还原为呈现在此一超验意识中的纯粹意念。这是为什么德希达认为胡塞尔的语言理论是整个现象学的基柱，但也因此现象学并没有跳脱传统形上学"存在即是呈现、在场"假设，因为现象学仍然是建立在"自说自听"的语音之上。

然而现象学的难题也正出现在胡塞尔对于"表达"的定义上。在表达当中，作为纯粹自感的语音只不过是一个纯粹意念的代表，而当另一个人接收到这个意念时，那是他自己的语音去重复了语音和意念的连结。因而，语音从来都没有离开过说话者，仿佛语音自己就现象学还原了自己。换言之，只要被表达出来，那么语音本身就必然被擦拭。显然，当语音不是在纯粹的内在性中自说自听，而是被说出来、被听见，那么它就立即被语言系统所捕捉、被理解成具有指示功能的"发音""拼音"，或语言学所称的"音素"（phonème）。就像点石成金的神话，所有被手碰到的东西都"立刻"化为黄金，"语音"一旦被听见就立刻化为"发音"。如此，悖谬的是，语言的意图（要说）首先必须透过语音才能表达成为话语，但在这同一个表达的运动中，语音却也被擦拭殆尽。对话语的听者而言，他所听见的是"要说"的立即直接的表达，而不再是语音。

当我说话，若听者听得懂我的话、知道我在说什么，那是因为我的语音已经消失，听者才能捕捉到我的话语所要说的意义。或许，当听者开始听不懂我在说什么，或发现我在"胡说"的时候，我的语音才会开始显现，才开始像一个世界性存在的客体一样能够被描述。如可以形容"它"是低沉或尖锐、圆润或沙哑，清晰或咬字不清等。然而，这样一个可被描述但却不承载任何"要说"的"声音"还能被称为是"语音"吗？人的口中所发出来的声响究竟是"语音"还是"声音"，这个差异的关键不就在于当中是否有什么要说？人在音乐厅中听见的是歌唱者的"声音"，而在演讲厅中听见的则是演说者所表达的"要说"。因此，语音的"说即是听"是一种"自说自听"，它从来没有"被说"出来，也没有"被听见"。正如德希达所言，那是"保持沉默的语音"①。同样的，我们也将无法说"语音"这个客体存在，若存在的意义在于"呈现或在场"（présence）。或者，充其量只能说语音是以一种"不在场、不呈现"的方式存在：语音客体的明证性就在于它的"不在场"。语音是一种"不在场证明"②。

如拉冈也曾举孟克（Eduard Münch）的著名画作《呐喊》（Le Cri）为例。我们看到了画中人物在呐喊，但我们听见他喊出来的语音吗？画就静静地挂在美术馆墙上，我们所听见的难道不是"不在场的"呐喊语音所烘托出来的寂静？因此，这幅画并不"再现"语音，而是"呈现"

---

① Jacques Derrida, *La voix et le phénomène*, Paris：PUF, p. 78.
② 是在这个意义上，德希达强调，语音也并非纯粹的自感，因为它需要一个"起源的补充"（supplément d'origine），也就是"书写"（écriture）。亦即，若要让只属于纯粹意识的语音能够在经验中在场与传递，就必须仰赖"书写"的补充。如先是由最早的几何学家在思想中产生几何学客体的纯粹观念，并透过话语将它们传递给他人，继而再透过文字书写让不在场的他者也能够重复相同的纯粹思想活动。以至于，就现象学而言，书写——无论是象形的表意文字或拼音文字——必然都是"拼音书写"（écriture phonétique）。因为那只是让已经说出来的话语被固定、被写下或被体现出来。然而，若胡塞尔体认到"话语"必须透过"书写"体现的必要性，这不正显示对他而言，传统形上学从"在场/不在场"的角度将话语区分为"表达"与"指示"仍是不充分的，以至于需要书写参与话语以及其背后的思想活动？显然"语音"作为一种"自己对自己"的"自感"就已预设着自我当中有着"在场/不在场""内在/外在"的区分。换言之，"自感"本身就是一种让自己和自己的相同成为差异，同时也让差异成为相同的"延异"（différance）的书写运动。因而，那是在任何意义的起源就已经作用着的"原初痕迹"（archi-trace）。Jacques Derrida, *La voix et le phénomène*, Paris：PUF, p. 95.

最简约、最纯粹的语音状态：它不在场的在场，或在场的不在场①。

由此，正因为语音客体的不在场的明证性，才让德希达在《语音与现象》所提出的批评能够深入胡塞尔现象学的核心，并指出现象学的定理仍是建立在西方形而上学最传统的概念上。因为即使在一系列的还原之下，现象学并没有跳脱"存在即是在场"的预设。就此而言，显然德希达对胡塞尔的解构阅读是在特定的对"语音"的论述中才可能。如德希达表示，要思考这样形而上学历史封闭之后的"年代"（âge），要能去说它，就必须要有不同于"符号"与"再—现"（ré-présentation）的其他语汇②。而这一论述正是德希达日后所称的"精神分析的年代"（l'âge de la psychanalyse）③。

二、失语症与歇斯底里

精神分析对于"不呈现、不在场"的语音并不陌生。精神分析的诞生便与语音有着不可分的关系。这不只是因为精神分析情境中谈话、倾听与诠释都是一种语音实践，而且因为精神分析的开端正与语音，特别是消失的语音有关。

弗洛伊德先是神经学家，他在1891年《失语症释义》中从对失语症诊断理论的批评，发现失语症患者实际的临床症状从来都不具有当时的失语症权威 Karl Wernicke 所定义的"运动失语症"与"感觉失语症"那般纯粹的症状。前者被认为是因为大脑语言"运动中枢"受损而无法发声说话，而后者则是语言"感觉中枢"的损伤而导致无法听懂他人的话语。

然而，弗洛伊德发现事实上运动失语症患者并未完全失去说话的能

---

① Jacques Lacan, *Le séminaire XII*: *Problèmes cruciaux pour la psychanalyse*, séance du 17 Mars 1965. 未出版讲稿。

② Jacques Derrida, *La voix et le phénomène*, Paris: PUF, p. 116.

③ Jacques Derrida, *Résistances—de la psychanalyse*, Paris: Galilée, 1996, p. 89.

力，他们还能保有一定的字汇与发音，只是说出来话不成"语句"。正如日后语言学家罗曼·雅各布森（Roman Jakobson）在20世纪50年代的研究，运动失语症患者失去的其实只是"构句能力"，而不是完全无法发音。同样，感觉失语症患者也并非完全听不懂语言，他们只是失去定义和使用同义字的能力，以致答非所问，而让人以为他们听不懂语言。

如此，不难想象1886年弗洛伊德留学巴黎期间，当他首次在夏科（J. M. Charcot）的神经学讲座上亲眼看见歇斯底里的"瘖哑"（mutisme）症状时，心中有多么惊讶。因为歇斯底里病患的瘖哑症状不只是发音困难的语言障碍，而是完全彻底地"失去语音"（aphonie），即便是轻声细语也不可能。换言之，歇斯底里的瘖哑症状无非就是纯粹运动失语症的最佳范例。因此，是这个完全消失不在场的语音才让弗洛伊德在1888年论断"歇斯底里对神经系统构造理论全然无知"，"歇斯底里完全不呈现神经系统解剖关系的摹本"，"其症状表现得犹如解剖学不存在"。也因此，弗洛伊德才领悟不应从神经系统的器官损伤去寻找歇斯底里瘖哑的原因，相反歇斯底里是一种精神性的疾病、是概念联想的障碍，因此必须从心理学的层次，从"情感"与"抑制"的观点去追溯联想断裂的原因。从此时开始，人类从未说出口的语音才开始被精神分析的倾听所察觉[①]。

日后弗洛伊德所提出的精神分析基本规则之一，便是要求精神分析师的倾听必须采取"悬浮的注意力"，亦即不偏重病患话语的意义，而是同等地重视话语的所有要素。这正是为了捕捉在言语过程中被拭除的语音。甚至，在1936年赖克（Theodor Reik）更进一步借用尼采的隐喻，强调精神分析师必须以"第三只耳朵"去倾听：

> 重要的不是语音所说出来的那些字，而是语音所告诉我们的关于说话者的事。语音的音调〔包括没有发出声音、几近沉默的语

---

① 沈志中：《瘖哑与倾听》，行人出版社2009年版，第69—158页。

音〕来的比它所说的更为重要。正如苏格拉底所说:"说话,以便让我看清你"①。

三、语音与欲望根源 objet a

然而,以不在场的在场方式存在的语音真能被第三只耳朵所领悟吗?从对精神病以及特别是语言幻觉的研究中,拉冈很早便认识到"语音"的显现对立于任何的领悟与理解。相反,正是试图对语音的领悟才构成了精神病的妄想核心。因此,拉冈对赖克的说法不以为然,他嘲讽地表示精神分析师已经有两只耳朵还不够聋吗?若不懂什么是"语音",即便有第三只耳朵也是徒劳!不过拉冈也不忘推崇赖克,因为虽然他不知所以然,但至少直觉到有某种"语音"在警告着精神分析师不要被病人的话语给诱骗,因而直指出"传移"(transfert)问题的核心。而拉冈认为可以比赖克更跨出一步,因为经由主体与大他者的欲望辩证,他辨识出一系列极为特殊的客体 objet a,而语音正是其中之一。

从《第六讲座:欲望与其诠释》② 开始,拉冈便不断强调精神分析的实践在于对欲望的诠释,但什么是欲望?在传统哲学论述中,人们始终是以被欲望的对象来定义欲望。但精神分析却发现欲望所针对的客体只是一个诱饵,因为这些客体所带来的满足,从来都不是欲力的满足。事实上,驱使人欲望的真正动力来自一个不在场的东西,拉冈称为"欲望的根源"(cause du désir)。如以弗洛伊德在《梦的解析》中所提到的屠夫太太为例。这位太太非常喜爱鱼子酱,并渴望每天早餐都能吃到抹鱼子酱的面包。而宠爱她的先生也尽其所能地满足她的所有喜好,但是这位太太却请求他的先生不要给她鱼子酱,以便能够永远地要求他先生去满足她的欲望。这便凸显出欲望的真正结构,亦即欲望的目的始终在

---

① Theodor Reik, Reik, *Surprise and the Psycho-Analyst*, London: Routledge, 1999 (1936), p. 21.

② Jacques Lacan, *Le Séminaire VI*: *Le désir et son interprétation*, Paris: La Martinière, 2013.

于创造永无止尽的欲望。因此欲望真正的客体并非能够满足欲望的东西，而是能够持续引起欲望的东西，也就是欲望的根源。由此我们也可以区分两种不同的满足模式，被欲望所针对的好物，是可以带来快感的"满足"（satisfaction），而作为欲望根源的客体所带来的却是持续的欲望，换句话说，那是不可能的满足，拉冈称之为"绝爽"（jouissance）。如此，拉冈赋予这样一种驱动欲望却不满足欲望的客体一个意符：objet a。

之后，拉冈在1962年《第十讲座：焦虑》①中开始明确地提出作为欲望根源之 objet a 的讨论。他从主体与意符的关系定义所谓的"焦虑"是一种对于"欠缺的欠缺"的焦虑，亦即在最初母子的镜像与想象关系中，经由父亲隐喻所带入的阳具意符，一开始即是以"想象的欠缺"方式存在。我们可以说，对人类婴儿而言，一开始的母子关系是完满无缺的同一关系，因为母亲被婴儿视为是其生命的一部分，母亲和婴儿是一体的。直到父亲的功能被突显出来，这个母子的想象关系才开始出现缺陷，亦即父亲的存在必然是因为母亲欠缺着什么东西。因此，这是一个因为父亲功能的介入而引起的想象的欠缺。而在这个想象的欠缺能够在阉割的威胁之下，成为小孩得以认同的"阳具意符"之前，小孩首先是透过幻想的方式，利用任何可能脱离开其身体的东西去填补这个"欠缺"，试图摆脱此时摆荡不定的存在状态。以至于出现在这个欠缺位置上的东西或填充物必然造成既熟悉又陌生的"陌异感"（Umheimlichkeit），因为那既是自己又是大他者的东西。对拉冈而言，此种"陌异感"正是焦虑的前兆。因此，拉冈认为焦虑并非对于某种丧失的焦虑，而是对于"丧失的丧失"的焦虑。是因为在进入象征阶段之前，想象的"欠缺"被某种"客体"给填满了，以致欠缺的消失才导致焦虑。而这些被利用来填补想象欠缺的客体便是可以来到拉冈所谓 objet a 这个意符之下的部分客体。

因此，objet a 在现实当中可以有真实的对应物，如精神分析的力比多发展理论所区分的欲力的部分客体：乳房、排泄物与阳具。而这是因为这

---

① Jacques Lacan, *Le Séminaire X : L'angoisse*, Paris: Seuil, 2004.

些客体是受到部分欲力以"不及物"的方式所挹注的客体,亦即欲力永远都只是把它们当成"目标",围绕着它们来达到欲力的"目的",而不是直接从这些客体上获得满足。不过,虽然 objet a 在现实中有这些对应物,但不应混淆 objet a 的存在与一般客体的存在。因为 objet a 客体的出现是先于所谓一般、可交换、社会化的客体构成之前,甚至也先于主体的构成之前。如此,objet a 并非是欲望所针对的客体,而是引起欲望的根源。它们并非可见、可被知觉的被欲望客体,而是隐藏在欲望背后的不在场客体。

而基于对精神病的认识,特别是被迫害妄想中常见的"被监视幻觉"与"语言幻觉(幻听)",拉冈便进一步将"观看"(regard)与"语音"(voix)纳入 objet a,并提出"观看欲力"(pulsion scopique)与"呼唤欲力"(pulsion invocante ou vociférante)的观点。甚至,拉冈也认为这将是他对精神分析理论最大的贡献。如拉冈强调,在力比多发展阶段最后,也就是伊底帕斯期之后才以超我的严酷"洪亮语音"形式被体内化的"语音"客体,才是"最原初的"(le plus originel)客体。

为此,拉冈对"语音"(voix)与"语言发音"(phonémisation)作了一个非常重要的区分:

> 承载着 objet a 的东西必须从语言发音中被区隔出来。(……)后者只不过是一些对立的系统,以及它所带来的替代、移置、隐喻与转喻的可能性。这个系统能够利用任何材质,只要它们能够组织成彼此区别的对立关系。而一旦这个系统的某些东西被发音(émission),那么就涉及一个新的、被隔离出来的向度,一个自成一格的向度,也就是真正的语音向度(dimension proprement vocale)。①

换句话说,语音是承载意符,让意符得以成为语言发音的必要材料与条件。而语音之所以成为一个自成一格的独立向度,则是因为它是在

---

① Jacques Lacan, *Le Séminaire X*: *L'angoisse*, Paris: Seuil, p. 288.

说话这个意义活动中"被略去"（élidé）的部分。当"语音"被发出来而成为语言学所称的"发音"的同时，语音也被略去。而"被略去"正是拉冈所欲强调出来的 objet a 的"不在场之在场"的本质性特征。

欲望功能的基础在于（……）这个核心的客体 objet a 不仅被分离，而且始终是在它支撑着欲望之处被略去，然而却仍与欲望有着深层的关系①。

这是为何对拉冈而言，在精神发展过程中相对较晚才以"超我"的姿态显现出来的"语音客体"事实上是最原初的 objet a。因为人类的语音可说是体现了 objet a 的本质。

正如拉冈所论的"观看"并不涉及眼睛这个视觉器官，作为 objet a 的"语音"也不涉及耳朵，无论是两只耳朵或第三只耳朵。这表示"语音"的存在并不涉及"声响"的范畴，因为对意符主体而言，作为 objet a 的"语音"也只能以欠缺、不在场、失去任何物质性的方式显现，换句话说 objet a 只能被一个空洞给圈限出来。借用米耶（J.-A. Miller）的假设，在拉冈的精神分析视野中，"语音"的功能只能被放在"无声"（a-phone）的标签之下被考量。如此，米耶定义"语音是意符当中所有不参与意义效应的东西"②。就此而言，"语音"可以说就是结构着主体的"意符链本身"。它不必然只是被内在知觉成超我的大他者的语音，而是让主体得以在与大他者的辩证关系中构成的前提。

对拉冈而言，若不认识"语音"这个 objet a，那么我们就完全无法构想在精神病中出现的"语言幻觉"现象。而只能像以往的精神病学一样将它诠释为错误的知觉。相反，拉冈认为是因为"语音"客体的存在，才有"知觉者"的存在，也才会有倾听功能的出现。因此，语言幻觉本身并非是一种错误的知觉，而是一个迷失的知觉者的结果。主体才是其语言幻觉的内在性本身。如此，精神病当中幻觉的可能性就让我们

---

① Jacques Lacan, *Le Séminaire X: L'angoisse*, Paris: Seuil, p. 291.
② Jacques-Allain Miller, "Jacques Lacan and the Voice" in *The Later Lacan*, New York: State University of New York press, 2007, pp. 139–145.

必须去探讨，关于"知觉者"的适应性问题，而不是一味地从现实的角度去诠释知觉的正确与否。

但在精神分析之前，哲学始终试图去定义一个纯粹化的"知觉主体"。也就是哲学始终试图去定义什么是知觉主体。相反，在精神分析当中，拉冈发现，主体之所以构成是建立在与那个能够去支撑它的什么都不是的东西的相遇，也就是与 objet a 的相遇。因此，可以说 objet a 的存在是欲望主体构成的必要条件。

也是如此，拉冈在《第十一讲座》① 中才认为哲学史上苏格拉底被塑造出来的不屈不挠的纯粹性必然和他的"没有居所、没有位置"（atopia）有关。正如拉冈在《第八讲座》② 中所指出，在柏拉图的《飨宴篇》中，苏格拉底能够在与阿西比亚德（Alcibiade）爱情的欲望辩证中扮演着大他者的角色，正是因为他一无所有、没有任何位置。因为他一无所有、什么都不是，他才能体现爱情关系当中的 objet a 的功能。如此一来，当体现着 objet a 的苏格拉底开口说话时，便会显现出他所谓的"恶魔的语音"。

四、请安静，音乐即将开始……

最后，从对"语音"客体的认识，我们能不能对人类所创造的、带来快感的"声音"，也就是音乐，有更深入的认识？为此，我们必须继续阅读拉冈对"观看"与视觉艺术之功能的论点。

拉冈在 1964 年的《第十一讲座》中长篇幅地讨论"观看"（regard）与绘画的功能，是继"语音"之后拉冈对 objet a 最重要的理论补充。相对于传统哲学，胡塞尔的现象学已凸显人的知觉事实上受到主体的"意向性"（intentionalité）所主导。而梅洛-庞蒂则更进一步在《眼

---

① Jacques Lacan, *Le Séminaire XI: Les quatre concepts fondamentaux de la psychanalyse*, Paris: Seuil, 1973.
② Jacques Lacan, *Le Séminaire VIII: Le tranfert*, Paris: Seuil, 2001.

与心》(L'œil et l'esprit) 与《可见与不可见》(Le visible et l'invisible) 中指出这样的"意向性"受到"视觉"支配。然而,"视觉"并不必然涉及眼睛与视觉器官。因为在视觉当中能够成为"可见"的前提并非因为人有眼睛可以看,而是因为人是处在某种"观看的眼睛"(l'œil du voyant)之下。换言之,在人有眼睛能看之前,已经先存在着某种"观看":我只能从一个点去看,但在我的存在中,我是从四面八方被观看。是这种不需要眼睛的观看,才是视觉的前提。

因此,若观看是可以被欲望的客体,那么它首先就必须能够和"眼睛"分开,是人能够失去的东西。如失去双眼的盲人仍然会渴望观看。事实上,中文的"盲"字指的是失去眼睛,但未必失去视觉。正如德希达指出,法文的"盲"(aveugle)一词来自拉丁文 ab oculis,而那并非指失去视觉或看的能力,而是"不靠双眼"(sans les yeux)①。如此,不用双眼而能看的人才被称为是 voyant(通灵者)。同样,神话中经常出现的盲先知,也正是失去双眼但能看清未来命运的人。

拉冈也试图以生物的"拟态"(mimétisme)补充说明这样一种不需要眼睛的观看的存在。如某些昆虫身上的"眼纹"只是看起来像眼睛而已,实际上并不具视觉的功能,但它们却仍能具有吓阻作用,这就凸显出"眼睛"并非是"观看"的必要条件。其次,拉冈也引述沙特所提到的"偷窥",说明这样一种外在的观看并不涉及任何一双眼睛或视觉主体。如,当某人从钥匙孔偷窥房内时,观看在哪里?"观看"并不是在透过钥匙孔的偷窥上,因为事实上那一点也看不清楚。相反,"观看"是出现在当他正在偷窥时,突然听见门廊有脚步声而觉得羞愧。而这个惊动偷窥者的观看,不必然是某个发现者的观看。因为实际上偷窥者只是听到脚步声而已!因此,这不仅显示观看是在外的,而且是不涉及任何一双眼睛的观看。拉冈由此将这个"观看"称作"鸟瞰"(survol)。

而相对于这样一种外在的、独立的、不需要任何视觉主体的"观

---

① Derrida, *Memoires d'aveugle*, Paris: Réunion des musées nationaux, 1990, p. 10.

看"的存在，就可以区别出拉冈所称的早于一切视觉的"给看"（donné-à-voir）的功能。并非因为有眼睛在看，所以才有"（被）看见"（vu）的东西，而是因为先有"观看"的存在，才有给看的功能，然后眼睛才能在视觉中看见东西。因此是这个不需要眼睛的"观看"决定了世界的构成——梅洛-庞蒂称之为"世界景观"（speculum mundi）。但在以视觉为主导哲学认识论中，"观看"本身反而无法被任何视觉形式所掌握。人总以为"看见"就是"有意识"、"呈现在意识"中，反之亦然，于是在意识的模式下，人始终只见到"观看者"与"被看见的东西"，以致"观看"本身便沉没在"视觉"的盲点中。

正如人以为上电影院是去透过自己的眼睛去"看"电影，但其实人并没有在"看"，因为电影早就透过剪接、场景调度等决定了我们必然处在某种观看之下。电影就像某种饲料在喂养我们的眼睛，让我们不再要求去看。电影与绘画都提供了某种"观看"，而让我们的"观望欲力"（satisfaction scopique）以不及物的方式获得某种程度的满足。而这正显示"观看"毫无疑问是一种 objet a。

对拉冈而言，这也正是人类创造"图画"（tableau）的原因："给看"。因此，人类创造图画其实类似于动物的拟态现象。那都是一种展现，创造出某种影像给外界观看的行为。这是拉冈所称图画具有"驯服观看"（dompte-regard）和让人感到平和、安稳的效应的原因。人在看画时会感到某种平静，那就像闭起眼睛一样，因为不必再观看，这便是"观望欲力"的放弃。就此而言，画家与看画者之间的关系，就像是一种"欺眼法"（tromp d'œil）：给你某个东西看，欺骗你的眼睛，让它不要想再看。

由此，拉冈进一步区分"图画"与被当成艺术品的"绘画"（peinture）。前者是单纯的"给看"，让人放弃观看的欲望，而后者则相反地引起观看的欲望。如拉冈引述黑格尔提到的寓言：两位古希腊的杰出画家宙克西斯（Zeuxis）与帕贺塞斯（Parrhasios）较量谁画得最好。宙克西斯在墙上画了葡萄。因为画得非常逼真，鸟儿们都飞下来啄食。帕贺塞斯则在墙上画了一块布,而宙克西斯转身问他:"现在快让我们看看你在这后面画了什么"。

显然,宙克西斯是好画家,因为他能骗过鸟的眼睛。而若帕贺塞斯能胜过宙克西斯,不正是因为他骗过了最优秀的画家的眼睛?那么,究竟帕贺塞斯所画的那一块布背后隐藏的不可见的东西是什么?从宙克西斯急切想要掀开这块虚拟布料的欲望中,不难得知它背后所隐藏的正是"观看"本身。由此,若说帕贺塞斯技胜宙克西斯一筹,那是因为后者呈现的是客体,而前者呈现的则是"观看",objet a,本身的不在场。

因此,"绘画"与"图画"最显著的差异,就在于绘画显然就是一种对观看欲望的召唤。就像我们说"口欲"一样,那些不同时代与文化的画家们所创造的绘画,无非就是因为能够不断地挑起某种"眼欲"(apétit de l'oeil)而被珍藏。

如此,正如"观看"与"视觉"范畴的差异,对精神分析而言,作为 objet a 的"语音"和属于听觉的"声音"也必然属于不同的范畴。人创造图画是为了"给看",同样,人类创造出各式各样的声音(不只是语音,还包括打击、吹奏、拉奏各式乐器等)必然也是为了"驯服聆听",让耳朵有声音听而暂时卸下听的欲望,以便让作为 objet a 的"语音"客体不要显现而停留在"不在场的在场"状态。正如 Miller 所强调:

> 若我们说这么多话、举办研讨会、聊天、唱歌并聆听歌唱,若我们演奏并聆听音乐,那么拉冈的命题所指出的是,这是为了让可被称为 objet a 的语音安静下来。[①]

这表示人不断地说话并创造出各式各样的声音,是为了让人在逼近

[①] Jacques-Allain Miller, "Jacques Lacan and the Voice" in *The Later Lacan*, New York: State University of New York press, 2007, p.145.

精神病的极端经验（幻听），亦即在逼近真实的语音显现之前，再度回到安全的快感世界。而或许可以进一步说，正如"图画"与"绘画"的差异，人所创造的各种声音和音乐的差异，就在于音乐不仅驯服聆听，而且显现出"语音"的不在场，因而能够持续召唤聆听的欲望。

（原载于《江苏社会科学》，2017年第4期）

弗洛伊德哲学与梅洛–庞蒂的"肉身"概念

宁晓萌*

> 弗洛伊德的哲学不是身体的哲学,而是肉身的哲学。
> ——梅洛–庞蒂:《可见的与不可见的》

在梅洛–庞蒂(Maurice Merleau-Ponty)哲学中,存在着两个看起来非常接近的身体概念,即其早期的"身体"(le corps)概念与晚期的"肉身"(la chair)概念。相比较而言,早期的"身体"概念,由于得到了较为系统和充分的说明,往往被人们看作是比较清晰的;而晚期的"肉身"概念,对于梅洛–庞蒂著作的读者而言,则由于不仅在文本说明的篇幅和系统性上都未能像前者那么充分,并且其概念构造及说明的方式亦采用了不同以往的风格,故而显得有些晦涩难懂。在这种情况下,许多关于"肉身"概念的关键性论述,就成为理解"肉身"概念及其所参与构造的梅洛–庞蒂后期哲学的至关重要的通道。而非常耐人寻味的是,就在这些关键性论述中,频繁出现了关于弗洛伊德哲学的讨论,而这样的讨论虽然在之前的著作中亦时有提及,却从未像此时来得集中和深入。甚至在1960年末为《可见的与不可见的》准备的工作笔记中,梅洛–庞蒂直接指出:"弗洛伊德(Sigmund Freud)的哲学不是身体(le

---

* 宁晓萌,北京大学哲学系、北京大学美学与美育研究中心副教授。

corps)的哲学,而是肉身(la chair)的哲学。"① 本文的讨论,即从这句话开始,由这一简短的论述入手,分析弗洛伊德哲学之所以能够代表"肉身"哲学的与众不同之处,并由此探讨缘何弗洛伊德哲学能够成为梅洛-庞蒂后期哲学所借鉴的范例,以及这种哲学给梅洛-庞蒂所带来的概念、方法和理论架构上的启示。

一、梅洛-庞蒂对弗洛伊德理论最初的探索

自其哲学生涯非常早期的阶段,梅洛-庞蒂已经对弗洛伊德的精神分析给予了很大的重视。对他而言,在正式成为一种哲学流派之前,现象学早已作为一种风格或运动存在着,许多哲学家的理论已经体现出与现象学非常接近的旨趣,而弗洛伊德正在这些哲学家之列②。他不止一次地呼吁大家,应该看到一种"弗洛伊德哲学",而不仅仅是市面上流行的精神分析方法,在这样一种哲学的考虑中有对"人"这个概念非常深刻而极具现代色彩的挖掘。

在第一部著作《行为的结构》中,梅洛-庞蒂选取了弗洛伊德作为在"人的序列"展示"意识与自然间关系"的一个"极好的例子"。③对于梅洛-庞蒂而言,物理的或生物序列的存在都不足以为各种意义内在的一致性提供真正合理的解释,而一种更高的秩序,亦即"人的秩序",在揭示和说明这种内在一致性时应该是具有优势的。因为"唯有当一种意义的内在一致性能够辨识出来,而非仅仅淹没于众多动作的集合中,活的身体的概念才是可理解的",而"生命的现象恰恰在转向自

---

① Maurice Merleau-Ponty, *Le visible et l'invisible*, Paris: Gallimard, 1964, p. 318.

② Maurice Merleau-Ponty, *Phénoménologie de la perception*, Paris: Gallimard, 1945, p. ii. 中译见莫里斯·梅洛-庞蒂:《知觉现象学》,姜志辉译,商务印书馆2001年版,第2页。

③ Marurice Merleau-Ponty, *Structure du comportment*, Paris: Presses Universitaires de France, 1942, p. 191.

身、开始向外传达一个内在的存在的时刻彰显出来"。① 有鉴于此,在这部著作中频繁使用的"有生命的"(vital)这一表述在表达生命现象时显得更像一种外在的描述,而"生命"作为一种"由内向外地彰显"则要求一种新的表达,一种既非纯然内在亦非纯然外在的表述,要求一种新的辩证。正是在此意义上,梅洛-庞蒂认为"人的工作开启了第三种辩证",为了更准确地说明人的秩序中所独有的这种诸关系间的辩证,他选择了"弗洛伊德式的系统"作为范例。

在梅洛-庞蒂看来,"因果论的思想并非是不可或缺的,我们可以使用另一种语言"②,弗洛伊德恰恰示范了如何去回避因果论思想的模式,而在考虑到人自身的发展的情况下树立起一种新的语言。他指出:"应当考虑到'发展',不是把它当作一个外在事物给予另一外在事物的规定,而是把它看作'行为'逐渐和不连贯的结构过程。"③ 在此,"不连贯"成为进入弗洛伊德思想的一个关键词。人们往往想当然地认为结构即意味着"整一的行为","其中所有的环节都内在地与整体联系在一起"④。亦即是说,人们对于"结构"的普遍理解,往往在于其整体性和稳定的状态,而那些不成熟、不稳定和不连贯的态度往往由于不会被当作具备结构能力的态度而只作为偶然性和生命态度的碎片被搁置在一边。然而弗洛伊德却留意到以此为主要特征的儿童的态度。对于儿童,特别是幼儿来说,其全部的态度都体现为这种不成熟、不稳定和不连贯的状态,然而在这种状态下他们依然有着自己对于世界整体的看法,有他们自己完整的对于世界的结构。这样一种儿童的态度对于弗洛伊德非但不是没有意义的,反而让他发现了一把进入人自身经验发展过程中的

---

① Marurice Merleau-Ponty: *Structure du comportment*, Paris: Presses Universitaires de France, 1942, p. 175.

② Marurice Merleau-Ponty: Structure du comportment, Paris: Presses Universitaires de France, 1942, p. 192.

③ Marurice Merleau-Ponty: Structure du comportment, Paris: Presses Universitaires de France, 1942, p. 192.

④ Marurice Merleau-Ponty: Structure du comportment, Paris: Presses Universitaires de France, 1942, p. 192.

钥匙。成人的经验和态度往往并非完全不同于儿童的一种新的经验和态度，反而它本身即是后者以不同的形式一次又一次地重现。这并不意味着儿童的态度即成为造成成人态度的（外在）原因，而是儿童态度沉淀在人自身的活动内部并默默地成长起来、变得稳定起来，而这种积淀与发展往往并不会直接呈现给意识。故而，通常可堪成为人类活动范型的成人的观点和态度，并非只是一个平面的、静止的概念，而是在其中凝结着人自身由童年走向成熟的全部经验的历史，是带着其肉身存在的厚度呈现出来的。与其说那是一种既成的观点，不如说那是观点自身的成形。而同时，这样一种**成—形**也并非单纯是一个主动性的进程，儿童的态度始终参与其中，不是作为意识自身能够反省和控制的主动性因素，而是作为一种"无意识"，作为意识的空白或停顿，以不连贯的方式参与着。经过这样解释的意识的活动，不再仅仅是纯粹的、内在的意识之流，而成为伴随着"无意识的因素"的活动。这样一来，意识活动看起来不再是那么纯粹、完整和连贯，相反，在将无意识因素纳入考量之际，意识活动也从另一个角度展现为一种断片式的活动过程。正如梅洛-庞蒂所指出的："弗洛伊德所谓的'压抑''情结''退行'或'抵制'所描述的事实只能成为意识断片式生活的可能性，而并不会总是具有一贯的意义。"① 在此意义上，梅洛-庞蒂透过弗洛伊德的例子，不但没有找到他原本所预期的"内在一致性"的展示，反而发现了一种"断裂的"存在状态。原本被寄予厚望的意识的活动，非但没有能够为各种意义内在的统一性提供更好的说明，反而由于被揭示为一种断片式的生活而失去了其最初的优先地位。在此意义上，尽管在这部著作中，梅洛-庞蒂并没有继而发展出一套弗洛伊德式的理论，然而"断裂"的观念和语言却默默植根于他的脑中，并在他后来的研究中不断深化。

如果说，在《行为的结构》中，梅洛-庞蒂把弗洛伊德理论看作一

---

① Marurice Merleau-Ponty: Structure du comportment, Paris: Presses Universitaires de France, 1942, p. 193.

种用以规避机械论和因果思想的新语言,那么在《知觉现象学》中,他则更多地考虑到性的存在的底层结构所具有的实存论特征。在他看来:"精神分析的意义不在于把心理学变成'生物学',而是在于在被认为'纯身体的'功能中发现一种辩证的运动,把性纳入人的存在。"① 然而性的底层结构并不像许多人认为的那样意味着弗洛伊德对人的研究的最终解释,其意义更在于揭示出此底层架构之源始性及其作为基础的作用。正是透过这一底层架构我们才不仅仅作为一具"活的身体"(le corps vivant),而是作为一个"人的身体"(le corps humain)存在着。正如梅洛-庞蒂所指出:"对弗洛伊德而言,性器官不是生殖器官,性生活不是生殖器官作为其场所的过程的单纯结果,力比多不是一种本能,即它不是先天地朝向确定目的的活动,而是心理生理主体置身于各种环境、通过各种经验确定自己和获得行为结构的一般能力。是力比多使得一个人拥有他的历史。"② 性从来都不是固着在特定身体部位的某种生理性的东西,它实际地起到重新统合人类存在的作用。正因如此,梅洛-庞蒂认为:"人们错误地认为精神分析,乃至弗洛伊德的理论排除了对于心理动机的描述,并且是对立于现象学方法的。然而恰恰相反,精神分析由于主张人的所有活动都是有意义的,并力图理解事件而不是把它与机械条件联系在一起,的确对现象学方法的发展作出了贡献(尽管并非有意为之)。"③

二、弗洛伊德与人的概念的发展

对精神分析与现象学在旨趣上的一致性的发现,对于梅洛-庞蒂而

---

① Maurice Merleau-Ponty, *Phénoménologie de la perception*, Paris: Gallimard, 1945, p. 184. 莫里斯·梅洛-庞蒂:《知觉现象学》,姜志辉译,商务印书馆2001年版,第208页。

② Maurice Merleau-Ponty, *Phénoménologie de la perception*, Paris: Gallimard, 1945, p. 185. 莫里斯·梅洛-庞蒂:《知觉现象学》,姜志辉译,商务印书馆2001年版,第209页。

③ Maurice Merleau-Ponty, *Phénoménologie de la perception*, Paris: Gallimard, 1945, pp. 184-185. 莫里斯·梅洛-庞蒂:《知觉现象学》,姜志辉译,商务印书馆2001年版,第208—209页。

言绝不是偶然为之的闲谈。事实上,在其 20 世纪 50 年代以来的课程、会议文章以及最后的著作中,他一直在不断地回到这一话题,并且越来越具体、越来越深入地阐明这一问题。在为埃纳尔(Hesnard)博士所辑《弗洛伊德作品集》(1960 年)所作的序言中,梅洛-庞蒂对埃纳尔博士将精神分析与科学的和唯物主义的观念论区分开来的做法颇为赞赏,并认为这与他在《知觉现象学》中的做法非常接近。他认为他与埃纳尔在工作上的共同点即都把精神分析的理论和实践看作"一种隐含的哲学""一种新的哲学",这种哲学与现象学有着共同的研究兴趣和共同的论题。谈及胡塞尔现象学与弗洛伊德的精神分析,他直接而清楚地说明:

> 两种理论的交汇点并不仅仅在作为主体的人,更确切地说,是在于将人的现象描述为这样一个场地,从而使人们看到在内在的真实性之外,还有"自我"及其活动的真实性、意识及其对象的真实性,以及各种意识所无法保持的关系的真实性,即,人与其自身源头以及与他的典范间的各种关系。①

在此之前,梅洛-庞蒂亦在 1951 年 9 月在日内瓦国际论坛("La Connaissance de l'homme au XXᵉ siècle")上做了《人及其逆境》② 的报告,并在此报告中清楚而直接地表达了他对于在 20 世纪(亦即在大家尚未过去的对于"各种计划、失望、战争、革命、鲁莽、恐慌、发明以及失

---

① Maurice Merleau-Ponty: "L'oeuvre et l'esprit de Freud" (*Préface à l'ouvrage de A. Hesnard, L'oeuvre et l'esprit de Freud et son importance dans le monde modernes*), in *Parcours deux*, Édtions Verdier, 2000, p. 283.
② Maurice Merleau-Ponty: "L'homme et l'adversité", in *Signes*, Paris: Gallimard, 1960, pp. 365 – 396. 此次论坛上的讨论(与梅洛-庞蒂相关的部分)重印于 Maurice Merleau-Ponty: "L'oeuvre et l'esprit de Freud" (*Préface à l'ouvrage de A. Hesnard, L'oeuvre et l'esprit de Freud et son importance dans le monde modernes*), in *Parcours deux*, Édtions Verdier, 2000, pp. 321 – 376. 此文献以下简写为 S, 并附法文版页码。中译本参考莫里斯·梅洛-庞蒂:《符号》,姜志辉译,商务印书馆 2005 年版,第 281—304 页,引文依法文原本修订。

败"的鲜活记忆中）构建关于人的知识的忧虑与建议。他特别说明：

> 我们所能做的是，以选定的二三种关系，在我们之中标划出人类处境的各种变化。我们将不得不给出大量的解释和评论，从而消除众多的误解，将不得不在不同的概念体系间作翻译转换的工作，从而在，譬如说，胡塞尔哲学与福克纳作品之间，建立起客观的联系，让他们通过读者来相互交流。在第三者的观察中，这些看似对立的人（譬如安格尔与德拉克洛瓦）也表现出共同之处，因为他们都牵涉在同一文化处境之中。①

透过这段少见的关于方法的直接说明可以看到，对梅洛-庞蒂而言，同时代的思想和理论，无论它们之间有着多么大的差异，它们始终面对着同样的危机，分享着共同的文化处境，并实际上是在为着他们共同面对的问题提供解决方案，尽管他们的风格和方式可能会有天壤之别。他在现象学与弗洛伊德的精神分析之间所看到的一致性恰恰就在说明这一点。事实上，对于两种理论间一致性的讨论从《知觉现象学》（1945年）开始直至 1960 年末一直不断地重复，这种不断的重复，以一种精神分析式的观点看，已经向我们透露出一些信息，即，这绝不是梅洛-庞蒂无谓的行为，而是在这种反复思量中蕴含着方法上的考量。结合《人及其逆境》中的这段话，我们更加清楚地看到，胡塞尔与弗洛伊德恰恰成为他所"选取的两三种理论"中的代表，而对二者间共同之处的发掘，也恰恰意味着一种对于这一时代（20 世纪）关于"人"的共同认识的研究。而当我们看到，梅洛-庞蒂在其 1959—1960 年法兰西学院课程"自然与逻各斯：人的身体"中分别以胡塞尔式的进路与弗洛伊德式的进路来描述和构造他的"肉身"概念的时候，这样一种方法上的反

---

① Maurice Merleau-Ponty: "L'homme et l'adversité", in *Signes*, Paris: Gallimard, 1960, p. 367. 莫里斯·梅洛-庞蒂：《符号》，姜志辉译，商务印书馆 2005 年版，第 282—283 页。

思就更加作为一种存在论哲学的构造而表露无遗了。

对梅洛-庞蒂而言，人自身所独有的特征即在于他能够"把自己展示给自己"①。正是为了尽可能地揭示这种人自身独有的特征，梅洛-庞蒂重新回到对于身心关系这一传统问题的讨论中去。对他而言，"人的存在并不仅仅意味着（机械论意义上的）动物性＋理智"②。"人"的存在并不仅仅在于其精神的或理智的一面，在 20 世纪的语境下，"人"的概念呈现出新的面貌。如梅洛-庞蒂所述："在本世纪，'身体'和'精神'的界限变得模糊。人们把人的生命看成既是精神的，也是身体的，人的生命始终以身体为基础，在其最具体的方式中始终涉及人与人之间的关系。在 19 世纪末的许多思想家看来，身体（le corps）是一块物质，一对机械结构。在 20 世纪，人们修正和深化了肉身的概念（la chair），即有生命的身体（le corps animé）。"③ 在此，梅洛-庞蒂刻意同时使用了"身体"与"肉身"两个概念，以形成 19 世纪与 20 世纪两种身体概念的对照。而在这样一种比照之下，梅洛-庞蒂并非仅仅是要辨析两组概念，而是要说明一种对于人的存在的研究的不断修正和深化过程。在他看来："本世纪最显著的特点就在于'唯物论'与'观念论'、悲观主义与乐观主义间一种全新的结合，更确切地说，是这些对题的消解。"④ 而在"身体"的概念上，这种显著的特点就体现为"'身体'和'精神'的界限变得不再那么分明了"⑤。而作为 20 世纪思想家之一的弗洛伊德，

---

① Maurice Merleau-Ponty: "L'homme et l'adversité", in *Signes*, Paris: Gallimard, 1960, p. 366. 类似的看法在前面《行为的结构》引文中亦有所体现："生命的现象恰恰在转向自身、开始向外传达一个内在的存在的时刻彰显出来"（Marurice Merleau-Ponty: *Structure du comportment*, Paris: Presses Universitaires de France, 1942, p. 175）。

② Maurice Merleau-Ponty: "Nature et Logos: le corps humain", in *Nature: Notes de cours de Collège de France*", Paris: Éditions du seuil, 1994, p. 269.

③ Maurice Merleau-Ponty: "L'homme et l'adversité", in *Signes*, Paris: Gallimard, 1960, pp. 369 - 370. 莫里斯·梅洛-庞蒂：《符号》，姜志辉译，商务印书馆 2005 年版，第 284 页。

④ Maurice Merleau-Ponty: "L'homme et l'adversité", in *Signes*, Paris: Gallimard, 1960, pp. 367 - 368. 莫里斯·梅洛-庞蒂：《符号》，姜志辉译，商务印书馆 2005 年版，第 283 页。

⑤ Maurice Merleau-Ponty: "L'homme et l'adversité", in *Signes*, Paris: Gallimard, 1960, p. 370. 莫里斯·梅洛-庞蒂：《符号》，姜志辉译，商务印书馆 2005 年版，第 284 页。

在建构这种新的"肉身"理论方面的贡献,是前所未有的。正如梅洛-庞蒂所指出的,弗洛伊德在最大程度上让我们看到"人如何同时既完全是精神的又完全是身体的"①。

对梅洛-庞蒂而言,"说弗洛伊德想要把人的发展建立在本能发展的基础上,这并没有错;但如果我们能看到从一开始他的著作就颠覆了本能的概念,取消了在他之前人们以为能用于界定本能概念的标准,那么我们就能更进一步了。"② 事实上,弗洛伊德本人对此早已给出了清晰的论述。在写作于1915年的《本能及其变化》③ 一文中,弗洛伊德注意到本能"并非起因于外部世界,而是来自有机体自身内部",这与通常我们所了解的"心理刺激"的表现大为不同,后者则更多表现为我们通过外部观察所发现的偶发(突发)和暂时性的外部冲撞。相比较而言,本能的特殊之处恰恰在于它的恒定性(即并非短暂的冲击),故而作为一种独特的现象,本能显示为一种发源于内部的持续的冲击力,它不能单凭外在的观察来研究。亦即是说,透过外部观察为之归纳和推断原因的做法恰恰由于避开了本能最本质的特征,而并不能为之提供充足的解释。在此意义上,弗洛伊德指出,"对于本能刺激更好的描述应该是'需要'",而"对于这种需要的解决则是在于'满足'"④。尽管这样一种论述并不能直接为本能的研究提出清晰明确可操作的方法,但梅洛-

---

① Maurice Merleau-Ponty: "L'homme et l'adversité", in *Signes*, Paris: Gallimard, 1960, p. 370. 莫里斯·梅洛-庞蒂:《符号》,姜志辉译,商务印书馆2005年版,第284页。

② Maurice Merleau-Ponty: "L'homme et l'adversité", in *Signes*, Paris: Gallimard, 1960, p. 370. 莫里斯·梅洛-庞蒂:《符号》,姜志辉译,商务印书馆2005年版,284页,译文依原文有所修正。

③ Sigmund Freud: "Instincts and Their Vicissitudes", in *On Metapsychology. The theory of psycho-analysis*, ed. James Strachey, English translation according to *The Standard Edition of the Complete Psychological Works of Sigmund Freud*, Vol. XIV (Hogarth Press and the Institute of Psycho-Ananlysis, London, 1957), Penguin Books, 1985. 这篇文章是弗洛伊德关于"心理玄学"(metapsychology)的一组系列文章中的第一篇。

④ Sigmund Freud: "Instincts and Their Vicissitudes", in *On Metapsychology. The theory of psycho-analysis*, ed. James Strachey, English translation according to *The Standard Edition of the Complete Psychological Works of Sigmund Freud*, Vol. XIV (Hogarth Press and the Institute of Psycho-Ananlysis, London, 1957), Penguin Books, 1985, p. 115.

庞蒂却从中看到了问题的关键——本能并不单纯意味着对于外部刺激的一种反应,"弗洛伊德的学说恰恰告诉我们没有这个意义上的性本能"①。尽管从生理学的角度看,性往往被看作是一种典型的本能,而弗洛伊德却向我们说明,"性"更是"充当我们生存基础的肉身性",就其原始动机而言,性"首先是一种绝对而普遍的投入能力"②。在此意义上,"性"的最初呈现不再被看作是其作为本能的反应或生理的现象,其更原始的表现在于对于某人(或某物)最初的向外投射和诉求本身,而这样一种最初的投射和诉求被弗洛伊德归结为孩子与其父母最初的联系。这种孩子与其父母最初的联系本身并不属于本能层面,而是作为一种"与……的联系"的结构,向我们揭示出最初意义上的"需要"(need)或"欲求"(desire)的本质。正因如此,梅洛-庞蒂更愿意从一种存在论的层面上来理解弗洛伊德对于"性"这一基础概念和基本的生存论要素的解释,并不止一次地为他辩护,精神分析理论绝不是一种泛性论,"性"不是人的行为的最终原因,也不仅仅是一种工具或手段,而是"我们生活的载体,支点和方向盘"③。对他而言,"哲学提出的概念——原因,结果,目的,物质,形式——都不足以解释身体与整个生命的关系、身体与个人生活的联系或个人生活与身体的联系。身体是神秘的:它无疑是世界的一部分,如同它的生存环境,但奇怪地呈现给靠近他人和把他人连接在其同样有生命的和能动的身体——精神的自然外形——中的一种绝对欲望。由于精神分析,精神转入身体,身体也转入精神。"④ 对于弗洛伊德而言,与其说"性"的概念和理论为之提供了一套解答人类活动奥秘的手段和方案,不如说是提供了一个新的"人的概念",即"同时既完全是精神的又完全是肉身的""人的概念"。在此,性,不是人的概念中的局部,而是在其内部将其构造整体的东西。

---

① 莫里斯·梅洛-庞蒂:《符号》,姜志辉译,商务印书馆2005年版,第285页。
② 莫里斯·梅洛-庞蒂:《符号》,姜志辉译,商务印书馆2005年版,第285页。
③ 莫里斯·梅洛-庞蒂:《符号》,姜志辉译,商务印书馆2005年版,第287页。
④ 莫里斯·梅洛-庞蒂:《符号》,姜志辉译,商务印书馆2005年版,第287页。

作为最原初的想要与……联系起来的"需要",性从一个非常基本的维度上标划出人的存在的独特性,即发自于人的存在内部的欲求。

三、"人的身体"

自 1956 年起,梅洛-庞蒂在法兰西学院开设关于"自然概念"的系列课程——"自然的概念"(1956—1957 年)、"动物性、人的身体以及通向文化之路"(1957—1958 年)、"自然与逻各斯:人的身体"(1959—1960 年)。在这些课程中,我们可以看到一个越来越清晰和具体的"人的身体"的概念在其考察中逐渐成为一个非常核心的概念。这一概念与梅洛-庞蒂之前的"身体"概念从字面上非常接近,只是加了"人的"这一限定。人们往往由于想当然地认为在此所谈论的"身体"原本就是指人的身体,而忽略了这种表述上的变化所意味的理论上的进展,忽略了"人的身体"概念其实已经蜕变为一个新的概念。如前所述,对梅洛-庞蒂而言,人的存在最为本己的特征即在于其对自己的展示和呈现,在于其返回自身,反思自身。而就其原始形态而言,这样一种返回自身、自身对自身的展示和呈现,只能在身体性的基础上才可能实现。因此对他而言,"人首先作为身体性存在,然后才是作为理性存在",这意味着要"将人性理解为作为身体存在的又一种方式,看到人性就好像水印一般的存在(从身体存在上)浮现出来,不是作为另外一种实体,而是作为交互的存在(interêtre),它不是在一个自在的身体上加上了一种自为"[①]。亦即是说,梅洛-庞蒂不希望以一种"动物性+理性"(前文已引述)的方式来说明人之为人最根本的特质。人的概念,不是通过几个种属特征的机械叠加就可以完成的,他在此所指出的"交互的存在"恰恰不是这种机械意义上的叠加,而是一种交织(*Inein-*

[①] Maurice Merleau-Ponty: "Nature et Logos: le corps humain", in *Nature: Notes de cours de Collége de France*", Paris: Éditions du seuil, 1994, p. 270.

ander)。在此意义上，他在其哲学生涯的最后阶段重新回到"身体"概念的考察，并非是对其早期概念的重复或简单修订，而是旨在拓展一种新的研究——"人的身体"意味着"作为能触—被触、能看—被看的身体"，"这是反思发生的地方，并进而是身体得以将自己与别的东西联系起来，得以在一种感性的外观中使视看的回路得以封闭起来的地方"，总体而言，这是一种"肉身（la chair）的理论，是一种关于作为可感性（Empfindbarkeit）的身体及其所关联的事物的理论"①。

人们对于作为"能触—被触、能看—被看的身体"概念或许并不陌生。从《知觉现象学》到《可见的与不可见的》，梅洛-庞蒂不止一次地涉及关于这种"双重感知"现象的讨论。对于大多数研究者而言，这种讨论意味着一种胡塞尔进路的延续和发展。即，在身体的双重感知现象中揭示出一种身体最原初的返回自身的体验，揭示出最原初的反思形态，并借由这种立基于身体性的反思揭示出主体性、交互主体性的反思特质。然而，尽管这种胡塞尔式的发展的确是梅洛-庞蒂后期肉身哲学中非常重要的环节，但却并不意味着全部，梅洛-庞蒂不但在后期的课程和著作中表明了自己与胡塞尔分歧之处，并在此问题上同时采取了其他进路拓展了这一研究。在此，我们或许恰恰可以从这些分歧之处，看到梅洛-庞蒂引入弗洛伊德哲学的原因和必要性。

在1959—1960年的法兰西学院课程"自然与逻各斯：人的身体"（Nature et Logos: Le corps humain）中，梅洛-庞蒂以几乎同样重分量的篇幅对身体概念展开了相互关联的两个层面的讨论，即，"感觉层面的身体"（le corps esthésiologique）和"力比多的身体"（le corps libidinal）②。对于

---

① Maurice Merleau-Ponty: "Nature et Logos: le corps humain", in *Nature: Notes de cours de Collège de France*, Paris: Éditions du seuil, 1994, p. 271.
② 以下个别观点，如梅洛-庞蒂对胡塞尔"双重感知"问题的不同解释、通过弗洛伊德的自我理论对儿童与父母间作为自我—他人层面联系的揭示，笔者曾在拙著《表达与存在：梅洛-庞蒂现象学研究》（北京大学出版社2013年版）中有所讨论。但由于当时尚未认识到弗洛伊德哲学对梅洛-庞蒂肉身概念及肉身哲学在方法论和理论构造方面的影响，所以解释不足。在此为了进一步说明弗洛伊德进路对后期梅洛-庞蒂哲学发展的作用，对上述问题有简单地重述和新的解释。

在此提到的"感觉层面的身体",梅洛-庞蒂在同时期发表的论文《哲学家及其身影》中更加充分地展开了讨论。他特别讨论了胡塞尔在《观念》第二卷中的身体(Leib)、身体性(corporeity)概念,以及作为交互主体性问题解决方案的"共感"(Einfühlung)理论。特别引起梅洛-庞蒂注意的是,在共感中,并不仅仅是一个身体在感知另一个身体、或被另一个身体所感知,也不单纯是一个能构建的心灵与另一个能构建的心灵相遇,而是一个人与另一个人的谋面、相认和共同感知。在此意义上,"共感"的问题实质上是让我们以最质朴的方式去面对关于他人的经验,作为感知者和可感者的其他的人,而不是其他的身体、心灵或思想。尽管梅洛-庞蒂并不全然认同胡塞尔关于交互主体性和他人问题的解决方案,但他却从共感问题的讨论中获得了极大的启发。他由此看到要从最初始的肉身关系的层面去思考人与人的关系,在这一最初步和最表层的阶段面对他者的问题,去发现主体间原初的肉身化联系,并以此作为解决他人问题或交互主体性问题的通路。

然而,由这条胡塞尔式进路所开启的"感觉学"研究对梅洛-庞蒂而言,并非是唯一的可能进路。他随即在胡塞尔借以解决问题的地方提出了新的问题。对于胡塞尔而言,"双重感知"的现象为我们揭示了身体透过触摸到自身的触摸(两手相触)① 而实现了最原初的返回自身的体验。这为他所希望建立的能够在自身之中进行纯粹的反思(返回自身意义上的反思)的纯粹身体性(corporeity)理论提供了强有力的证据。然而梅洛-庞蒂却从"双重感知"中看到了一些不一样的东西②。对他

---

① 在此问题上,胡塞尔甚至特别比较了触摸和视看两种感知,在他看来,在两手相触的经验中,有一种更加直接和纯粹的返回自身体验,而在视看的经验中,眼睛却无法直接看到自己的视看,而只能借助镜子或者其他人。故而,视觉的领域与触觉的领域在此意义上根本不具可比性——"我不能够像触摸自身一般地看到我自己、我的身体","我所谓的被看到的身体,并不能像身体在其触摸中被触摸到那样地在其视看中被看到"(Husserl, *Ideas II*, p. 155)。故本文仅简短地以触摸的例子来概述胡塞尔关于"双重感知"的讨论。

② 在此必须说明,梅洛-庞蒂对于身体自身的反思性特质的研究始于他对胡塞尔未刊文献的阅读,并且这种研究从他的早期著作一直持续到最后。自始至终,胡塞尔现象学以及身体的反思性特质在他的研究中都占据着至关重要的位置。所以在此标画出一种分歧,并不意味着对于胡塞尔及胡塞尔进路的否定或放弃,而是旨在说明梅洛-庞蒂在这种启示之下更加深入的发展。

而言，即便是在胡塞尔颇为青睐的触觉中，也并没有纯粹的返回自身："身体这种朝向自身的回返往往最后以失败告终。就在通过右手感觉到左手的那一刻，我停止了左手对右手的触摸。然而这最后一刻的失败并没有剥夺'我能触摸到自己正在触摸'这种预期的全部真实性：我的身体并没有知觉到，但作为知觉的基底，它穿透知觉形成自身；通过其内部的安排、其感觉运动的各种通路、其操控和推进运动的各个线路，它为自己准备了一种关于自身的知觉，就好像从来都不是他在感知，或感知到这一切的不是它自己"①。亦即是说，梅洛-庞蒂并不认为在双手相触的双重感知中能真正实现一种纯粹内在的回返，左手的触与右手的触并不是同时向我们呈现，我们始终只能在两种感知中的一边。所以在此经验中，或许我们仍然能够触摸到另一只手正在触摸，但却并不能因此说我们通过这种触摸真正回到自己。在视看的例子中，这种情形更加明显："触摸直接触摸到自身……而视看则打破了这种直接性（视看总是有距离的，在身体的界限之外），并通过镜子重建世界的统一性。"② 一个人永远不会看到自己的看。即使是在照镜子的时候，他也只能看到正在注视着某处的眼睛，而不是朝向自己的目光。在此意义上，"触摸与触摸自己……并没有在身体中重合：触摸永远不会成为被触摸者。这也不意味着它们'在心灵中'或'在意识的层面'上重合。为了这种结合，我们需要诉诸某种身体之外的东西：这种结合发生在<u>不可触及之处</u>（l'intouchable），那是我永远触碰不到的<u>他者</u>。"③ 或许正是考虑到这种最初的并且无可回避的对于他者的诉求，梅洛-庞蒂在"感觉层面的身体"之外开启了诉诸"力比多身体"的研究，对他而言，"力比多的身体"为我们提供"欲求的我"（le je de désir）④，从而可以展示在

---

① Maurice Merleau-Ponty, *Le visible et l'invisible*, Paris: Gallimard, 1964, p. 24.
② Maurice Merleau-Ponty: "Nature et Logos: le corps humain", in *Nature: Notes de cours de Collége de France*, Paris: Éditions du seuil, 1994, p. 345 – 346.
③ Maurice Merleau-Ponty, *Le visible et l'invisible*, Paris: Gallimard, 1964, p. 302.
④ 这种说法明显与《知觉现象学》中关于身体的表述——"自然的我"（un moi naturel）、"知觉的主体"（le sujet de la perception）——形成对照。

身体之中也存在着"为—他（pour autrui）的自然的根源"①。在这样的考量下，"身体作为共感之能力本身已经就是一种欲求，性欲（力比多），投射—内投射，自我认同。人的身体的感觉层面的结构因而也是一种力比多（性欲）结构，感知因而也是一种欲求，是一种与存在的扣连而不仅仅是对存在的认识"②。所以对于梅洛-庞蒂而言，关于"感觉层面的身体"的研究与关于"力比多的身体"的研究是应该同时进行的。如果说前者意味着一种从"正面"展开的研究，那么后者则意味着一种"重新研究"（réinvestment），它从反面、诉诸一种内在于身体的视角，亦即一种刚好来自前者背面的角度，再度展开前者已经开启的研究。

如前所述，在儿童与父母最初的情感联系中，已经呈现出一种最为原初的对于他者的"需要"。在此意义上，儿童对于父母的爱并不仅仅是一种本能的反应，更应被看作是一种精神上的联系。梅洛-庞蒂从弗洛伊德的理论中敏锐地看到了这一点，并把它当作对于最初始形态的关于他者经验的研究的入口。正如他本人所指出的："每当成人遇到困难的时候，他总是倾向于回到那些直接受到与父母关系影响的儿时的行为。我们可以由此看出，在与父母的最初联系中，已经存在着一种我与他人间的张力。"③ 就此问题而言，弗洛伊德的一系列自我概念（本我、自我、超我）突出地从发展的角度向我们展示出这种自我与他者的交织。在梅洛-庞蒂看来，本我—自我—超我"并非三种外在的事实，而是同一段人格生活的辩证法的三个方面"④。在三者之中，尤为值得注意的是"超我"的概念，它在"自我"概念的体系中充当着"一种理想的自我，我期望成为的那个我，我的榜样"，"代表着我所仰慕和认同的

---

① Maurice Merleau-Ponty: "Nature et Logos: le corps humain", in *Nature: Notes de cours de Collège de France*, Paris: Éditions du seuil, 1994, p. 272.

② Maurice Merleau-Ponty: "Nature et Logos: le corps humain", in *Nature: Notes de cours de Collège de France*, Paris: Éditions du seuil, 1994, p. 272.

③ Maurice Merleau-Ponty: "Les relations avec autrui chez l'enfant", in *Psychologie et Pédagogie de l'enfant, cours de Sorbonne* 1949–1952, p. 329.

④ Maurice Merleau-Ponty: "Les relations avec autrui chez l'enfant", in *Psychologie et Pédagogie de l'enfant, cours de Sorbonne* 1949–1952, p. 37.

父母性格，它在自我之中起着引导的作用"①。其重要意义在于，它"并非总是我完全有意识的、对自己清楚呈现出来的理想（人格），而是我趋向着去成为的（那个人），是我想要向他和在他面前表演的（那个人）。超我是我生活中感情上理想的对象，是我所有主要活动指向的目标。……并且超我不是一个外在的因素，因为它是由自我在其自身之中引入的"②。超我揭示出一种朝向他人的源始联系，而这种联系不是完全在外部建立的，而是在自我本身发展中就存在着这种朝向他者的自然根源，并且这种为—他的根源在自我的发展中不但不是次要的因素，反而还对自我的发展起着重要的引导作用。基于对"超我"概念在"自我"概念中作用的特殊考量，我们就会看到，儿童在性的方面与父母间最初的联系，实质上意味着一种对于他者最初的诉求（在此，父母扮演着最初的他者的角色，并且往往是作为榜样和理想人格）。当然，在此意义上所说的"性"，应从其最朴素层面的含义来理解，即弗洛伊德所说的，"或许这个概念最合适的描述应该是'与两种性别间差异有关的一切'"③。这样，对于儿童早期阶段的性的特征的揭示，并不意味着把儿童卷入情色的处境中。弗洛伊德对于儿童早期阶段固着于性器官的各种活动的研究，恰恰意在说明，在这些活动中凝结着儿童两个方面的最初认识，一是对自己性别的认定，一是对自己所不是的性别的好奇与研究。在此意义上，"性"的概念也成为一种对于人类存在方式的交织特征的展示：作为对他者最初的诉求，性被看作是朝向他人的活动的肇始；同时，由于在自我的发展中，已经存在着他者的参与和引导，所以这种朝向他者的诉求也同时具有自我保存、自我认同和自我反省的意义，在某种意义上说，即最初意义上的自恋；更值得注意的是，由于性

---

① Maurice Merleau-Ponty："Les relations avec autrui chez l'enfant", in *Psychologie et Pédagogie de l'enfant*, cours de Sorbonne 1949 – 1952, p. 330.

② Maurice Merleau-Ponty："Les relations avec autrui chez l'enfant", in *Psychologie et Pédagogie de l'enfant*, cours de Sorbonne 1949 – 1952, p. 338.

③ Sigmund Freud：*Introductory Lectures on Psycho-analysis*, the standard edition, ed. &trans., James Strachey, New York & London：W. W. Norton & Company, 1966, p. 376.

被弗洛伊德揭示为在儿童非常早期阶段的发展中已经在起作用的活动，所以它从一开始即已经嵌入人的全部生活，它自身也因而作为一种实存论因素历史性地存在着，它已经就是一个人自身本有的生涯和历史。总体而言，透过性的概念，关于他者的研究、关于自我反思的研究以及关于历史性存在的研究汇聚在一起，一种把"人的身体"视为交织在自我—他人张力之中的历史性存在的观点几乎已经成形，而这样一种构想正是梅洛-庞蒂后来对于肉身概念的预期。

四、"肉身"概念

尽管在上文的论述中，我们始终未曾真正引入"肉身"的概念，但实际上在对于"人的身体"概念的弗洛伊德式的描述中，"肉身"概念的许多主要特质都已经有所展现。正如在前文中已经指出的，梅洛-庞蒂甚至在非常晚期的笔记中表明，"弗洛伊德的哲学不是身体（le corps）的哲学，而是肉身（la chair）的哲学"①，并且"精神分析如果不以一种肉身的哲学为前提，则只能停留在人类学的层面上"②。对他而言，弗洛伊德所致力的研究，必须在一种哲学的解释中才能被理解。甚至于，即使是一种对于精神分析的实存论的解释也不能满足他展示弗洛伊德哲学贡献的愿望。他所追求的，是透过一套新的存在论语言来重新解释弗洛伊德哲学，从而为之建立一种"存在论的精神分析"③。

如果说，梅洛-庞蒂通过"力比多的身体"说明在身体性的存在中有一种朝向他人的根源，那么这个"他者"现在也为我们揭示出一种完全不同的存在方式，它让我们去思考存在否定性的一面。而这种否定性对于梅洛-庞蒂最后的"肉身概念"的构造而言是非常关键的。

如前所述，梅洛-庞蒂在"双重感知"的现象中看到触摸与触摸自

---

① Maurice Merleau-Ponty, *Le visible et l'invisible*, Paris: Gallimard, 1964, p. 318.
② Maurice Merleau-Ponty, *Le visible et l'invisible*, Paris: Gallimard, 1964, p. 315.
③ Maurice Merleau-Ponty, *Le visible et l'invisible*, Paris: Gallimard, 1964, p. 318.

己的经验并没有在身体中重合在一起，为了促成二者的衔接，必须诉诸其他的东西，亦即"不可触及的他者"。对他而言，"他者"意味着总是位于那个正在感知和欲求的"我"的背面的东西。而"在背面"，意味着这是某种永远不可能被置于"前面"或"正面"的东西，意味着这是一种绝对意义的否定性，它不是推衍而来的次生性概念，而是一种与正面同样绝对和原生的存在模式。这种否定性（触摸所不可触及的、视看所不能看到的、意识所不能觉察的）意味着不会再在任何意义上成为一个肯定者，它恰恰在"可感存在的另一面或反面"① 活动，作为一种"隐匿者之不隐匿"（Unverborgenheit de la Verborgenheit）、"不呈现者之原初呈现"（une Urpräsentation du Nichtürpräsentierbar），这是一种"异的起源"（un originaire de l'ailleurs），一种"作为他者的自己"（un Selbst qui est un Autre），是一个"洞"（un Creux）②。基于这种理解，否定性不再以一个正面论题的对题或否定的形式呈现，而是它本身就同样源始地是另外一种存在，它对存在的揭示，就好像"深度掘空自己的重量和尺幅来彰显自身"一样。在此意义上，否定性成为另外一种"开敞"，成为另外一种对于人的存在的构建，尽管是以匿名的和沉默的方式。梅洛-庞蒂对于"肉身"概念的构架，恰恰得益于这种否定性。正是通过将这种否定性纳入建构性因素之中，梅洛-庞蒂才能在一种更根本和更深刻的交织存在的模式中塑造"肉身"的概念。

在一则1960年12月的笔记中，梅洛-庞蒂留下了他对于论述弗洛伊德的哲学的构想："本我，无意识——自我，（这种相关性在肉身的基础上才能理解）"③。对他而言，"心理学观念（知觉、观念——情感、愉悦、欲望、爱、爱欲）的整体构架，在人们停止以实证的话语思考、从而不再把它们看作是否面的或各种否定，而是看作各种附着于一个唯

---

① Maurice Merleau-Ponty, *Le visible et l'invisible*, Paris: Gallimard, 1964, p. 303.
② Maurice Merleau-Ponty, *Le visible et l'invisible*, Paris: Gallimard, 1964, p. 302.
③ Maurice Merleau-Ponty, *Le visible et l'invisible*, Paris: Gallimard, 1964, p. 318.

一而广阔的肉身存在的变化的时候，突然间变得清晰起来。"① 在此意义上，无意识，由于永远不会以任何形式转变为意识，也不被看作是存在于比意识更初级的层面上，就好像它作为尚未获得表达的意识，一经宣明，仍然能够转变为意识。梅洛-庞蒂更倾向于用"间接的意识"（la conscience indirecte）来描述无意识，从而表明，无意识以"间接的"方式与（"直接的"）意识共同起作用，而并非二者在相继和转换的模式下起作用。"无意识"概念中的"无"，并不意味着"尚未"，而是指明一种绝对意义上的差异性，无意识就是以一种绝对在意识之外的方式、一种绝对意义上的"另一种"方式默默地活动着。或许正是出于这样的考虑，梅洛-庞蒂不再像在《知觉现象学》阶段所做的那样，仅仅从弗洛伊德理论中获得一种支撑身体概念的底层架构，对于他的肉身概念的建构而言，弗洛伊德哲学的意义更在于提供了一种"超结构"（superstructure）②。正是在这种"超结构"的考量之中，梅洛-庞蒂事实上已经走出了那种仅仅依赖"整合"（integration）的语言构造哲学的方式，而开始接纳"断裂"（disintegration）的语言。而"断裂"对他而言，并不意味着混乱或无序，而是断裂本身向我们展示出一种或许更加源始和深刻的秩序建构的方式。从这个意义上说，正是从弗洛伊德哲学这种更加开放的结构理论的方式（将否定性、断裂的因素纳入结构考量之中）中，梅洛-庞蒂获得了建构一种交织存在论的原始范型，并且他自己也认为，他对于这种交织存在论的构建也能够给弗洛伊德哲学带来一种前所未有的拓展。

梅洛-庞蒂在其最后的课程中不断强调，他试图从各种间接的存在论中汲取真正意义的存在论，从各种非哲学中汲取真正的哲学，而弗洛伊德哲学恰恰就属于间接的存在论和非哲学之列，在梅洛-庞蒂看来，精神分析可以被看作是与文学、绘画和音乐并列的"第四种文化症候"，

---

① Maurice Merleau-Ponty, *Le visible et l'invisible*, Paris: Gallimard, p. 318.
② Maurice Merleau-Ponty, *Notes de cours, 1959–1961*, Paris: Gallimard, 1996, p. 152.

而且相比于前面三种它的影响"更为普遍"①。在此意义上,弗洛伊德的精神分析对梅洛-庞蒂后期肉身概念及交织存在论的构想而言,无论从概念、论题还是从理论的范型上都可以算是提供了一种"榜样",甚至可以说,自始至终,弗洛伊德哲学都是梅洛-庞蒂哲学所选取的"好的示范"。

(原载于《世界哲学》,2016年第1期,在原文基础上有所扩充修订)

---

① Maurice Merleau-Ponty, *Notes de cours*, 1959–1961, Paris: Gallimard, 1996, p. 65.

"你未曾在我看见你的地方凝视我"：
梅洛-庞蒂与拉康

张怀远*

导 言

提到梅洛-庞蒂与拉康，人们最熟悉的可能是拉康在第 11 研讨班中对于梅洛-庞蒂遗稿《可见的与不可见的》的著名评述：这本书"既是一个终点也是一个开端"，在将柏拉图以来的观看（voir）的哲学传统推进到极致的同时，揭开了"凝视的前存在"（la préexistence d'un regard）的面纱①；但他又指责梅洛-庞蒂在可见者与不可见者面前驻足乃至回退②，以至于错失了拉康式心理分析最重要的发现——客体小 a。③

但需要指出的是，当我们面对这段现象学与心理分析在法国的直接交锋时，往往已将拉康自 1962/1963 年——第 10 研讨班《焦虑》为起点——之后关于实在界和客体小 a 的讨论视为现成之物，以后见之明指

---

* 张怀远，宾州州立大学哲学系、古典与古地中海研究系博士生。
① Jacques Lacan, *Le Séminaire XI : Les quatre concepts fondamentaux de la psychanalyse*, Paris: Édition du Seuil, 1973, p. 69.
② Jacques Lacan, *Le Séminaire XI : Les quatre concepts fondamentaux de la psychanalyse*, Paris: Édition du Seuil, 1973, p. 77.
③ 客体小 a 概念对拉康学说的决定性意义，见居飞：《拉康的客体小 a：自身差异的客体》，载《世界哲学》，2013 年第 6 期。

责梅洛-庞蒂在语言与视觉论题上的缺憾。但实际上,拉康成熟期的理论架构在梅洛-庞蒂(1908—1961年)生前并不存在,同时拉康对于梅洛-庞蒂遗稿的阅读也是极富选择性的,二者的思想关联远比第11研讨班中呈现的更为复杂。从20世纪40年代二者相识以来,他们始终保持着亲密的友谊。早在1946年的《论精神因果性》的报告中,拉康便已经提及梅洛-庞蒂于前一年出版的《知觉现象学》,倡导以一种回到在客观化之前思考经验的现象学方法(la méthode phénoménologique)对"自我现象"进行研究。① 此时的拉康尚未经历结构主义的思想洗礼,他如阿兰·米勒所言,深受(胡塞尔)现象学与存在主义的影响,甚至在其1949年讨论镜像阶段的文章中不难发现许多现象学的词汇。② 当拉康1953年于法兰西心理分析学会的演讲中提出"回到弗洛伊德"口号时,梅洛-庞蒂同样于1957年在法兰西哲学学会会议上从自己的角度予以声援:"返回、回到弗洛伊德是绝对必要的。"③ 不仅如此,拉康在早期研讨班中对梅洛-庞蒂关于幻觉④、知识⑤与身体⑥的分析给予了高度评价。尽管两人从20世纪50年代起都将弗洛伊德与结构语言学作为自己学术建构的重要资源,二者的分野却也愈发明朗。1960年梅洛-庞蒂在博纳瓦"无意识的知识"会议上对拉康的回应⑦和次年梅洛-庞蒂突然离世后拉康发表于《现代》特刊的悼念辞《纪念梅洛-庞蒂》⑧ 成就了当代哲学史上现象学与心理分析交锋的典范,他们都将对方视为自己探索道

---

① Jacques Lacan, *Écrits*, Paris: Édition du Seuil, 1966, p. 180.
② Bruce Fink etc. (eds.), *Reading Seminars I and II: Lacan's Return to Freud*, Albany: State University of New York Press, 1996, pp. 7, 21. 收录于 *Écrits* 中的"镜像阶段"一文是拉康在1949年对1936年论文的重写版。
③ Maurice Merleau-Ponty, *Parcours deux 1951 – 1961*, Paris: Édition Verdier, 2000, p. 212.
④ Jacques Lacan, *Le Séminaire I: Les écrits techniques de Freud*, Paris: Édition du Seuil, 1975, p. 69; *Le Séminaire III: Les psychoses*, Paris: Édition du Seuil, 1975, p. 87.
⑤ Jacques Lacan, *Le Séminaire II: Le moi dans la théorie de Freud et dans la technique de la psychanalyse*, Paris: Édition du Seuil, 1978, p. 32.
⑥ Jacques Lacan, *Le Séminaire X: L'angoisse*, Paris: Édition du Seuil, 2004, p. 253.
⑦ Merleau-Ponty, *Parcours deux 1951 – 1961*, Paris: Édition Verdier, 2000, pp. 273 – 275.
⑧ Jacques Lacan, *Autres écrits*, Paris: Édition du Seuil, 2001, pp. 175 – 184.

路上的同路人，但又指责对方最终误入歧途或止步不前。

如何理解二者之间这种既亲密又疏离的关系，成为许多新一代现象学和心理分析学者关注的问题。其中，马克·里希尔重估了梅洛-庞蒂与拉康的关联，既在现象学中试图定位拉康的能指概念，又指出梅洛-庞蒂的心理分析转向①，在他的启发下，之后的学者进一步将梅洛-庞蒂后期的工作理解为一种"非象征化的现象学"②；鲁多夫·贝尔奈特关注被深层现象（deep phenomenon）触发的主体的另一起源，探讨不可见性与凝视对我性主体的转化效果③；纪-菲利克斯·杜伯代耶将他们的邂逅形容为心理分析与现象学的对峙中最"简洁含蓄而意味深长（prégnant）"的事件，以主体拓扑学衔接了深入实存的心理分析和追求本质的现象学④；在副标题为"梅洛-庞蒂与拉康"的书中他指出："经由观看（自身）的享乐而获得的对一般可见性的阐明是基于心理分析和现象学协同描述的共有的拓扑学（作为活的拓扑学）。"⑤ 在心理分析学界，让-贝特朗·彭大历斯和安德烈·格林都指出，梅洛-庞蒂的后期存在论浸透了源于心理分析的丰厚灵感⑥，彭大历斯认为，结构语言学对拉康和梅洛-庞蒂的影响不尽相同，前者汲取了语言的结构化思想和"词语现象学"（phenomenology of the word）的差异化原则，后者则由此"从感知逻辑（perceptual logic）转向陈述逻各斯（enunciated logos）"，

---

① Marc Richir, *Phénomènes, temps et êtres*, Grenoble: Édition Jérôme Millon, 2018, pp. 68 – 76.

② Cristan Bodea, "Marc Richir's Phenomenology in Conjunction with Lacanian Psychoanalysis: The (Non) Symbolic of the Transcendental", *Revue roumaine de philosophie*, Vol. 60, No. 2, May 2016, pp. 55 – 66; Florian Forestier, *La phénoménologie génétique de Marc Richir*, Cham: Springer, 2015, p. 54.

③ Rudolf Bernet, "The Phenomenon of the Gaze in Merleau-Ponty and Lacan", *Chiasmi International*, Vol. 1, July 1999, pp. 105 – 118.

④ Guy-Félix Duportail, 《 Le chiasme d'une amitié: Lacan et Merleau-Ponty 》, *Chiasmi International*, Vol. 6, Avril 2005, p. 345.

⑤ Guy-Félix Duportail, *Les institutions du monde de la vie: Merleau-Ponty et Lacan*, Grenoble: Édition Jérôme Millon, 2008, p. 124.

⑥ André Green, 《 Du comportement à la chair: Itinéraire de Merleau-Ponty 》, *Critique*, Vol. 211, Décembre 1964, pp. 1017 – 1046.

在"前语言表达（pre-linguistic expression）"的层次上超出了意向性结构，同样抵达了心理分析经验揭露的悖谬与纵深①。

在这些研究的启发下，笔者试图在现象学与心理分析的交互语境中重新回顾这场思想对话。在本文的前两部分，我们将首先审视和回应拉康以1961年《纪念梅洛-庞蒂》一文和1964年第11研讨班《凝视作为客体小a》一章为代表的对梅洛-庞蒂前期和后期哲学的直接批评：前者是拉康在镜像阶段和能指链的基础上对于经典现象学的主体和意识概念的拆解，后者则是其思想体系已然成形的拉康在实在界的视角下对梅洛-庞蒂晚期探索的厘清；而梅洛-庞蒂的文本则表明，这些批评尽管有其合理性，但或多或少忽略了梅洛-庞蒂自身的思想演进和运思逻辑。在此基础上，笔者将以第三部分梳理梅洛-庞蒂对拉康或显或隐的批评及其对于存在的间距（écart）——而非存在的缺失（manque）——的论述。

一、主体与意识的分离

1953年可以说是拉康思想发展过程中的一个重要时刻，"象征界、想象界、实在界"的演讲以及紧随其后的"罗马报告"（即《心理分析学中的言语与语言的作用和领域》）是拉康第一次对三界结构的公开阐述。结合对于镜像阶段的讨论，这一时期拉康的重要突破便在于将自我和主体关联于两个异质的界域：以镜像为中介、与自恋式认同相关的想象界，以及以语言为中介、与他者认同相关的象征界。

对于拉康而言，自我的形成有赖于婴儿对于镜中自身完整形象的观看，这使得处于先天早熟、尚且无法自由协调身体各部分的婴儿借由一个外在的格式塔意象（imago）——当然同时也是幻象——完成了对于

---

① Jean-Bertrand Pontalis, "The Problem of the Unconscious in Merleau-Ponty's Thought", *Review of Existential Psychology and Psychiatry*. Vol. 18, 1982, p. 92.

破碎身体的整形①,从而不仅婴儿在空间上披上了凝固镜像的"异化同一性的盔甲",也在时间上投身于"从不足到预期"的"时间辩证法"②。在这一意义上,笛卡尔以来的我思哲学恰恰是执着于镜像的统一性幻想的结果,反而遗忘了自我的"构成性误认(méconnaissance)"的本质。为了打破这种镜像的统一性幻象,拉康不仅揭示了想象维度上的"理想自我"的生成史,更进一步引入了差异化的能指来规定主体存在,指向一种嵌入我性中的他性,从而导致了意识和主体的分离:自我意识的同一性是想象界的,而无意识主体的存在则属于象征界。仍以镜像阶段为例,婴儿的自识源于双重的再认:一方面,镜中完整的意向先行承诺了将来的"完形",想象式的认同为能指对主体的表征创造了可能;另一方面,婴儿并非孤零零地面对镜像,而是要依赖于"象征性矩阵"③,即引导和肯定"这是我"的环境和文化因素,这往往正是大他者的话语,从而镜像认同本身也是一种象征性的他者认同。化用拉康的话说,婴儿对自身同一性的欲望是在他者的欲望那里获得了意义,因为自身误认的原因和目的反而在于获得他者的承认(reconnaissance)。④ 想象界和象征界的缝合使得婴儿登陆到了能指的世界,成为欲望的无限流转中的无意识的主体。在拉康看来,象征符号本质上是一种"时间性的抑扬顿挫"⑤,它"只有作为虚无的痕迹才能具体化"、以事后性的方式"保持了流逝之物的延绵,生成了事物"⑥。换言之,只有基于能指纯粹的自身关联——转喻的和换喻的,对象才有了作为具体物而显现的可能。更为重要的是,能指的作用恰恰在于以言语定义和改变听话的主体,使主体总是处于被说之中;反过来说,主体被视作能指的效果,从

---

① Jacques Lacan, *Écrits*, Paris: Édition du Seuil, 1966, pp. 93 – 97.
② Jacques Lacan, *Écrits*, Paris: Édition du Seuil, 1966, p. 97.
③ Jacques Lacan, *Écrits*, Paris: Édition du Seuil, 1966, p. 94.
④ Jacques Lacan, *Écrits*, Paris: Édition du Seuil, 1966, p. 268.
⑤ 拉康:《父亲的姓名》,黄作译,商务印书馆 2018 年版,第 33 页。
⑥ Jacques Lacan, *Écrits*, Paris: Édition du Seuil, 1966, p. 276.

而拉康将能指唯一地定义为"向另一能指表象主体者"①。概言之，无意识主体与语言所在的象征维度打破了婴儿与意象之间紧张的二元关系，自我是凝固的和自恋的，而主体则始终流转在由大他者的无意识话语所组成的能指的差异链条之中。

正是在这一基础上，拉康对于梅洛-庞蒂提出了严厉的批评，他将意向性现象学的整体工作定位在想象界中，而在象征的维度有所缺失。在1961年的《纪念梅洛-庞蒂》一文中，拉康一方面肯定梅洛-庞蒂已经深入前反思的区域，将感知经验统一于"通过身体的在场"（la présence-par-le-corps），但同时他又指认梅洛-庞蒂"试图将在场还原为'我思'"，从而"混淆了主体和意识"。② 换言之，由于过分强调身体的可被思性和综合能力，梅洛-庞蒂仍然局限于镜像式的同一性幻象，未能意识到"为什么能指在主体的整个构造中被证明是首要的"③。一方面，在《知觉现象学》中梅洛-庞蒂已经意识到身体的性化特征，但却未能涉及作为一种特殊的能指的菲勒斯在建构性别区分时的功能；另一方面，在梅洛-庞蒂论及身体作为语言中的表达时，未能意识到身体姿态要首先作为一种能指才能被表达，从而主体的在场"更多地通过能指而不是身体构建自己"。④

可以承认的是，梅洛-庞蒂前期的主体概念与身体意识密不可分，通过将前反思的身体在世存在和实际运动标明为一种"沉默的我思"⑤，赋予了我思一种时间的深度和具身的存在。他突破了笛卡尔以来的意识和身体平行的二元论，源初的身体不再是附属于人格的区域存在，而是

---

① Jacques Lacan, *Écrits*, Paris: Édition du Seuil, 1966, p. 819.
② Jean-Bertrand Pontalis, "The Problem of the Unconscious in Merleau-Ponty's Thought", *Review of Existential Psychology and Psychiatry*. Vol. 18, 1982, p. 179.
③ Jean-Bertrand Pontalis, "The Problem of the Unconscious in Merleau-Ponty's Thought", *Review of Existential Psychology and Psychiatry*. Vol. 18, 1982, p. 175.
④ Jean-Bertrand Pontalis, "The Problem of the Unconscious in Merleau-Ponty's Thought", *Review of Existential Psychology and Psychiatry*. Vol. 18, 1982, pp. 180 – 181.
⑤ Maurice Merleau-Ponty, *Phénoménologie de la perception*, Paris: Édition Gallimard, 1945, pp. 465, 468.

与意识同源，在身体的自身意识中知觉场域成为可能，进而世界本身也得以显现。与拉康对于我思的颠覆——"我在我不在处，因而我在我不思处在"①——不同，梅洛-庞蒂在沉默的我思的基础上对于笛卡尔的"我思故我在"进行了深层的奠基。② 沉默的我思并非是瞬间的、实显的行为，而是一种身体主体构造性的"我能"的先验运动，"只有当主体实际上是身体，并通过这个身体进入世界，才能实现其自身性（ipséité）"③。更进一步说，沉默的我思是"自身对自身的呈现，是存在本身"④，通过"把时间的深度还给我思"⑤，身体在世的统一性最终奠基于时间化的绽出运动。这种自我在时间中的构成可以对应于拉康所说的时间辩证法，如果回到梅洛-庞蒂在1951年对瓦隆和拉康镜像阶段工作的直接评述，这种运动就是"从内感受的宾我到'镜射的我'的转渡"（le passage du moi intéroceptif au « je spéculaire »）⑥，因此沉默的我思并不能等同于作为想象界之结果的凝固的我思。另一方面，在《知觉现象学》中，梅洛-庞蒂建构的身体主体已然是一种"自然的"主体，自然意味着原初的象征系统，身体运动作为自然系统的表达而涌现，这种观点与拉康的象征界异曲同工⑦。在这一点上，沉默的我思中的身体存在沟通了想象界和象征界两个系统的运行机制，因而梅洛-庞蒂并不缺乏象征界的维度。在《自然》讲座中，梅洛-庞蒂更是进一步宣称，在"表达另一个"的根本意义上，"人类身体就是象征"⑧。

但根本上说，拉康在这一批判中对能指建构主体的强调并非在说梅

---

① Lacan, *Écrits*, p. 517.

② 关于这一概念在梅洛-庞蒂前后期哲学中意义的详细讨论，马迎辉：《梅洛-庞蒂论"沉默的我思"》，载《社会科学》，2016年第9期。

③ Merleau-Ponty, *Phénoménologie de la perception*, p. 470.

④ Merleau-Ponty, *Phénoménologie de la perception*, p. 465.

⑤ Merleau-Ponty, *Phénoménologie de la perception*, p. 459.

⑥ Maurice Merleau-Ponty, *Parcours 1935 – 1951*, Paris：Édition Verdier, 1997, p. 203.

⑦ Rudolf Bernet, "The Subject in Nature：Reflections on Merleau-Ponty's Phenomenology of Perception", in Patrick Burke and Jan Van der Veken (ed), *Merleau-Ponty in Contemporary Perspective*, Dordrecht：Springer, 1993, pp. 58 – 60.

⑧ Maurice Merleau-Ponty, *La nature*, Paris：Édition Gallimard, 1968, p. 289.

洛-庞蒂的身体—主体完全没有涉及象征界的符号运作，而是旨在说明后者失察了由于大他者的话语所导致的主体的自身分裂和差异。这种沉默的我思和内感受的宾我是否是一种自我意识的虚构和幻象？其实，梅洛-庞蒂对此并非没有察觉。在后期的自我反思和批评中，他认为"我称之为沉默的我思的东西是不可能的……'意识'一词会指向自身意识的神话，——只有意义的差异"①。在同年的研究手稿中，梅洛-庞蒂进一步将沉默的我思（cogito tacite）和言说的主体（sujet parlant）对举，他坦然承认"通过揭示沉默的我思……我没能获得解决办法"，而"问题在于通过言说的主体的连续和同时的一致性，捕捉什么在期望、言说以及最终在思考"②。不难看出，至少在1959年梅洛-庞蒂便已经开始对经典现象学"自身意识的神话"拆解，这一突破也与语言息息相关，尽管他的语言现象学与拉康的无意识语言学风格迥异。不同于当时拉康对于能指链的首要性的强调——这一点恰恰是梅洛-庞蒂1960年博纳瓦"无意识的知识"会议上对拉康的批评的核心③，后者"用语言取代了一切"④，梅洛-庞蒂认为无论是词语还是他者，都要通过肉身而出场，在其"内在的凹陷中——某种根本的差异，某种构成性的不一致就出现了"⑤。可见，在意识的身体到肉身的身体的转变⑥中，梅洛-庞蒂同样指出了差异性的根本构成作用。

实际上，早在《语言现象学》中，梅洛-庞蒂就已经开始进一步发掘

---

① 梅洛-庞蒂：《可见的与不可见的》，罗国祥译，商务印书馆2016年版，第212页。译文对照法文本或有所修改，下不赘述。

② 梅洛-庞蒂：《可见的与不可见的》，罗国祥译，商务印书馆2016年版，第219页。

③ 在博纳瓦会议上，拉康和梅洛-庞蒂分属于"结构的支持者"和"现象学弗洛伊德主义的支持者"。（Élisabeth Roudinesco, *Histoire de la psychanalyse en France*, Paris: Librairie Arthème Fayard, 1993, p. 317 et sq., cité par Philippe Cabestan, ««L'inconscient est structuré comme un langage» Éléments pour une réception phénoménologique de la conception lacanienne du primat du signifiant», *Alter: Revue de phénoménologie*, Vol. 19, 2011, p. 9.）

④ Merleau-Ponty, *Parcours deux* 1951–1961, Paris: Édition Verdier, 2000, p. 274.

⑤ 梅洛-庞蒂：《可见的与不可见的》，罗国祥译，商务印书馆2016年版，第297页。

⑥ Dorothea E. Olkowski, "Merleau-Ponty's Freudianism: From the Body of Consciousness to the Body of Flesh", *Review of Existential Psychology and Psychiatry*. Vol. 18, 1982, pp. 97–116.

词语链中的裂隙,"如果根据纵向截面,语言具有偶然性(hasards),则每个时刻的共时性系统都必须具有可以让原始事件(l'événement brut)突入的裂缝"①。对于这一原初事件的发掘导向了梅洛-庞蒂后期关于肉身的原始存在的理论建构,该探索恰与拉康 1962/1963 年《焦虑》研讨班后对实在界的专题考察殊途同归。跟随二者思想的深化,我们将在下一部分进入拉康对梅洛-庞蒂的第二段批评,考察二者针对"凝视"概念交锋的事件。

二、眼睛与凝视的分裂

不同于《纪念梅洛-庞蒂》中以批判为主的姿态,在阅读《可见的与不可见的》之后,拉康给予梅洛-庞蒂后期哲学高度的评价。在他看来,梅洛-庞蒂已经走到了视觉现象学和思的哲学(la penseé philosophique)的边界,触及了"可见者对将我们置身于观看者眼睛下之物的依赖"②,从而敞开了通往"凝视的前存在"的道路,这种可见者与其支撑物的层次差异被拉康描述为"眼睛与凝视的分裂"(la schize de l'oeil et du regard)。无论是对梅洛-庞蒂还是对拉康而言,凝视首先不同于主体对可见者的主动观看,在凝视中主体总是在他者的目光中被视:"我只能从一个点来观看,但在我的存在中我从四面八方被视。"③ 进一步与萨特不同的是④,他们的凝视概念也绝非在想象或感知中他者的观看对自我的反思性构成,相反,他者的凝视是观看的普遍结构本身的支

---

① Maurice Merleau-Ponty, *Œuvres*, Paris: Édition Gallimard, 2010, p.1191.
② Jacques Lacan, *Le Séminaire XI: Les quatre concepts fondamentaux de la psychanalyse*, Paris: Édition du Seuil, 1973, p.69.
③ Jacques Lacan, *Le Séminaire XI: Les quatre concepts fondamentaux de la psychanalyse*, Paris: Édition du Seuil, 1973, p.69.
④ 在《存在与虚无》中,萨特给作为我的感知的客观对象的他人之眼加上括号,进行了从眼睛到凝视的现象学还原。当我从树枝的沙沙声、走廊上的脚步声中意识到他人的凝视时,我就在与羞愧经验的关联中构成着我自身。从我听到树枝在我身后嘎吱作响的那一刻到我感知到那里有人之间,存在一段时间的延迟,在此期间"我很脆弱,我的身体可能受伤,我占据一个地点,我在任何情况下都无法逃脱我没有防御的空间—总之,我被看见了"(Jean-Paul Sartre, *L'être et le néant*, Paris: Édition Gallimard, 1943, p.298)。

撑物，或者说，凝视是使主体得以观看、使现象得以显现的不可见的第三个维度，如梅洛-庞蒂所说："这个他者不驻足于任何地点……它是一种不来自任何方面的目光，因此它包裹着我，从四面八方包围着我和我存在发生的能力。"① 换言之，在看者与被看者、主动性和被动性的划分之先存在着一种深层现象——一种"意识的盲点"②，梅洛-庞蒂与拉康对此进行了不同的命名，在前者那里即肉身之存在，而在后者那里即客体小a。

尽管承认二者的论域在结构上属于同一层次，但拉康认为梅洛-庞蒂仍然错失了凝视现象的本质。他指出："这也正是莫里斯·梅洛-庞蒂将我们引向的地方，但是，如果你参阅他的文本，你会发现他正在此处选择了回退，向我们提议返回到关涉可见者与不可见者的直观的源泉……以定位视觉本身的涌现。"③ 对于梅洛-庞蒂而言，在这种特殊的被视体验中，我们无法区分究竟是被他人所视还是被自身所视，这种模糊性和可逆性恰恰是作为身体间性的肉身存在本身的开放性④，无论视与被视的交织，还是触与被触的翻转，它们都证成了身体与世界、自我与他人内涵差异的同源而非同一之结构。这种将内在性推演至极致的肉身哲学在拉康看来恰恰取消了凝视本身所包含的不可能性，当凝视使观看成为可能时，这种主体自足的观看已经成为不可能。更为具体地说，凝视着的他者并非是如梅洛-庞蒂而言模糊含混的、包含着源初身体间性的肉身，而是被分裂出的主体本身。在拟态的例子中，动物改变自身形态以模仿环境从而迷惑天敌⑤，这恰恰要以主体能从一个分裂的位置上观看自身为前提。但作为这一凝视的效果，意识恰恰满足于"观看自

---

① 梅洛-庞蒂：《可见的与不可见的》，罗国祥译，商务印书馆2016年版，第81页。
② 梅洛-庞蒂：《可见的与不可见的》，罗国祥译，商务印书馆2016年版，第316页。
③ Jacques Lacan, *Le Séminaire XI: Les quatre concepts fondamentaux de la psychanalyse*, Paris: Édition du Seuil, 1973, p. 77.
④ 梅洛-庞蒂：《可见的与不可见的》，罗国祥译，商务印书馆2016年版，第176页。
⑤ Jacques Lacan, *Le Séminaire XI: Les quatre concepts fondamentaux de la psychanalyse*, Paris: Édition du Seuil, 1973, pp. 70–71.

身对自身的观看"(se voyant se voir)① 而忘记了作为这种自我满足之前提的主体的分裂,因而将真正的外在性凝视收归于内在性之中,一如梅洛-庞蒂的做法,后者将其肉身的哲学标明为一种"内—存在论"(endo-ontologie)② 或"内在存在论"③(ontologie du dedans)。

但这还不足以充分显示拉康与梅洛-庞蒂立场的真正差距。梅洛-庞蒂在 1957/1958 年的《自然》课程中更早关注到了拟态现象,它意味着"动物根据它是可见的来观看"(l'animal voit selon qu'il est visible)④。他已经发现,处于他者位置的凝视导致了主体自身形态作为"景观态度的存在"(l'existence d'attitude-spectacle)⑤ 的转化。梅洛-庞蒂甚至意识到了他者的位置是自我分裂的结果,因为拟态不仅仅是为了生存的用途或实际的目的,而是满足了主体的自以为乐。⑥ 实际上,在跟随梅洛-庞蒂开启眼睛与凝视的分裂之后,拉康才真正脱离前者展开其对于凝视的本质——凝视作为客体小 a——的分析:"凝视本身可以包含拉康式代数的客体小 a,主体在那里坠落……出于结构的原因,主体的坠落总是不被注意到,因为它自身消减为空无。在某种程度上,凝视作为客体小 a,可以达成将表达于阉割现象中的核心的缺失象征化。"⑦ 对于拉康而言,凝视最终来自从主体中坠落从而异于主体的部分——既永远失落但又以替代的方式在场的客体小 a,但恰恰是它构成了欲望主体建构的前提。从否定的方面,客体小 a 是能指链的空缺和不可被象征化的"非—存

---

① Jacques Lacan, *Le Séminaire XI: Les quatre concepts fondamentaux de la psychanalyse*, Paris: Édition du Seuil, 1973, p. 71.
② 梅洛-庞蒂:《可见的与不可见的》,罗国祥译,商务印书馆 2016 年版,第 292 页。
③ 梅洛-庞蒂:《可见的与不可见的》,罗国祥译,商务印书馆 2016 年版,第 301 页。
④ Merleau-Ponty, *La nature*, Paris: Édition Gallimard, 1968, p. 247.
⑤ Merleau-Ponty, *La nature*, Paris: Édition Gallimard, 1968, p. 241.
⑥ Merleau-Ponty, *La nature*, Paris: Édition Gallimard, 1968, pp. 245 – 251. 在下一节我们将会继续追问,主体的自身分离是否一定如拉康所说,意味着客体小 a 的失落?对此梅洛-庞蒂晚期的存在的拓扑学至少给出了另一种思路:存在的间距而非缺失构成了主体自身差异化的原则。
⑦ Jacques Lacan, *Le Séminaire XI: Les quatre concepts fondamentaux de la psychanalyse*, Paris: Édition du Seuil, 1973, p. 73.

"你未曾在我看见你的地方凝视我":梅洛—庞蒂与拉康

在",它是一种存在的缺失(manque),证明着大他者也并非全能;从肯定的方面看,它是欲望的原因,它的遥不可及才导致了能指间的无限流转。在视觉领域,客体小 a 就是母婴源初关联时母亲的目光,它与乳房一样被婴儿天经地义地视为自己身体的一部分,却总是因母亲的离开而与自身分离,这一分离固然证明母亲从"我"这里有所需要,她带走了"我"的身体的一部分,但是婴儿对于被迫丧失的接受或者说对于部分身体的割让已然导致客体小 a 的出现,这是任何后至的客体都无法补救的,同时分离后的主体也开启了进入想象和象征界从而寻找失落的客体的异化之旅。因此,客体小 a 不仅被主体"所"欲望,而且使主体"能"欲望,因而以非存在的方式先在于主体。

因此,凝视的本质反而在于使观看不可能。如果观看的本质在于主体的自足性,那么在客体小 a 的欲望驱力下,观看仅仅是一种无法选择和注定失败的在视觉领域中寻找源初目光的尝试。因为所有的观看不仅被想象和象征的他者所规定,更从根本上是对于存在的缺失的一种填补。但一方面,这种填补是徒劳无功的,已经进入象征界的主体无法再窥及实在界的客体小 a;另一方面,观看反而导致了存在的缺失本身的缺失,从而既遮蔽了存在的缺失,造成意识自主性的幻象,又引发了主体本身的焦虑。在 1963 年《父亲的姓名》这一未完成的研讨班中,拉康回到镜像阶段,解释了主体被欲望捕获的凝视问题。在镜像中出现的小他者"并不是真正的小 a,而是其补体",拉康将之记为 i(a),"这就是看起来从主体处坠落的那种东西"①,从而导致主体被这一场景捕获而欢欣雀跃。换言之,凝视作为客体小 a 是婴儿开启镜像阶段本身的原因。但是一旦婴儿从镜像和大他者那里体验到了一种陌异感(l'Unheimlich),那便是主体焦虑的时刻,那既熟悉又陌生的身体镜像根本上是对既熟悉又陌生的客体小 a 的替代,后者以缺失的缺失的方式才能完成向主体的显现。在第 11 研讨班对凝视的阐释中,拉康将客体小 a

---

① 拉康:《父亲的姓名》,黄作译,商务印书馆 2018 年版,第 70—71 页。

定义为"一个有特权的客体，它从某种原始分离中，从实在界自身的接近所引发的某种自毁中涌现"，因此主体对自身分裂的特殊兴趣体现在对客体小 a 的执迷中。①

回到拉康的例子。在古希腊的一场绘画竞赛中，宙克西斯笔下的葡萄由于其鲜明的特征，被鸟儿信以为真，竞相啄食，在象征层面取胜；而巴赫西斯遮掩的画布招惹了宙克西斯掀开看个究竟的欲望，却没有发现他所绘的仅仅是一张画布。巴赫西斯之所以胜过宙克西斯，是因为他利用视错觉画（trompe-l'œil）欺骗了人的眼睛，用画布的凝视捕获了画师看的欲望。② 凝视就如同视错觉画的画布，它维系着主体的幻想，即使背后别无他物。因此，梅洛-庞蒂所设想的自我与他人交织、身体与世界交融的源初状态不过是反向建构，而忽略了凝视现象中存在的根本性缺失和他异性建构。

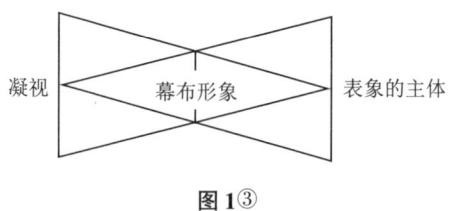

图1③

拉康以图示的方式总结了凝视对主体的建构关系。当主体试图去观看对象、将其作为图像（image）而捕捉时，已然处在被凝视所捕获的位置，成为主体的表象。主体去搜寻客体小 a 的观看永远与客体小 a 的凝视失之交臂，因为想象—象征的屏幕（écran）阻挡了主体的目光。客体小 a 与主体的这种悖谬关系恰好可以用拉康的话来如此形容："你未

---

① Jacques Lacan, *Le Séminaire XI*: *Les quatre concepts fondamentaux de la psychanalyse*, Paris: Édition du Seuil, 1973, p. 78.

② Jacques Lacan, *Le Séminaire XI*: *Les quatre concepts fondamentaux de la psychanalyse*, Paris: Édition du Seuil, 1973, p. 95.

③ Jacques Lacan, *Le Séminaire XI*: *Les quatre concepts fondamentaux de la psychanalyse*, Paris: Édition du Seuil, 1973, p. 97.

曾在我看见你的地方凝视我。"①

至此，似乎1964年的拉康已经完成了对于梅洛-庞蒂的全面超越。无论是前期的身体意识和身体主体性，还是后期的肉身和本源空间性，都无法触及那曾在尚未成为主体的主体之内又已然失落到主体之外，如同那平面外的无穷远点的客体小a。但是这样一种观点显然忽略了梅洛-庞蒂晚期对于肉身存在拓扑学的考察，从而将二者的结构性差异等同于层次的高下之分。同样利用拓扑学来表征主体与存在的关联，梅洛-庞蒂与拉康有何差异？又是否能够提供一种独特的存在模式以推进现象学与心理分析的对话？

三、存在的拓扑学

"将拓扑学空间作为存在的模式"②，"将源初的空间描述为拓扑学空间"③，梅洛-庞蒂在1959年10月的两份研究笔记中如是写道。同拉康一样，在建构前象征的存在领域遇到种种悖谬现象时，梅洛-庞蒂也诉诸拓扑学模式来试图回应这些疑难。根据德圣奥贝尔的考察，至少有如下三重思想资源推动了梅洛-庞蒂的拓扑学构想：海德格尔关于存在的拓扑学的讨论，拉康对于莫比乌斯环、交叉帽、克莱因瓶的拓扑结构的使用，以及当时法国布尔巴基结构数学学派的兴起。他也指出梅洛-庞蒂的拓扑语言的发展独立于拉康，形成了自己的肉身拓扑学。④

由于梅洛-庞蒂在1961年猝然离世，今天已无缘看到这一构想的完整形态，但我们仍能从其研究笔记中得到若干指示。梅洛-庞蒂写道："世界之肉是我之所是的可感的存在的未分状态，是在我之中被感觉到

---

① Jacques Lacan, *Le Séminaire XI*: *Les quatre concepts fondamentaux de la psychanalyse*, Paris: Édition du Seuil, 1973, p. 95.
② 梅洛-庞蒂:《可见的与不可见的》，罗国祥译，商务印书馆2016年版，第266页。
③ 梅洛-庞蒂:《可见的与不可见的》，罗国祥译，商务印书馆2016年版，第270页。
④ Emmanuel de Saint Aubert, *Vers une ontologie indirecte*: *Sources et enjeux critiques de l'appel à l'ontologie chez Merleau-Ponty*, Paris: Vrin, 2006, pp. 223–230.

的其余一切的未分状态，是愉悦—实在（plaisir-réalité）的未分状态。"①这种未分状态并非是想象性的原始同一性，它以"间距"（écart）作为自己的构成性原则。间距源自"存在中的凹陷"，既是一种"非—差异（non-difference）"，也是一种"内—差异（in-difference）"②，因而在自身之中包含了创造开裂的可能。现实的可见要通过肉身基于存在间距的"合拢"（repliement）、"内褶"（invagination）、"填充"（capitonnage）的自身运动才能显现。在梅洛-庞蒂的构想中，"这种距离不是空无，它被肉身所充满，成为视觉涌现的场所，这种视觉是被动的但带有主动性。"③尽管这些界说过于晦涩，但其核心仍在于阐明间距如褶皱般展开生成了自我与非我对峙而又侵越的关联，从而"否定性唯一真正存在的'地点'是褶皱，是内与外的相互实施，是翻转点"④。这种以交点为中心的展开也是交织（chiasme）一词的本意，即形如 χ 的交错配列。⑤ 如果隐喻地理解这种肉身的拓扑运作，那么它意味着从内含差异的零点中心投影到一个二维的球面流形时，原本不可区分的经线就以交织的方式呈现出来，交织会演化为球面上的平行，但最终仍归于交织，犹如褶皱中出现的差异与同一的共形。

这一以间距为核心的拓扑图示与拉康有何差异？拉康式欲望主体与失落的客体小 a 的关联可以用莫比乌斯带及其中心空洞来表征，正是能指的切割创造了主体的莫比乌斯带（la bande moebienne du sujet），在大他者的话语中，主体不断地重复着循环的请求；而坠落的客体小 a［l'objet（a）à choir］则是莫比乌斯带的中心空洞，根本地外在于话语与

---

① 梅洛-庞蒂：《可见的与不可见的》，罗国祥译，商务印书馆2016年版，第326页。
② Merleau-Ponty, *Parcours deux* 1951–1961, Paris: Édition Verdier, 2000, p. 272.
③ 梅洛-庞蒂：《可见的与不可见的》，罗国祥译，商务印书馆2016年版，第349—350页。
④ 梅洛-庞蒂：《可见的与不可见的》，罗国祥译，商务印书馆2016年版，第338页。
⑤ 埃洛阿：《感性的抵抗：梅洛-庞蒂对于透明性的批判》，曲晓蕊译，福建教育出版社2016年版，第125—128页。埃洛阿对存在的间距性也进行了富有启发性的讨论（第151—154页）。

主体的结构①。与之不同的是，梅洛-庞蒂强调"虚无（或者最好说非存在）是凹陷（creux）而不是空洞（trou）"②。更具体地说，"这种最初看来构成意义的间距并非是一种我感发自身的无，一种我通过我给予自身的终结的涌现而构成为缺失的缺失，——它是一种自然的否定性，一种原初创造，总是已经在那里。"③ 在梅洛-庞蒂看来，间距既不是空洞，也不是缺失，与其说欲望主体的建构源于客体小 a 的丧失带来的存在的缺失，不如说肉身什么也不缺，主体在存在的"梯度"和"垂直性"中经历着"个体发生"（ontogenèse）④。与拉康强调客体小 a 相对于欲望主体在存在论上的优先性不同，梅洛-庞蒂模糊暧昧的晚期哲学始终坚持在各个层面上主体（身体的肉身）与客体（世界的肉身）、自我与他者的可逆性。一方面，莫比乌斯带的意向对于理解肉身而言恰恰是不充分的，因为其拓扑结构上的亏格必然导致存在的缺失⑤；另一方面，客体小 a 优先的结构恰恰可能是忽略了某种原初主体形态的结果。就这种身体—世界的肉身可逆性而言，梅洛-庞蒂的晚期哲学仍然遵循着现象学的显现与显现者的相关性原则。

在存在的拓扑学上，梅洛-庞蒂和拉康分别给出了基于间距的交错双叶结构和基于缺失的莫比乌斯带结构。根据前者，我们可以追问后者：在客体小 a 坠落之前，如果存在主体，主体具有何种形态？在这一源初的分割中，主体是纯然被动的、由丧失所建构的结果吗？根据后者，我们也可以质问前者：存在内陷的驱力来自何处？肉身交织的源初

---

① Lacan, *Autres écrits*, Paris: Édition du Seuil, 2001, p. 485 – 487.
② 梅洛-庞蒂:《可见的与不可见的》，罗国祥译，商务印书馆 2016 年版，第 244 页。尽管法语中 creux 也有"空心"的含义，但拉康在谈论存在的缺失时往往使用的是 trou 而非 creux。
③ 梅洛-庞蒂:《可见的与不可见的》，罗国祥译，商务印书馆 2016 年版，第 274 页。
④ 梅洛-庞蒂:《可见的与不可见的》，罗国祥译，商务印书馆 2016 年版，第 269 页。
⑤ 正是在这一点上，笔者不同意杜伯代耶的判断，后者将梅洛-庞蒂的交织概念通过拓扑变换等价为莫比乌斯带，这实际上为交织增设了一个亏格，即一个"洞"。杜伯代耶的观点，Guy-Félix Duportail,《Une chair à réparer: Le noeud manqué de Merleau-Ponty》, *Essaim*, Vol. 2, 2009。

存在难道不仍是一种基于想象界的、对于实在的反向构造吗？笔者在这里尚且无法深入回答这些疑难，只能满足于指出：一门心理分析的现象学的可能性就在于在心理分析与现象学的两种存在论模式间寻找结构上的共形与动力上的异质，以求在二者的互勘中理解体验深层的流变，这也是重述梅洛-庞蒂与拉康的思想交涉的意义所在。

结　论

在 1960 年为汉斯纳德（Hesnard）著作撰写的前言《现象学与心理分析》中，梅洛-庞蒂已经指出这两个 20 世纪欧陆哲学主流思潮交融的必要性。在他看来，弗洛伊德的无意识正是现象学的原意识，而拉康亦是现象学深化自身之路上的同路人。现象学与心理分析正在共同探索的最深层的赫拉克利特之流正是胡塞尔以"前存在"所标明的区域。①

梅洛-庞蒂与拉康的思想关联恰恰印证了他本人的判断。如果说拉康的思想重心经历了从镜像阶段到能指链再到客体小 a 的演变，那么对应地，梅洛-庞蒂则经历了从沉默的我思到词语链再到肉身的历次突破。尽管我们不能将二者的思想节点一一对应，但他们的学说在某种程度上成了彼此的镜像，从现象学和心理分析两个向度完成着法国哲学的自身深化。这种同构的部分原因在于二者分享了共同的思想背景：他们在问题意识上都曾是胡塞尔与海德格尔的现象学的学徒，都曾通过柯耶夫的黑格尔研讨班而经历欲望辩证法的洗礼，也都在回到弗洛伊德的过程中重构着自身的体系；他们将索绪尔和雅各布森的结构语言学共同引入法国哲学，也同样受到当时法国布尔巴基结构数学的影响而将拓扑作为了自己哲学的重要组成。

因此，二者的关系不能简化为拉康对于梅洛-庞蒂的单向超越，他

---

① Merleau-Ponty, "Phenomenology and Psychoanalysis: Preface to Hesnard's *L'Oeuvre de Freud*", *Review of Existential Psychology and Psychiatry*. Vol. 18, 1982, pp. 67, 70 – 1.

"你未曾在我看见你的地方凝视我":梅洛-庞蒂与拉康

们对对方的理解延误并不是根本性的,二者的目光依然存在交织的可能。尽管由于梅洛-庞蒂的早逝,他们的存在拓扑学在体量和完成度上差异甚大:不同于拉康晚期投入大量时间从各个维度对数学型(mathemes)的阐发,我们在梅洛-庞蒂的遗稿中只能找到对此丰富却模糊的指示。对梅洛-庞蒂而言,以间距为生成原则的存在拓扑学仍是有待建立的哲学,因此梅洛-庞蒂与拉康的对话也获得了无限的开放性。用拉康在《纪念梅洛-庞蒂》结尾处引用梅洛-庞蒂在《眼与心》中的话说:"如果创造不是占有,它们就不仅像所有事物一样消逝,在它们的前方还有它们几乎全部的生命。"①

---

① Lacan, *Autres écrits*, Paris: Édition du Seuil, 2001, p. 184.

当代欲望主体的哲学处境
——拉康与萨特学说中的自我、主体与他者

卢 毅[*]

自从笛卡尔的"我思故我在"问世以来,经过康德关于"我思"的先验演绎,再到胡塞尔现象学中的"先验自我",西方哲学在近 300 年的时间里不仅将"自我"(ego)想当然地等同于"主体"(subject),而且通过逐步区分经验自我与先验自我,最终在胡塞尔那里见证了作为最严格意义上主体的先验自我对于一切经验活动的奠基地位。正是在这样一个思想语境下,对自我作为主体的"明见性"深表怀疑的萨特与拉康,分别从现象学与精神分析的进路出发,对自我的本质与起源展开了深入细致的批判性反思,揭示出自我相对于主体的异化地位与对象身份,并且不约而同地发现真正的主体乃是基于某种"存在之缺失"的欲望主体,尽管萨特将欲望主体视为意识之虚无与自由本性的体现,而拉康眼中的欲望主体则是语言能指介入人类世界并将其结构化的产物。此外,二人均受到科耶夫(Kojève)对黑格尔学说阐释的影响,都将欲望和他者的问题紧密联系在一起,但不同于萨特将他者视为妨碍主体欲望与自由之完全实现而试图加以克服的外在因素,拉康在欲望主体与他者之间设想了一种可能的内在超越关系,而主体恰能借此实现某种尽管相对却独特的自由。最终,与作为"异化主体"的自我以及作为"另一主

---

[*] 卢毅,中山大学哲学系副教授。

体"的他者"共在",实际上构成了当代欲望主体生存论意义上的基本处境,而作为构成这一哲学处境的主要环节,拉康与萨特学说中的自我、主体与他者也就成了下文将依次考察的对象。

一、针对自我的两种批判及其语境

20世纪五六十年代,拉康高举"回到弗洛伊德"的大旗,对弗洛伊德身后以精神分析正统自居的"自我心理学"(egopsychology)展开了猛烈批判,矛头直指作为该学派核心概念的"自我"(ego/moi)。拉康认为自我心理学由于片面强调"自我"的自主性,因此偏离了弗洛伊德对"无意识"(das Unbewußte)之重要性的一贯坚持,并且将精神分析这一原本卓越的实践降格成了"美国式生活"的经营①。不过,若要追本溯源,可以发现精神分析学界对于自我的关注其实并非始于以海因茨·哈特曼(Heinz Hartmann)等人为代表的自我心理学,而是恰恰源于弗洛伊德本人晚年的学说。

如果说弗洛伊德在创立精神分析之初的20年专注于揭示无意识的表现形态(梦、过失行为、诙谐、神经症症状等)与运作机制(凝缩、移置等),并致力于让人们承认无意识对于人类个体与群体活动所产生的巨大作用,那么随着精神分析的发展和深入,一方面对于无意识的探索不断遭到来自无意识内部的抵抗(Widerstand),另一方面被压抑在无意识中的内容又以"强迫重复"(Wiederholungszwang)的方式不断呈现自身。弗洛伊德到了晚年越发重视这种存在于无意识内部的抵抗与重复之间的张力关系,并认为它有别于自己早年所探讨的意识与无意识之间外在的对立和冲突关系。弗洛伊德晚年著名的《超越快乐原则》便是这一转向的标志,他在该文中明确表示:"倘若我们不是将意识与无意识

---

① Jacques Lacan, Subversion du sujet et dialectique du désir, in *Écrits*. Paris: Seuil, 1966, pp. 808-809.

对立起来，而是将凝聚的自我（zusammenhängende Ich）与被压抑者（Verdrängte）对立起来，我们就避免了含混不清。自我本身肯定有很多方面是无意识的，确切地说就是人们可称为自我之核心的东西肯定是无意识的，它只有一小部分与'前意识'（Vorbewußt）的名称相符。……被分析者（Analysierten）的抵抗源于他们的自我，于是我们马上就理解强迫重复要归于无意识的被压抑者。直到与之针锋相对的治疗工作使压抑松懈之前，被分析者的抵抗很可能不会表现出来"①。在晚年的弗洛伊德看来，相比于意识或前意识的外在施压，其核心同样是无意识的自我，才是使得无意识中被压抑的内容——这些内容往往与性和死亡有关，弗洛伊德将它们归于作为冲动（Trieb）发源地的"它"（das Es）——无法被回忆起来而只能以强迫重复的方式体现出来的内在抵抗之源。② 不仅如此，弗洛伊德的以上表述还传递了这样一层重要信息，即源于自我的抵抗往往是在精神分析治疗使得压抑开始松懈也就是治疗接近成功时产生的，这就意味着自我的抵抗成了阻挠被分析者了解其自身的真相或真理、阻碍精神分析治疗取得成效的最后屏障。由此可见，弗洛伊德晚年对于抵抗的分析以及对于自我的关注，其目的并非是像后来的自我心理学那样确立自我在精神分析理论中的核心地位，而恰恰是

---

① Sigmund Freud, Jenseits des Lustprinzips, in *Gesammelte Werke Band XIII*. London：Imago，1940，S. 17 – 18.

② 此处涉及弗洛伊德早年构想的"无意识—前意识—意识"的精神结构模型即所谓"第一区位论"（erste Topik）与其晚年提出的"它"（das Es）—自我（das Ich）—超我（das Über-Ich）"的精神结构模型即所谓"第二区位论"（zweite Topik）之间的差异。在早期"第一区位论"的框架下，弗洛伊德更多将自我置于"意识—前意识"水平，并且往往是从"意识—前意识"对于无意识内容的审查（Zensur）以及反向投注（Gegenbesetzung）的角度来论述压抑（Vgl. Sigmund Freud, Metapsychologische Ergänzung zur Traumlehre, in *Gesammelte Werke Band X*. London：Imago，1946，S. 416）。而在后期"第二区位论"的框架下，弗洛伊德则强调不同系统在无意识层面的冲突或者说无意识内部的张力对于压抑的构成作用，包括正文中所提到的自我在无意识层面对于"它"所包含的内容的压抑。根据弗洛伊德的观点，自我对于"它"的压抑还可以进一步溯源到出于外部的现实要求以及出于作为文明道德之内在化的"超我"的理想要求，而这些要求同样可能在无意识层面发挥作用，例如作为良知的超我对自我的支配就可能表现为"无意识的罪恶感"（unbewußtes Schuldgefühl）（Sigmund Freud, Das Ich und das Es, in *Gesammelte Werke Band XIII*. London：Imago，1940，S. 263）。

为了揭示自我及其抵抗与精神分析真正关心的无意识、压抑以及重复等问题之间的关系,并为推进和深化精神分析治疗而最终化解自我的抵抗做好理论上的准备。

拉康对自我心理学的批判可以说正是在这个方向上进行的。自我心理学只在表面上看到了弗洛伊德晚年对于自我的关注,却未能深切领会这种关注背后的真正用意。不过,这种误会很可能并非出于偶然,而是可以追溯到西方思想传统对"自我"这一概念本身的误解。当笛卡尔宣称"我思故我在","我思"之"(自)我"似乎不仅成了意识、理性与明晰性的代名词,而且也成了人的整个精神和心理活动与生俱来的当然主宰。然而,笛卡尔所发现乃至发明的这种作为实体式主体的自我,在经历了休谟彻底经验论立场的解构以及康德对理性心理学谬误推理的批判之后,其在哲学领域作为一种实体式主体的地位便开始受到质疑和动摇,而随着现代科学心理学的建立,自我也逐渐实现了从实体性主体向功能性主体的转型。待精神分析创立之后,弗洛伊德则先是通过将自恋(Narzißmus)即力比多投注于自我的状态视为后天精神活动的产物[1],再通过将自我明确界定为身体表面(在精神层面)的投射或映像[2],由此开启了对于自我之起源与本质的进一步深入考察。实际上,从其独特的视角深化并丰富对于自我的理解,可以说恰恰构成了精神分析对于学界的一大贡献。作为弗洛伊德之后精神分析真正的集大成者,拉康对自我心理学的批判同样是以他本人在20世纪三四十年代关于自我的批判性研究为基础的。值得一提的是,拉康不仅创造性地继承和发展了弗洛伊德关于自我的思考,而且巧妙地借鉴了法国心理学家亨利·瓦隆(Henri Wallon)关于儿童如何形成自己身体概念的心理学实验,最终构建起了他关于"镜子阶段"(stade du miroir)的著名理论。

---

[1] Vgl. Sigmund Freud, Zur Einführung des Narzißmus, in *Gesammelte Werke Band X*. London: Imago, 1946, S. 142.

[2] Vgl. Sigmund Freud, Das Ich und das Es, in *Gesammelte Werke Band XIII*. London: Imago, 1940, S. 253.

在1949年发表的《对于正如在精神分析经验中向我们揭示的"我"的功能具有形成作用的镜子阶段》（以下简称《镜子阶段》）这篇著名论文中，拉康通过系统阐述其"镜子阶段"理论，深刻揭示了自我的他者本质与他性起源。依据瓦隆心理学实验的结果，拉康认为人类婴儿在诞生之初还处在一种身体相对破碎的状态，尚未形成一种完整而稳定的自身感，当然也就没有"自我"的概念以及"自我"与"非我"的区分。到了6—18月之间，婴儿便能够凭借其发育已相对完善的视觉系统捕捉到自身在镜中的完整形象（Gestalt）并将其认作自己的形象，从而预先获得当时发展相对迟滞的身体运动机能尚不能提供的自身感。换言之，此时尚未切实拥有自身统合感的人类婴儿，正是通过想象地认同于其在镜中的完整形象而建立起具有想象统一性的"自我"。如此一来，自我非但不是与生俱来或向来属己的，甚至竟是将镜像这一本质上与本人相异的他者——拉康称之为"小写他者"（autre）——误认为"我"的结果。正如诗人兰波所言："我是一个他者"（Je est un autre）。

在拉康看来，这种将（小写）他者误认为自我的举动，尽管让身体原本处于"破碎"状态的婴儿获得了一种想象的身份或同一性（identité），却也使其从此进入了某种异化状态，并且导致被其镜像所捕获的自我从此便始终带有误认（méconnaissance）的功能[①]。因此，拉康认为这种想象的认同或误认之举，不仅揭示了弗洛伊德通过"自恋"概念所描绘的力比多的动力学——自恋意味着将力比多即性冲动投注于自身的形象——而且也揭示了人类世界的一种存在论结构，而他本人则将这种结构纳入他关于"妄想狂式知识"（connaissance paranoïaque）的反思[②]，或者说将基于自我的一切认识都归结为人类受到想象的迷惑而不免产生的误认或妄识。

从对自我的上述这番批判性考察出发，拉康后来对自我心理学的抨

---

① Jacques Lacan, Position de l'inconscient, in *Écrits*. Paris: Seuil, 1966, p. 832.

② Jacques Lacan, Le stade du miroir comme formateur de la fonction du Je: telle qu'elle nous est révélée dans l'expérience psychanalytique, in *Écrits*. Paris: Seuil, 1966, p. 94.

击显然是有的放矢：自我并非如自我心理学所宣称的那样是自主的，而恰恰在本质上是某种异己的、异化的被构成物；人类心理问题的根源也不会像自我心理学所认为的那样是自我不够强大或对现实缺乏适应性，而恰恰是自我太过强大所导致的对于被压抑的无意识真相的遮蔽，以及这种遮蔽所引发的强迫重复及其致病作用。在拉康看来，自我作为想象认同的产物，其本质上是一个形象化的对象，而将其视为自明、自主、自由的主体显然是一种误认。相对于真正的主体即无意识主体（sujet inconscient）而言，自我完全处在一种异化的位置上，可称之为一种"异化的主体"。值得指出的是，拉康对自我的批判性考察以及对自我之异化与对象化身份的定位，一方面不可否认地受到了弗洛伊德思想的直接影响，但另一方面同样也可能受到了萨特相关研究的间接启发①。

在《自我的超越性》中，萨特通过批判前人对于自我的种种错误定位，尤其通过驳斥认为自我居于意识内部等流行观点，意图确立自我外在于意识的超越性地位。从胡塞尔的意识现象学出发，萨特将（反思前的）意识本身视为清空了一切实体性的内容②，因此是纯粹的、透明的、

---

① 拉康的女婿兼继承人雅克-阿兰·米勒（Jacques-Alian Miller）甚至直言萨特关于反思前的意识的研究是拉康对"自我"概念进行批判的基础，并且表示拉康是凭借萨特而将精神分析从"自我"的监狱中解放了出来（*L'orientation lacanienne*, *L'expérience du réel dans la cure analytique*, leçon du 17 mars 1999, inédit）。在这个问题上，有一些细节确实值得注意。拉康的《镜子阶段》一文虽然宣读于1949年在苏黎世举办的第16届国际精神分析大会，并发表于同年的《法国精神分析杂志》（*Revue française de psychanalyse*），但该文的初稿实际上至少在13年前就已经完成，因为拉康于1936年在马里安巴德举办的第14届国际精神分析大会上就做了题为《看镜子阶段》（The Looking-glass Phase）的报告，却由于发言超时被大会主席恩斯特·琼斯（Ernst Jones）禁言而愤然离场，因此这篇报告只留有摘要被会议文集收录。无独有偶，萨特的《自我的超越性》首次发表的时间同样也是在1936年，更为巧合的是它当时就发表在亚历山大·科瓦雷（Alexandre Koyré）主编、拉康以合作者身份参与编辑的《哲学研究》（*Recherches philosophiques*）上。若非纯属巧合，且考虑到《自我的超越性》于1934年便已完成，那么尽管两人的研究进路各有不同，似乎仍有理由怀疑拉康对自我的探究以及对自我心理学的批判或许在一定程度上受到了萨特相关研究的启发。

② 萨特在同一时期完成的《胡塞尔现象学的一个基本观念：意向性》一文中写道："意识没有'内部'；它不外乎它自身的外部，而正是这种绝对的逃离、这种对成为实体的拒绝将其构成为一种意识"（Jean-Paul Sartre, Une idée fondamentale de la phénoménologie de Husserl : intentionnalité, in *Situations philosophiques*. Paris : Gallimard, 1990, p. 10.）。

空虚的，从而与将意识或思维视为精神实体的笛卡尔式传统立场拉开了距离。与此同时，萨特批判胡塞尔仍不够彻底，"在观察到自我是意识的综合和超越的产物（《逻辑研究》）之后，他在《观念》中又回到了先验的'我'的古典观点，根据这种观点，先验的'我'在每种意识背后，是这些意识的必要结构"①。换言之，萨特认为胡塞尔意识现象学的不彻底性体现在其仍保留了先验自我作为意识之构成来源与统一性的保障。② 根据萨特本人的观点，意识的统一性并非是由先验自我所保证，而是被本身就由意向活动构造出来的对象所构成③，因此究其根本"是意识自己把自己统一起来"④。如此一来，萨特表示："现象学的意识概念使'我'（Je）的进行统一和个体化的作用完全没了用处。相反，恰恰是意识使'我'的统一和个性成为可能。先验的我因此没有存在的理由。此外，这个多余的'我'是有害的。倘若它存在的话，它就会让意识抽离自身，它会使其分裂，它会作为一把不透明的刀滑进每个意识当中。先验的我便是意识的死亡"⑤。由此可见，萨特一方面表示没有理由像胡塞尔那样预设某种先验的"我"（Je）作为意识的源头，因为这对于思考意识的统一性而言是无用的和多余的，另一方面认为即便存在某种"（自）我"（moi），它在根本上也只能是意识之超越活动的产物，而"如果'我'不以与世界相同的名义成为一个相关的存在者即成为意识的一个对象的话，那么现象学的一切成果就会毁于一旦"⑥。

通过上述引文不难看出，在相对于意识而将自我边缘化的同时，萨特也确立了自我作为对象的地位，具体而言，便是将自我视为与反思前

---

① Jean-Paul Sartre, *La transcendance de l'ego*. Paris: Vrin, 1992, p. 20.
② 在利科看来，"清除了自在甚至自我，完全外在于自我的萨特式的意识是通过一种超级还原而彻底化的胡塞尔式的意识"（Paul Ricoeur, *À l'école de la phénoménologie*. Paris: Vrins, 2004, p. 166）。
③ Jean-Paul Sartre, *La transcendance de l'ego*. Paris: Vrin, 1992, p. 32.
④ Jean-Paul Sartre, *La transcendance de l'ego*. Paris: Vrin, 1992, p. 22.
⑤ Jean-Paul Sartre, *La transcendance de l'ego*. Paris: Vrin, 1992, p. 23.
⑥ Jean-Paul Sartre, *La transcendance de l'ego*. Paris: Vrin, 1992, p. 26.

意识的纯粹自发性相对的反思意识的自身对象化。① 按照《自我的超越性》法语单行本编者西尔维·勒·朋（Sylvie Le Bon）的理解，萨特通过这个文本旨在表明"自我既非形式地亦非物质地存在于意识之中：它在外面，在世界之中；它是一种在世存在，正如他人的自我一样"②。的确，萨特在《自我的超越性》中赋予自我的乃是一种在根本上超越于意识之外的、在世界中存在的对象身份。不仅如此，萨特还进一步区分了精神（psychique）与意识，认为"精神是反思意识的超越对象，也是被称为心理学的这门科学的对象。自我向反思显现为实现着精神之持续综合的一种超越对象。自我属于精神一方"③。

现在不妨对萨特与拉康关于"自我"问题的立场和观点稍作总结。首先，萨特从关注意识的现象学立场出发，将自我归入有别于意识领域的精神领域，并将其视为心理学的研究对象，拉康后来则是从关注无意识的精神分析立场出发，批判自我心理学误将心理学研究的自我作为精神分析的核心概念，可见二人的研究进路异中有同：尽管二人各自的出发点和立场不同，但都将自我视为心理学的对象，并且都通过强调各自所属学科（现象学、精神分析）与心理学的差异而将自我边缘化了。其次，二人的研究内容可谓同中有异：尽管萨特在《自我的超越性》以及拉康在《镜子阶段》中都将自我视为被构成的对象而非自主的主体，而

---

① 在将从笛卡尔到胡塞尔意义上的"我思"之"（自）我"贬为对象的同时，萨特又确立了一种新的"我思"即"反思前的我思"（cogito préréflexif）或者说"非反思意识"（conscience irréfléchie），它与下文将要阐述的萨特式的欲望主体实际上可被视为同一种存在即"自为存在"的两个不同面向。对于萨特依靠现象学还原所达到的反思之前的"我思"这一新的哲学起点，国内学者张能为表示："一方面，'我思'作为意识的深层结构是一种自发的、虚无的自由意识，必然地能够在一个遗忘人的世界上重新确立人的尊严；另一方面，哲学史已经证明，任何以分开的作为实体存在的主体或客体任意一方去统一两者，结果必然是失败的。而'我思'的优势就在它既不作为实体的客体存在，也不作为人格化的构造主体而显现，相反，是主客未分的原始统一体。这样，就避免了重蹈传统唯心论和实在论之辙。由于以这种'我思'作为起点，萨特哲学就显示出不同于其他哲学的独有特征"（张能为：《论萨特伦理学的评价维度问题》，载《安徽大学学报（哲学社会科学版）》，2008年第5期）。

② Jean-Paul Sartre, *La transcendance de l'ego*. Paris: Vrin, 1992, p. 13.

③ Jean-Paul Sartre, *La transcendance de l'ego*. Paris: Vrin, 1992, pp. 54–55.

且都认为自我涉及自反性（réflexivité），不过自反性在各自理论中的表现方式与实现路径却各有不同。在萨特那里，自我是通过被反思、被对象化的意识表现出来的，是意向性构造活动的产物，是通过"思"实现的自反性，因此可以说仍处于笛卡尔—胡塞尔的"我思"语境①；在拉康那里，自我则是借助被反映、被对象化的身体形象构成的，是力比多投注活动的产物，是通过"看"和想象实现的自反性，因此可被认为处于比朗（Biran）的"我能"——弗洛伊德的"我欲"亦可被归入其中——语境，并且似乎与梅洛-庞蒂的身体现象学更具亲缘性。最后，尽管二人都对自我进行了批判性的分析，但各自的研究目的毕竟有所不同，正如法国学者克洛蒂勒德·雷吉勒所言："萨特之所以揭示自我的对象身份，是为了相对于意识的存在或其存在的虚无而贬低自我；拉康揭露自我的想象惰性，是为了贬低自我，不过是相对于无意识的存在本身，而他将无意识界定为一种非实体性的主体，一种言语的、纯粹符号性的主体。"② 不过，尽管存在上述差异，二人各自关于自我之本质与起源的探索却不约而同地导向了对一种"真正主体"的揭示。③ 他们不谋

---

① 不过，正如国内学者马迎辉正确指出的那样："与胡塞尔相比，萨特的极端之处在于，他认为只有在对象化意识所带来的反思中才会出现'我'，而在此瞬间，纯粹意识就已经死亡了"（马迎辉：《萨特论意向性与自我的建构》，载《华中科技大学学报（社会科学版）》，2018年第5期）。

② Clotilde Leguil, *Sartre avec Lacan*. Paris: Navarin/Le Champ freudien, 2012, p. 85. 从另一个角度来说，萨特对自我与意识进行区分，是为了将意识纯粹化，以便重建胡塞尔意义上的意向性；拉康区分自我与主体，则是为了将无意识纯粹化，以便重建弗洛伊德意义上被压抑的意谓（Clotilde Leguil, *Sartre avec Lacan*. Paris: Navarin/Le Champ freudien, 2012, p. 87）。

③ 当然，需要注意的是，由于涉及的理论体系不同，对于"两种主体"之区分的讨论自然会呈现出相应的差异，因此无论是考察康德和胡塞尔对于经验自我与先验自我的划分，还是探讨萨特或拉康对于自我（异化主体）与主体（欲望主体）的区分，都应当置身于具体的理论语境内并结合相应文本展开细致分析，切忌断章取义或脱离相关语境进行笼统比较。另一方面，也不该片面强调某种学说自身的独特性与乃至封闭性，而应当尝试将其置于思想史的宏观视域下来把握其来龙去脉，通过揭示不同理论体系之间可能具有的内在关联，以便能够更好地评定相关学说的学理贡献与学术地位。本文一方面紧扣相关一手文献与具体语境，另一方面不忘从思想史的角度对相关问题加以关照，正是为了在可靠的文本依据之上尽可能呈现萨特与拉康对于"两种主体"乃至"三种主体"（作为"异化主体"的自我、作为"欲望主体"的主体以及作为"另一主体"的他者）之辨析的思想史意义。

而合地认为,真正的人类主体应当是一种欲望主体,而某种意义上的"存在的缺失",既可以说是欲望主体之主体性的基础,也可以说是欲望主体之欲望的源头。

二、欲望主体的两种形态及其处境

在《自我的超越性》中区分自我与意识之后,萨特在《存在与虚无》中进一步将意识界定为与"自在存在"(l'être en-soi)相对的"自为存在"(l'être pour-soi),并且将欲望视为自为存在的基本模式。作为自为存在即意识的基本样态,欲望的典型特征就是具有超越性,这种超越性既体现为欲望超出自身的内在性而朝向其外在对象,也体现为欲望对其对象及其自身的否定。如此一来,萨特用来界定自为存在或者说"人的实存"(réalité-humaine)的"是其所不是,不是其所是"①,就具体表现为欲望的不可满足性。在萨特看来,自为存在的本性是虚无,是自在存在意义上的"存在的缺失"(manque d'être),而这种缺失作为"存在的欲望"而非对某物的欲望不断纠缠着自为存在,使得后者尽管无法达到自在自为(en-soi-pour-soi)即上帝的完满存在,却始终不满足于任何具体的对象,而是不断否定和超越自身及其对象,从而体现了作为自为存在的人所特有而作为自在存在的物所缺乏的自由。

如果说在《自我的超越性》之后,自我在萨特的理论中只能占据对象的位置,那么与包括自我在内的各种意识对象相对而言的主体,便只能是《存在与虚无》中所描述的自为存在。通过上文的梳理不难发现,自为存在正是以某种意义上的存在之缺失为基础的欲望主体。这种欲望主体是有意识的,可以自由地对其将来进行筹划,也可以自由地选择实现其筹划的方式,而无论是自由筹划还是自由选择,其本质上都可以归结为自由欲望。同样,正因为这种欲望主体是有意识的和自由的,同时

---

① Jean-Paul Sartre, *L'être et le néant*. Paris: Gallimard, 1943, p. 93.

又被认为是从虚无中被抛入世界的,而非任何外在于或先于他的原因的结果,所以他势必将对其自身负起全部的责任。当然,对于萨特式的欲望主体而言,绝对的自由似乎更多是理论上的,现实中的自由却总是处境化的,因而是相对的。例如,一名囚犯或许有在狱中自杀的自由,却被剥夺了过正常生活的自由。尽管如此,依然可以说是他本人自由地选择了犯罪才葬送了自己的自由,而他或许又是在某个甚至完全"迫不得已"的处境中选择了犯罪。然而,无论其处境有多么迫不得已,在萨特看来,欲望主体或是还有自由选择的余地,或是其自由地导致了其不自由和无可选择的处境,因此无论如何他都要为自己的举动及其背后的欲望全权负责。这种需要为其欲望及其行动绝对负责的主体,显然是一种伦理主体。

无独有偶,同样是通过对自我的批判性考察,拉康也旨在确立一个真正具有主体性和伦理地位的欲望主体。在他看来,当时的精神分析存在这样一种趋势,"通过对正确选择——它决定在言语中接待的是哪个主体——进行一种颠倒,对症状具有构成作用的(constituant)主体被视为如人们所言在质料方面被构成的(constitué),而在抵抗中被构成的自我则成了分析师从此要将其作为具有构成作用的机构来召唤的主体"[1]。将实际上作为被构成对象的自我误认为具有构成作用的主体,进而在精神分析治疗中错误地依赖甚至强化实际上会因其抵抗而使治疗陷入僵局的自我[2],这正是拉康强烈批判的自我心理学之弊病所在。因此,明确区分自我与真正的主体即无意识主体[3],不仅可以避免精神分析理论研究中的种种混淆,更有助于为精神分析临床实践找到正确的方向与着力点。

---

[1] Jacques Lacan, Variantes de la cure-type, in *Écrits*. Paris: Seuil, 1966, pp. 334 - 335.
[2] Jacques Lacan, Fonction et champ de la parole et du langage en psychanalyse, in *Écrits*. Paris: Seuil, 1966, p. 250 (note 1).
[3] 关于拉康理论中的自我与无意识主体的区分,雷吉勒有一段重要的表述:"将作为言说主体的无意识主体与想象的自我从根本上区分开来的,是言说的主体指向作为欲望的存在本身,而自我只不过是一个沉默的形象,它让人们遗忘了语言所造成的存在的缺失"(Clotilde Leguil, Usages lacaniens de l'ontologie. *La Cause Du Désir* 2012/2, p. 125)。

然而，尽管在精神分析最常处理的神经症症状方面具有构成作用，但与萨特式的主体从虚无中被抛入世不同，拉康式的主体完全是在经验世界中被构造出来的，并且其构造同语言的介入密不可分。在拉康看来，母亲相对于婴儿的缺席，或者说婴儿与母亲的分离，打破了母婴一体原本完满的共生关系，并且使得婴儿作为一个人的存在从此成了一种相对之前的完满状态而言有缺失的存在。与母亲的分离所造成的缺失，一方面成了任何存在者都无法填补的一种存在论层面的缺失，另一方面也成了语言介入的条件和契机。正是因为母亲的离开和缺席，婴儿才会因其生理性的"需要"（besoin）呼唤母亲到场，才会逐渐通过言语的"请求"（demande）来准确表达其需要。在此过程中，语言介入了婴儿的世界，并且将这个世界结构化和符号化了，同时也造就了一个随着能指链的滑动而飘忽不定的"欲望主体"（sujet du désir）。

与萨特式的欲望主体相似，拉康式的欲望主体同样源于某种"存在的缺失"（manque à être），因此其欲望在根源上同样被视为对某种可望而不可即的完满状态的欲望，而显然任何具体的对象都无法满足这一欲望，因此必然导致欲望不断从一个能指（即一个符号化的对象）滑向另一个能指——而这正是拉康对"换喻"（métonymie）的界定，因此他称"欲望是存在之缺失的换喻"①。另一方面，与萨特式的欲望主体不同，拉康式的欲望主体既不属于意识领域，亦非绝对自由，而是在像一门语言那样被结构化的无意识中生成，并且受制于"象征—符号性的大写他者"（Autre symbolique）的法则。更进一步说，不同于萨特式的欲望主体从虚无中被抛入世的无根性，拉康式的欲望主体是有根的，尽管其

---

① Jacques Lacan, La direction dans la cure et les principe de son pouvoir, in *Écrits*. Paris: Seuil, 1966, p. 623. 在雷吉勒看来，"拉康之所以如此强调欲望的存在论意义，也就是强调欲望与对某个特殊对象的欲望无关这一事实，……是为了阐明作为无意识欲望之表述的弗洛伊德式的无意识本身，而无意识欲望后来由于后弗洛伊德主义者们关注自我以及对象关系（relation d'objet）之故而被抹除了。……在对自我心理学的批判中，对萨特式的'存在的欲望'的这种重拾，使拉康得以阐明弗洛伊德的发现"。（Clotilde Leguil, Usages lacaniens de l'ontologie. *La Cause Du Désir* 2012/2, p. 125）

存在之根同时也是其异化之根。

在拉康的语境下，一个婴儿的降生还不能被等同为一个欲望主体的诞生，因为在人类个体身上，语言的发生、欲望的产生和主体的诞生，这三者可以说是同步的。婴儿在尚未学会说话之前，起初可以像动物那样通过肢体动作或哭喊等方式来表达自己的生理性"需要"，而当他不得不开始学着通过言语来表达其需要时，于是就有了"请求"。此时，语言的异化作用首先就体现在使婴儿所请求的必然多于他所需要的，而拉康正是将请求减去需要所多出的那一部分界定为"欲望"。除此之外，语言的异化作用还体现在其对于人类世界的符号化与结构化作用，虽然为能言、能思、能欲的人类主体奠定了基础，却也使得主体（sujet）在各方面都受制于（assujetti à）语言这个"大写他者"，从而丧失了萨特意义上的自由。如此一来，正是由于语言的介入，才从生理性的需要衍生出了符号性的欲望，也才有了一个追随无意识的能指链苦苦寻觅其欲望对象而不得的欲望主体。

可见，拉康非常强调语言在构成欲望主体及其世界的过程中所发挥的不可或缺的关键作用，尽管这种构成作用同时不免会带有异化效果。而由于划分了自在与自为，并认为后者即欲望主体从虚无而来且在根本上无异于虚无，因此在萨特的学说中，对语言之于欲望、主体乃至人类世界之构成作用的这种拉康式的强调则付之阙如。不过，尽管自为被萨特等同于虚无或非存在（non-être），但这种虚无或非存在毕竟只有从逻辑上在先并且奠定它的（自在）存在那里才能具体取得其成效①。因此，严格说来，并非存在的自为只能拥有一种"借来的存在"，"它是从存在那里获得其存在的。……只有在存在的表面才有非存在"②。与之相反，（自在）存在却是充实而自足的，不需要虚无就能被设想③。由此可见，萨特式的欲望主体其实并没有乍看起来那样自由且孤独，而是同

---

① Jean-Paul Sartre, *L'être et le néant*. Paris: Gallimard, 1943, p. 50.
② Jean-Paul Sartre, *L'être et le néant*. Paris: Gallimard, 1943, p. 51.
③ Jean-Paul Sartre, *L'être et le néant*. Paris: Gallimard, 1943, p. 51.

拉康式的欲望主体一样，从一开始就面临着"他者"的问题。

三、面对他者的两种姿态及其困境

在欲望的问题上，拉康与萨特可以说都受到了科耶夫对黑格尔学说阐释的影响，因此不约而同地将欲望和他者的问题联系在了一起。在科耶夫看来，欲望的性质在根本上是通过其欲望的对象而得到界定的，因此一个欲望如果仅仅满足于像食物这样的自然对象，那么它就将保持为一种自然的、动物性的欲望，而只有当它以一个非自然的对象即另一个人的意识或欲望为对象时，它才成了真正人性的欲望。[①] 就此而言，人性的欲望必然指向他人或者更确切地说指向他人的欲望，甚至可以说人的欲望在本质上就是他人的欲望，因为人欲望他人的欲望，以他人的欲望为自己的欲望。科耶夫对动物欲望与人性欲望的区分以及对人性欲望的基本界定显然被拉康所继承，只不过拉康通过生理性的需要与符号性的欲望取代了科耶夫对于两种欲望的区分，以突显二者之间存在质的差异，并且进一步将人的欲望界定为"他者的欲望"，而从"他人"到"他者"的转变显然淡化了科耶夫学说的人类学色彩，同时使得这一界定具有了更加丰富而深刻的内涵。

尽管不妨在拉康的理论框架下赋予"他者"想象的（imaginaire）、象征—符号的（symbolique）与实在的（réel）三个维度，并从这三个维度分别对"欲望是他者的欲望"进行解读，但需要注意的是，当拉康宣称"欲望是他者的欲望"时，"他者"所意指的往往是符号性的（大写）他者，因此最好也从这个角度来把握拉康的思想。上文已经谈到，拉康式的欲望主体是大写他者的语言能指运作的产物，因此其生成的历史在某种程度上也是其异化的历史。具体而言，人类婴儿为了在这个先于他就已经被语言符号化和结构化的世界中正常生存下去，不得不放弃

[①] 科耶夫：《黑格尔导读》，姜志辉译，译林出版社2005年版，第7页。

其前语言或非语言的存在状态，不得不进入语言并服从这位大写他者的法则。这种委曲求全虽然为其赢得了主体的名分，却因为受制于他者的状态而无异于名存实亡，因此拉康将主体化的这第一个环节或操作称为"异化"（aliénation）。这种异化虽然有其负面效果，但对于"正常"主体的生成而言却是必不可少的代价，因为倘若不经受语言的异化，人类个体要么只能沦为"异类"（例如自闭症患者或某些类型的精神病患者），要么甚至性命难保。处于异化状态的个体虽然受制于他者，却依然可以凭借其仅剩的一点自由来尝试实现与大写他者的某种"分离"（séparation）——拉康称之为主体化的第二个操作——尝试在大写他者之外寻找可为其存在奠基的东西，以便摆脱这种异化状态。在拉康看来，与大写他者分离的过程，实际上也是先前已被语言能指划杠的主体（$）进入与其欲望对象（a）的无意识幻想关系（$◇a）的过程，而"通过这条途径，主体在其作为无意识而涌现的丧失中实现了自身"①。尽管主体此时已经找回了一点存在，已经能够作为无意识主体而在与其欲望对象的幻想中涌现，但要真正扬弃异化并完全实现其主体身份，还需要进一步的分离即"穿越幻想"（traversée du fantasme），需要经历主体化的第三个也是最后一个环节，而它同时也被拉康视为精神分析治疗的终点。通过穿越幻想，主体虽然还是在被大写他者所符号化和结构化的这个世界中思维、言说和欲望的主体，但此时他已经不再将大写他者或幻想对象直接作为其存在的基础，而是通过一种自由的、无条件的、能够真正确立其伦理主体地位的揽责行动，通过将语言能指和欲望对象的"他性"主体化，将原本由它们所造成的外因内在化，将原本的他律状态自律化，从而在实现对他者的一种内在超越的同时，也得以实现一种独特而深刻的自由。

尽管不像在拉康理论中那样直接和明显，但萨特式的欲望主体的确也面临着他者的问题。萨特从黑格尔那里借来了"自在存在"和"自为

---

① Jacques Lacan, Position de l'inconscient, in *Écrits*. Paris: Seuil, 1966, p. 843.

存在"这对术语,却没有真正接受黑格尔认为二者实则同出于一并且最终同归于一的一元论思想,而是坚持自在与自为、存在与虚无之间的分裂与对立,这可以说是继承了科耶夫将动物与人类、自然与历史截然相分的"二元存在论"①。然而,作为欲望主体的自为尽管被描述为从虚无中被抛入世,但在他被抛入世之前,自在存在的世界作为偶然性(contingence)或事实性(facticité)毕竟已经存在,并且实际上构成了他的处境(situation)。就此而言,自为从一开始并非是完全自立和自由的。② 不仅在理论和逻辑上虚无奠基于存在,而且在实践中主体也处处要面对他者。因此,尽管如法国学者萨拉·瓦萨罗正确指出的那样,萨特在论述的顺序上与拉康相反,不是像拉康那样先强调与他者的异化关系再描述主体通过分离实现其存在,而是先设想一个从无中凭空而来的自为存在再考虑与他者的相遇③,但二人理论的基本设定却并无实质性的不同,实际上都预设了他者相对于主体的某种在先性。不同的只是萨特对于他者的态度,即认为他者(无论是自为且为他存在的他人,还是自在存在的他物)在本质上构成了主体实现其自我奠基、体现其绝对自由的外在障碍。这样一来,自为的欲望作为存在的欲望,虽然以自在自为的神性地位作为其纯粹理想化的终极目标,但为其自由扫清障碍而去征服他者却是其可能部分实现的阶段性目标④。但无论是作为自在还是其他自为的他者,在萨特看来终究是一种无法彻底消除的外部力量,而"正是因为存在他者,《存在与虚无》中的自因(cause de soi)便是不可

---

① Vincent Descombes, *Le même et l'autre*. Paris: Munuit, 1979, p. 64.
② 瓦萨罗通过研究指出,萨特的戏剧和传记作品"通过将自由呈现为与事实性密不可分地联系在一起,必然折损了自由之开创性的特征"(Sara Vassallo, La liberté à l'épreuve de l'Autre symbolique dans le théâtre de Sartre. *Revue internationale de philosophie*, 2005/1 (n° 231), p. 69)。她在另一处甚至还表示:"唯有一个能指贯穿了[萨特的]哲学与传记这两类文本:自我奠基的无能"(Sara Vassallo, Du texte philosophique au texte littéraire. D'un double sujet de l'énonciation chez Sartre. *Rue Descartes*, 2005/1 (n° 47), p. 26)。
③ Sara Vassallo, *Sartre et Lacan*, p. 237.
④ "根据萨特,欲望通过其肉身化寻求对作为自由主体性的他人(autrui)的不可能的占有。换言之,在欲望中,主体试图征服他人的自由"(Philippe Cabestan, Sartre et la psychanalyse: cécité ou perspicacité?. *Cités*, 2005/2 (n° 22), p. 108)。

能的或者想象的"①，作为欲望的人终归只能如萨特所言是一种"无用的激情"。就此而言，即便不说"他者即是地狱"（l'enfer, c'est les autres），至少也可以说他者将自为逐出了想象中绝对自由的天国。

值得深思的是，面对他者的上述两种理论态度实际上有其各自的困境。一方面，萨特将他者视为自为实现其自由与欲望之路上需加以克服的外在障碍，这似乎又陷入了黑格尔式的自我意识为了得到承认而与其副本展开殊死搏斗的僵局中，而这种想象的甚至是镜像式的敌对关系正是拉康曾大加调侃并加以批判的。尽管萨特晚年在《辩证理性批判》中通过引入"融合群体"（groupe en fusion）等概念试图淡化和弱化主体与他者之间的紧张关系，但由于依然坚持自为的无根性，强调其独立与自由，因此他者终究难免被视为从外部包围自为的异化因素。可见，"异化在萨特那里是按照外在性（他者）/内在性（意识）的对立来思考的。自为仅仅从外部被破坏，萨特说它在外面、在外在性的虚无中'自我奠基'"②，他者的存在却被认为破坏了自为从纯粹的虚无中完全自由地凭空创造自己、奠定自己的伟大计划——正如上帝无中生有的创世计划一般。因此，在萨特那里，他者始终难以摆脱其负面的理论形象，始终难以洗脱随时可能沦为地狱的嫌疑。另一方面，拉康将他者设想为主体形成的条件和基础，而"主体在大写他者能指中的登录赋予了接受这一点的主体在符号秩序中的一个位置，而这将使得被设想为主体最初欲望的从无中自我奠基的欲望（这是萨特的情况）变得无用"③。拉康式的欲望主体虽然不再追求萨特式自为的那种绝对意义上的、无中生有式的自我奠基，但作为异化的扬弃，与他者的分离依然意味着对其欲望与存在

---

① Sara Vassallo, *Sartre et Lacan*. Paris: L'Harmattant, 2003, p. 241. 瓦萨罗在另一处对此观点稍作了展开："如果说萨特的主体想要自我奠基或成为自因，而这个欲望一开始就被视为不可能的，那是因为主体的缺陷存在于他自己的外部，存在于任何行动都无法排除的一种他性中。"（Sara Vassallo, La liberté à l'épreuve de l'Autre symbolique dans le théâtre de Sartre. *Revue internationale de philosophie*, 2005/1 (n° 231), pp. 69 – 70）。

② Sara Vassallo, *Sartre et Lacan*. Paris: L'Harmattant, 2003, p. 222.

③ Sara Vassallo, *Sartre et Lacan*. Paris: L'Harmattant, 2003, p. 227.

的自我担当。然而,尽管对主体异化的扬弃之路做了精心构想和详尽阐述,但由于将主体划杠以及将他者大写所做的非人格化处理,在日常生活实践中具体该如何行动才能实现分离、穿越幻想并完成对他者的内在超越,依然是一个需要澄清并有待解决的问题。

四、结语

通过对当代最具代表性的两套欲望学说围绕主体以及与之密切相关的自我和他者的内容进行梳理,当代欲望主体的基本哲学处境得以被初步勾勒出来:相对于通过自反性活动并且根本上是作为对象被构成的自我及其表面性而言,当代的欲望主体通常处于某种有待揭示的被遮蔽状态,他奠基于存在的缺失之上,并且被设想为应当为其自身在存在论层面的这种根本缺失亦即欲望负责的伦理主体①;与此同时,这种欲望主体的伦理性还体现在其与他者的关系中,或者说体现在其面对他者的态度上,尽管无论是萨特所憧憬的对于他者的外在克服,还是拉康所构想的对于他者的内在超越,似乎都由于缺乏对他者本身的伦理关怀而暴露出某种值得反思的理论缺陷。不过,上述缺陷虽然揭示了当代欲望主体可能面临的伦理难题——即如何顾全对于自身的伦理责任以及对于他者的伦理责任——但同时也呼吁着新的思想资源的投入以及更多相关研究的推进。无论是列维纳斯所阐发的对于他者的无限伦理责任,还是约纳斯所设想的在技术时代保存一切生命的责任律令,这些思想上的努力或许都将有助于化解这一困境。

(原载于《安徽大学学报(哲学社会科学版)》,2019 年第 6 期)

---

① 通过下面这番简要说明,或将有助于澄清萨特和拉康语境下的欲望主体和伦理主体之间的关系:伦理主体可被视为欲望主体的一个维度,当然也可以说是欲望主体最重要、最核心的维度,但欲望主体并非只有这唯一一个向度,而是同时具有认知主体、审美主体等不同向度,或者说伦理、认知与审美等都是在根本上由欲望所维系的主体呈现出来的不同面向。

保罗·利科论心理分析与现象学

付志勇*

从理论创立之初,心理分析的科学性就一直受到科学界的质疑,通过对其概念、命题、论证和结构进行考察,科学界通常认为心理分析并不具有成为一门科学理论的基本条件。从而,心理分析的批评者试图对心理分析进行某种形式的重构,以使其被科学界所接纳,这构成了对心理分析的挑战。在《弗洛伊德与哲学:论解释》《解释的冲突》等著作中,利科对这种重构进行了论述,并从心理分析自身的理论特征来揭露这些重构的不合理性,指出心理分析不是一门观察性科学,而是更接近一种历史解释。既然心理分析被看成一种历史科学或人文科学,就可以将它和现象学放在同一个层次上进行讨论。虽然对于现象学与心理分析的关系,胡塞尔未曾专门做过讨论,但他在《内时间意识现象学讲座》中对"无意识"做出过否定的论断。胡塞尔认为,"谈论某种'无意识的'、只是后补地才被意识到的内容是一种荒唐。"① 根据现象学的直观原则,意识必然是可以被直接把握的、在每一个阶段上都能被意识到的存在,从而基于推导出来的东西之上的无意识分析是不能成立的。但利科并不认同胡塞尔的看法,他不是在现象学的直观原则之上来考察心理

---

* 付志勇,武汉科技大学马克思主义学院讲师。

① 倪梁康:《胡塞尔时间分析中的"原意识"与"无意识"——兼论德里达对胡塞尔时间意识分析的批评》,载《哲学研究》,2003年第6期。

分析理论,而是基于他所谓的反思哲学的原则对弗洛伊德采取一种同情式的理解与批判,基于此,我们可以发现现象学所具有的张力,以及利科试图拓展现象学所做出的努力。

一、对心理分析的重构及其困难

利科认为,从逻辑角度看,科学的理论必须具有两方面的特征或条件:首先,它能够在经验上被证实;其次,这种经验上的证实要满足逻辑条件,即它能够被客观性所描述,其内容具有统一的标准和相同的数据,从而是可检验的。① 只有具备了这两个条件,在科学的理论中其命题才能够系统说明和预测某种可观察的现象。从这两个方面来考察心理分析会发现,心理分析既不能满足经验的证实,也不符合逻辑条件。

利科以心理分析的能量(energy)概念为例来说明其无法满足科学理论的第一个条件。能量概念指的是一种力比多的本能冲动,它在机体中持续地产生,并为机体的情感、思维和行动提供动力,能量寻求释放的快感,但是压抑的存在总是阻止这种释放。能量具有一种水力学②的模式,"利用当时流行的能量的水力学模式,他理论化了这种观点,即受到阻碍的性刺激会产生不舒服的能量,这种能量寻求释放:焦虑阻止了这种能量的释放。如果能量的释放受到否定,我们会寻求其他的释放方式,并且在自我保护中我们的自我设计出了自我防卫的机制。"③ 这就是弗洛伊德的能量经济学观点,他认为这种经济学"将有助于我们探明

---

① Paul Ricoeur, *Freud and Philosophy: An Essay on Interpretation*, translated by Savage Denis, London: Yale University Press, 1970, p. 345 – 346.
② 水力学(hydraulics)是研究以水为代表的液体在静止或相对静止以及运动的状态下的力学规律及其在工程技术中应用的学科。之所以说弗洛伊德的能量论具有水力学的特点,是因为能量变动不居、此消彼长的变化状态与水力学的研究对象具有相似性。
③ Sharon Heller, *Freud A to Z*, New Jersey: John Wiley & Sons Inc., 2005, p.21.

兴奋能量的变化情况，从而对其量做出相对正确的估计"。① 能量观念是如此模糊而具有隐喻性，显然是无法在经验中进行证实的。

就心理分析所采用的主要方法是解释的方法而言，比如对梦和神经症的解释，它也无法满足科学理论的第二个条件。根据经验证实要满足逻辑条件的标准，一个给定的解释必须首先被客观性所描述，这意味着不同的病人在相同标准化的环境下，能获得相同的分析数据。并且，在对分析数据的解释当中必然存在一些客观程序，使解释指向可检验的预测。但是事实上，心理分析的分析数据陷于个体分析师和被分析者之间，从而无法提供具有普遍性的客观数据，心理分析解释的有效性也无法通过对客观数据的分析来得到证实。这是因为"心理分析面对的是心理现实，而非物质现实。所以，这一现实的标准再也不是可观察的，相反，它表现为与物质现实标准可比的一致性，和对物质现实标准的抵制。"②

因为心理分析不能满足科学理论的条件，于是，一些心理分析的批评者试图依据被普遍接受的科学心理学来重构心理分析理论，将心理分析的相关事实和概念整合于科学心理学当中，将心理分析转化为一种观察性科学，这就是对心理分析重构的内在尝试。

这种重构的尝试首先必须在使心理学成为一种事实性科学的最普遍的预设层面上实现，它认为通过以下三种观点，可以将心理分析的相关事实置于可观察的心理学之中：第一，心理分析的主观材料指的是行为，即潜在行为，就这一点而言，心理分析与科学心理学的经验视角没有根本上的不同。第二，心理分析理论中包含格式塔的观点，根据这种观点，所有的行为都是整合的、不可见的。因此，心理分析所谓的心理活动的诸系统（无意识系统、意识系统和前意识系统）和中介（本我、

---

① 弗洛伊德：《诙谐及其与潜意识的关系》，见车文博主编：《弗洛伊德文集》第六卷，九州出版社 2014 年版，第 265 页。
② 利科：《诠释学与人文科学：语言、行为、解释文集》，孔明安、张剑、李西祥译，中国人民大学出版社 2012 年版，第 214 页。

自我和超我）都只是行为的不可见方面。所以，格式塔的观点可以使心理分析在现代心理学中立足。第三，所有的行为都是整体的人格，由于心理分析在主体的系统和中介之间建立起一种交互关系，从而可以被看成是一种有机体的观点。①

利科指出，从表面上看，对心理分析的操作性重构既能够拓宽科学心理学的研究范围，又能够将心理分析置于科学心理学的领域之中，但是，这种将心理分析同化在可观察性心理学的做法，既没有使心理学家满意，也没有尊重心理分析自身独特的构成。事实上，对心理分析的重构只有在行为主义的形式下才是可设想的。

行为主义认为，应该从人的知觉和反应中来考察人类行为，行为主义的重构在两种可观察的事实即知觉和反应中得到实现。在行为主义那里，"欲望被含蓄地解释为一种状态，该状态导致了与欲望对象有关的某种行为。信念按照它的因果关系的角色，以一种类似的方式给以解释。"② 经过行为主义重构的语言就表现为如下的说明，即意识和无意识之间的差别就是，无意识产生于当某个人在知觉，但是并没有知觉到他在知觉的时候，情绪和欲望被看作是在知觉中对预期好或坏、有益或有害的反应。在行为主义看来，弗洛伊德理论中的主要概念，如力比多、自我、本我、超我、爱欲、死本能、性冲动、压抑、俄狄浦斯情结等都可以被转换成这种可观察的事实性语言。

但是，并不是所有弗洛伊德的概念都可以通过这种转换进行说明，并不是所有内容都可以被观察到。有些概念只能在分析情境或者语言情境下被解释，而不能作为被观察到的对象。在真正的精神治疗中，不能离开治疗的具体情境，因为人工情境永远不可能制造出与来自个人历史中的冲动、压抑相等同的事物。利科举例说，弗洛伊德所谈到的小汉斯害怕被马咬到的恐惧，应该被理解成一种具有双重意义的象征，在表面

---

① Paul Ricoeur, *Freud and Philosophy*: *An Essay on Interpretation*, translated by Savage Denis, London: Yale University Press, 1970, p.348.

② 查莫斯:《有意识的心灵》，朱建平译，中国人民大学出版社2013年版，第25页。

意义上是小汉斯对马的恐惧,在更深层次上则是孩子对父亲既爱又恨的"阉割情结"的表现。弗洛伊德只是在这种象征的基础上引用了阉割情结,但在可观察的术语中,它在原则上不具有可被测量的特征。对象征的解释依赖于弗洛伊德理论中的各种翻译规则的理论,即用一种能够被理解的文本来替换被扭曲的文本,通过这些翻译规则,作为象征的梦及其类比物就能够得到理解。

分析师关心的不是可观察的事实,而是事实对主体而言的意义,对分析师而言,行为不是一个可以从外部进行观察的事物,而是主体意义变迁的表达,这是在分析性情境下被揭示出来的,在这个意义上,行为只是欲望历史的符号,而不是可供观察的事实。所以,心理分析师从不进行观察,他只进行解释。正是在这个意义上,利科说:"分析的操作是一种工作,在被分析的病人那里,有另一种工作,即觉醒的工作与之对应。"① 那种将心理分析重构为科学心理学的做法,"将行为转化为事实,并且通过关注可衡量的东西而逃避了关系的复杂性。"② 对心理分析的重构只能处理那些与分析经验相分离的、孤立的概念,或者说,重构切断了它们在解释中的起源。心理分析不是一门以行为事实为对象的观察性科学,而是一种解释的科学,它研究的是替代对象和原始本能之间的意义关系,这才是心理分析的独特性所在。

从而,心理分析的动机被理解为存在领域并因而具有历史性的维度,分析谈话也因为其归属于一种独特的存在类型而与欲望语义学相关联。既然分析谈话处于历史性的存在领域之中,那么,它从一开始就与观察性科学相分离了。所以,"心理分析更多的是一种文化的和历史的路径,而不是科学的路径,因为它无法提供证实,而是可以同现象学作

---

① 利科:《解释的冲突》,莫伟民译,商务印书馆2008年版,第220页。
② Alison Scott-Baumann, *Ricoeur and the Hermeneutics of Suspicion*, London: Continuum International Publishing Group, 2009, p. 41.

比较。"①

对心理分析的科学性重构之所以不能够令人满意，根本原因在于它违背了分析经验的本质。

科学心理学经常使用环境变量这个概念，它指的是可以从外部进行观察的事实。但是在心理分析师看来，真正重要的不是这种可观察到的事实，而是事实对于主体而言的、在主体个人历史中的意义，这就是分析师的研究对象。从而对分析师而言，行为不是一种可以从外部观察的变量，而是主体历史意义变迁的表达，因为它是在分析情境中被揭示出来的。在心理分析中仍然可以谈论行为的改变，但这不是作为可观察的对象而言，而是作为欲望历史的意指物而言的。历史的意义和行为主义的道路没有任何关系，在心理分析中没有科学事实，因为分析师从不观察，只是解释。只有认识到了意义和双重意义的问题，并将双重意义的问题和解释难题关联起来，才能认识到分析经验的本质。

心理分析是与病人进行谈话的工作，它是一个言说的领域，在这个领域中，病人的故事被讲了出来，"它完全是在语言的领域中展开的。所有那些尝试着将心理分析整合进行为主义类型的普通心理学中的心理学家们和心理分析学家们完全不知道这个初始境遇。"② 所以，心理分析的对象是意义的效果，即梦、神经症、幻象等在经验心理学看来仅仅是意义片段的东西。对分析师而言，行为是意义的片段。这就是为什么缺失对象和替代对象是心理分析永恒的主题。行为主义心理学将缺失对象主题化为独立变量的一个方面，即某物在客观上缺乏刺激的一面。但是对分析师而言，缺失对象并不是出于可观察变量的链条之上，而是象征世界的一个片段，这种象征世界在心理分析谈话治疗的言说领域中表现出来。对弗洛伊德的重构没有从发生在分析谈话的经验开始，所以必然无法理解缺失对象与替代对象的问题。

---

① Alison Scott-Baumann, *Ricoeur and the Hermeneutics of Suspicion*, London: Continuum International Publishing Group, 2009, p. 47.
② 利科：《解释的冲突》，莫伟民译，商务印书馆2008年版，第227页。

心理分析认为，一切行为最根本的起源就是本能，但是心理分析并不是真正关心这些本能的具体内容，而是重点关注本能进入到个人历史的方式，个人历史因为稽查作用的存在而变得扭曲，所以如何在分析情境中认识到这种扭曲的历史的真实意义，才是至关重要的。意义在分析谈话中得到把握，而分析经验就是在分析谈话、在言说领域中展开的，在这一领域中，梦和神经症作为有待解密之物展现自身。

二、心理分析的真理性

心理分析由于其自身特征不能被重构为观察性科学，但心理分析又有其真理性。利科认为，心理分析"是发生在分析情境中，更准确地说，是发生在分析关系中的代码化。正是在那里发生了某事，可以被称为分析经验。"[①] 这种分析经验就涉及心理分析的事实问题，涉及心理分析选择事实的标准问题，利科认为这种标准有以下四个。

第一个标准是能够被说出的进入到治疗领域中的经验，这种经验作为心理分析的事实，不同于可观察的行为事实，也不是心理现象的本能和作为能量的欲望，而是能够被解密、翻译和解释的有意义的欲望，由于稽查作用的存在，"除非以伪装的形式，否则愿望便不能被加以表达"[②]，也就是说欲望在症状、梦中被扭曲地表现出来，这涉及欲望的语义学维度。这就将心理分析的事实定位于意义的领域之中。第二个标准是移情（transference），这涉及主体间的欲望维度。弗洛伊德赋予移情两层意思，首先，在梦中被禁止的愿望会将其强度转移到一个相对单纯的想法上，从而后者代表前者并在显梦中表达出来，这是移情在意识活动内部发生的过程；另外，无意识的愿望和本能冲动也会在社会情境中

[①] 利科：《诠释学与人文科学：语言、行为、解释文集》，孔明安、张剑、李西祥译，中国人民大学出版社 2012 年版，第 211 页。
[②] 弗洛伊德：《释梦》（上），见车文博主编：《弗洛伊德文集》第四卷，九州出版社 2014 年版，第 144 页。

显现，比如被分析者的情绪会从被分析者的头脑中转移到分析情境中或者分析师身上。第一层意思中的移情与超我对自我的约束有关，因为超我代表了良心、社会准则和自我理想，从而涉及与他者欲望的关系，即人的欲望不得不遭遇他者欲望的否定。从而，心理分析的事实也以主体间的欲望维度为标准。第三个标准是心理实在，即无意识呈现的内在一致性。在神经症和梦的领域中，心理实在起决定作用，这种心理实在就是力比多的本能冲动，它遵循快乐原则，处于与现实原则的冲突之中。心理实在是不可观察的。第四个标准是主体经验中的叙事标准，在这个意义上，心理分析的案例的历史成为其首要文本。弗洛伊德并没有直接讨论主体经验的叙事特征，他只是在记忆中间接地涉及，比如他指出癔症患者的苦痛主要来自记忆。记忆不是一种孤立的时间，而是在叙事、故事中构造起个人的生存，从而记忆是一种有意义的序列。

根据心理分析选择事实的标准，利科对心理分析的真理性做出如下总结：首先，心理分析的陈述要求一种言说的真理，它否定性地意指伪装、幻相、错觉等误解形式，它们在本能表达的扭曲机制中属于对真实意义的误解。言说的真理要求去克服误解，对扭曲的形式进行解密，从而达到真实意义。其次，这种误解不仅是自我的误解，也是对他者的误解，弗洛伊德理论中对缺失对象、对象替代的分析都表明误解之处就是他人，从而心理分析的真理要求处于主体间的领域之中。第三，心理分析陈述的真理要求一种从幻相到象征的过渡，即在双重意义的维度中来理解幻相。第四，在对自我和他者进行认识的过程中，将叙事引入真理的领地。"叙事的本质在于将不和谐的杂多整合为一个具有和谐性的整体"[①]，在叙事中，言说和行动统一起来，这就是利科所谓的叙事同一性，即借助于叙事的中介化环节而使人能够在其中表现为同一性。这种将真理要求与叙事相关联的努力，坚持了叙事的批判维度，在叙事

---

① 刘惠明：《作为中介的叙事：保罗·利科的叙事理论研究》，世界图书出版公司2013年版，第187页。

中对自我、他者的认可得到展开，从而对自身的认可就是重新获得重述一个人自己历史的能力、在叙事的形式中反思自己。这里就涉及利科的叙事理论。如果最终的真理要求都被归结于心理分析事实的叙事结构即被分析者的个人历史之中，那么对心理分析真理性的证实就处于由心理分析理论、解释学、心理分析治疗和叙事构成的网络的关联之中。在这个意义上，我们甚至可以说："心理分析就是一种解释学。"①

心理分析不是始于可观察行为，而是始于那些必须得到解释的无意识行为，那些将心理分析重构为科学心理学的尝试，是由于对心理分析基本特征的误解造成的，"即分析经验是在言说的领域中展开的，并且在这个领域内部，所显现出来的一切，如同拉康所说，就是另一种语言，它与普通的语言相分离并且要求通过对这些意义效果来加以辩读。"② 这里所说的另一种语言，就是经过扭曲和伪装的欲望的语言。

三、心理分析与现象学

利科将心理分析看成是一门历史科学，因为心理分析是基于案例的研究，而每一个案例都与患者的历史有关。正因为心理分析是一门历史科学，它才能够是一种解释的方法。自然科学是被科学方法所指导的，即从假设到通过实验进行验证，通过这种方法，自然科学家达到了某个真理。但历史科学的问题与自然科学的问题不同，它不追求某个真理，而是追求有效的真理，"在心理分析中做出的解释的有效性，服从于像

---

① Alison Scott-Baumann, *Ricoeur and the Hermeneutics of Suspicion*, London: Continuum International Publishing Group, 2009, p. 60.
② 利科：《解释的冲突》，莫伟民译，商务印书馆 2008 年版，第 231 页。

历史的或注释的解释那样的相同种类的问题"。① 利科对科学真理的单一性与历史科学真理的多元性的区分表明,历史科学所要求的是那种可信的、可能的真理,而不是那种得到严格证明的真理。所以,对心理分析师来说,重要的不是观察性科学所谓的"事实",而是患者个人历史中事件的意义,以及这些意义如何受扭曲而进入患者个人历史的过程。尽管心理分析将意识与行为的最终根源追溯到无意识中,但它的真正任务却是通过对患者语言的分析,去发现无意识的欲望、本能是如何进入患者的个人历史中去的。这样看来,心理分析更相似于历史而非心理学,但这个历史是个人"欲望的历史",而非一般的历史。对利科而言,我们不能以自然科学的观点来衡量心理分析,它毋宁更接近于历史诠释。而且它所面对的不是欲望自身,而是欲望的表象,如何解读表象的意义才是心理分析的重点所在。

从而,心理分析像历史一样都是不可证实的,"它的有效性来自它是否能够表明它所描述的东西是有历史动机的。'有动机的'指的是有一种理由,即某人以某种方式行动有其合适的原因。"② 心理分析的动机在于去发现行为背后的动机,根据心理分析,这种动机就是欲望(desire)。心理分析关于人的观点就是从欲望的视角看待人,从而心理分析理论的功能是把解释的工作放到欲望的领域中去。利科认为,心理分析理论(与心理分析的实践相对)的目的是研究"欲望语义学"的可能性条件,通过这些条件,欲望的意义就有可能表达出来。弗洛伊德的心理分析从认识本我—欲望出发,所以他的整个体系可以称为"欲望语义学"。

那么,这些条件是什么?利科不是在心理分析理论中,而是在现象学中为该问题寻找答案。笛卡尔在其普遍怀疑中把身体去除了,而现象学则把身体重新还回了笛卡尔主义。对现象学家而言,存在着的意义就

---

① Paul Ricoeur, *Freud and Philosophy: An Essay on Interpretation*, translated by Savage Denis, London: Yale University Press, 1970, p. 374.

② Karl Simms, *Paul Ricoeur*, London: Routledge, 2003, pp. 50 – 51.

是与身体紧密相关的意义，一种有意义的行为。每一个有意义的实践——把观点付诸行动，都是身体的意向，换句话说，身体是肉体化的意义。利科指出，"行动中的性构成了我们作为身体的存在，在我们与我们自身之间没有任何距离。"① 只要心理分析是关于性欲的理论，而性欲不可避免地和身体联系在一起，同时又由于无意识起源于性欲，所以，在这个意义上可以说，现象学的这种主张，即思想除非经过身体否则无法被思考，使现象学转向了弗洛伊德的无意识。因为现象学的存有模式是身体模式，而身体既不是自我也不是世界的东西，不是我里面的表象，也不是我之外的东西，而是可以意会的整个无意识的存在模式，所以，身体是那种好像使我们存在于我们自身之外的他者，而所有具现的意义都是一种在身体内获得的意义，并且被转化为肉体的意涵。从而，身体虽然为意识所关联，但也有超出意识的一面。任何有意义的行为都是具现于身体的行为，因而有意义的行为都指称着身体；但又由于身体具有超出我们意识的面向，因而行为也具有超出我们意识的面向。这都是与身体关联着的"意向性"所表示的。

　　现象学和心理分析联系的另外一种方式就是语言观，"现象学家把语言看成是将意义放到操作中的方式；它与身体相关联，正如身体表明了人能够做出行为，能够有意义、有意向，所以他的语言就是表明这些意向和意义是什么的行为。"② 在这个说法中，现象学家是在谈论语言的发生——它起源于哪里，心理分析师对语言的发生做出了相似的论断。例如，在《超快乐原则》中，弗洛伊德讲了一个故事：一个小男孩，每当他母亲不在家里时，他都会玩一个简单的游戏，即一边将一个线筒扔出去又拽回来，一边口中念念有词地说"fort—da"这个词，即"去—回来"。③ 正如利科所说，"剥夺——以及随后的在场——被指称和转换

---

① Paul Ricoeur, *Freud and Philosophy: An Essay on Interpretation*, translated by Savage Denis, London: Yale University Press, 1970, pp. 382 – 383.
② Karl Simms, *Paul Ricoeur*, London: Routledge, 2003, p. 51.
③ 弗洛伊德：《自我与本我》，见车文博主编：《弗洛伊德文集》第九卷，九州出版社2014年版，第14—16页。

成意向性；母亲的被剥夺变成了对母亲的渴求。"① 不仅仅是通过玩线筒，还通过将之转换成语言，小男孩克服了母亲在场和缺席的辩证。正是这种转换使他能够克服母亲缺席的创伤，并获得在母亲回归时的过度补偿的欢乐。克服创伤和过度补偿的欢乐是在他的谈话背后的隐藏意向，这种谈话通过他的行为被表达出来，从而变成一种语言行为。从而，心理分析和现象学的语言观在这里是一致的。

对现象学家而言，感知到某物就是可被他人感知到这一事实，导向了一种交互关系，我认识到他人，我也认识到他人在认识我，对他人而言我就是知觉领域中的对象，正如他人对我也一样。心理分析持有相同的理论，但它是通过欲望的语言表达出来的。欲望位于人类内在的情形之中，否则就不会有通过幻想而来的压抑、审查或意愿实现。其他人是禁令的原初承担者，这就是说，欲望遭遇到了其他欲望——一个相反的欲望。关于我与他人关系的心理分析辩证法和现象学对他人的认识有相同的结构。因此，现象学和心理分析"都追求相同的东西，即主体的构造，作为欲望的创造物，处于一种本真的主体间性谈话之中"。② 也就是说，作为现象学主题的意向性可以进一步引出互为主体性，这是现象学接近心理分析的最后一步。我们与世界的一切关系都有一个互为主体的构造，知觉的意义其实已经预设了他人的知觉与事物未被知觉的一面，所以每种意义在根本上来讲都有互为主体的面向。就他人可以使得隐匿的事物显明出来而言，每种客观性都是互为主体的，客观性就是"可言说性"，而可言说性其实正是一种互为主体的表述性。于是，现象学所说的意义是更为操作性的，而不是说出来的，更为活生生的而非反映式的。现象学的这种意义纹理在欲望语境中得到最清楚的表达；那种贴近事物存有模式的欲望，不仅仅是一种朝向他者的欲望，而是朝向他者欲

---

① Paul Ricoeur, *Freud and Philosophy*: *An Essay on Interpretation*, translated by Savage Denis, London: Yale University Press, 1970, p. 385.

② Paul Ricoeur, *Freud and Philosophy*: *An Essay on Interpretation*, translated by Savage Denis, London: Yale University Press, 1970, p. 386.

望的欲望，这就是人类的欲望。心理分析的特点就是在这种朝向他人欲望之欲望的关系网络中置定人存在活动的心理意义，前意识论述之所以有意义就在于他是在心理分析的交互语言情境中出现的。言说中的主体之建构与在互为主体性中的欲望之建构是同一的，只有在这种情况下，欲望才能进入一个富有意义的人性历史。

所以，心理分析应当被看成是一门"文化和历史的科学"①，它探究的是个人欲望的历史，对这种历史的解读不能使用自然科学的方法，而是通过接近于历史诠释的分析方法才能达到。欲望是行为背后的动机，不仅仅心理分析从欲望的角度来看待人，现象学的身体观同样与性欲—欲望交织在一起，在这个意义上可以说现象学转向了弗洛伊德的无意识。但是，现象学是从意识的知觉模型拓展到身体的意义，试图拐弯抹角地达到欲望的历史；而心理分析则是通过患者直接告诉分析师其个人经历，直接投入欲望的历史中去。

为了达到可绝对确定地被认识的东西即自我意识，现象学的悬置将所有我们不确定性的判断都放到括号中去——例如，通过感官呈现给我们外部世界的状态。弗洛伊德无意识理论的建立则是一种反向悬置，因为作为最初被认识之物的意识，在心理分析这里被终止且变成了最少被认识的。弗洛伊德用德语"das Unbewusste"来表示"无意识"，即"不可认识之物"，无意识的本质就是欲望、本能。利科将弗洛伊德的无意识学说称为一种"反现象学"（anti-phenomenology）研究。在弗洛伊德眼中，人类的一切意识活动都可以还原为欲望的变相表现。这种把所有意识活动皆还原为无意识的变相表现的说法，在利科看来，可从哲学的观点定位为一种"主体考古学"，因为它企图由溯源自我的原初形态来说明现在自我的种种表象。从而，自我不是呈现于意识中的样子，亦即自我不是如我所思想的样子；自我是扭曲的，利科称之为"受伤的我

---

① Alison Scott-Baumann, *Ricoeur and the Hermeneutics of Suspicion*, London: Continuum International Publishing Group, 2009, p. 47.

思"。以这种方式，利科确立了心理分析在认识论上的特殊地位。

在弗洛伊德看来，意识不再是最容易被认识的，而是变成了有问题的；"我们面临的不是还原到意识，而是意识的还原"。① 意识的自明性被消解，笛卡尔式的自我被欲望所取代，这构成了利科所说的对反思哲学的挑战；现象学就是一种反思哲学，因为它建立在自我对自身的反思之上。在古希腊神话中，纳西塞斯（Narcissus）爱上了自己的倒影，"自恋"（narcissism）概念由此而来。对弗洛伊德来说，反思哲学如现象学，或在笛卡尔式我思中表达出来（"我思故我在"），仅仅是自恋的表达罢了。它是一种哲学幻相，一种从自身捕捉自身的尝试，它被欲望所驱使——自我自称"我"，将自己想象成整个个体，但事实上它未能认识到本我，而仅仅是自恋的表达，骄傲地自夸已经发现了某种真理。"在关于自恋的著作中，弗洛伊德说，心理分析造成了第三次对人的羞辱的创伤。第一次是哥白尼造成的，他认识到人并不是宇宙的中心。第二次是达尔文造成的，他认识到人不是动物王国的中心。第三次也是最后一次是由弗洛伊德本人造成的，即认识到人不是他自身的中心，'自我不是他自己房子的主人'。"②

现象学的悬置与弗洛伊德的"反向悬置"，二者虽然同为还原，但现象学的主张是还原为意识，而心理分析则是一种直接质疑意识本身之可靠性的意识的还原。这个意识的还原其根本颠覆性在于，它不但解构了意识主体，也同时解构了意识对象，因为意识对象可能就是意识主体为了满足欲望而伪装成的一个欲望对象。弗洛伊德的欲望经济学显示，自我不但作为一种本能——自我的本能，也能转换为一种为本能所欲求的对象——快乐之我，所以自我恋慕自己，以自己为满足。"自我首先便是自我之爱的继承者，自我的深层结构类似于对象力比多。存在着一种与对象力比多同型的自我力比多。自恋将填满我思—我在这整个程式

---

① Paul Ricoeur, *Freud and Philosophy: An Essay on Interpretation*, translated by Savage Denis, London: Yale University Press, 1970, p. 424.

② Karl Simms, *Paul Ricoeur*, London: Routledge, 2003, p. 54.

的真理，并且是以一种虚幻的具体性来进行填满的。自恋导致反思的我思与直接意识相混同，并使我相信，我就如我自己所认为的那样存在。"① 所以，"我思"只是一种为满足欲望的一个欲望对象，所谓我思的明证性只是一种主观的幻想。利科在我思中看到一种关联于原始自恋的本能，而这个本能就是一切虚假自我的根本形式。这样，自恋不只发生在心理分析领域，同样也可能发生在反思哲学之中。所以，心理分析对于意识的批判与质疑不是现象学式的，而是反现象学的。

利科认为，弗洛伊德的自我理论明确揭示了意识的幻相，但它并不能给予我和"我思"以某种意义。利科没有停留在心理分析揭示的意识幻相的道路上——心理分析自身能够很好地处理这一问题。而是，作为一个哲学家，利科关注的是，心理分析在为主体——说"我"的那个人提供意义上的失败。心理分析固然将意识表现的意义溯源至无意识的欲望的决定，但从认知的角度我们不得不承认，无意识必须关联于意识才有意义，无论心理分析作为一种理论或治疗程序、技术，它都是在意识中构成与进行的，意识显然是无意识欲望之所以有意义的相关项。将受伤的记忆重新整合在意识之中是心理分析治疗的关键因素，而患者正是借由记忆胜过无意识而痊愈的。从而，利科认为心理分析不是意识的否定，而是意识扩展其领域的手段。利科对弗洛伊德的解读，"使得无意识可以成为意识的他者，使得意识也能成为我们在此称之为无意识的这个他者"②。所以，一个本能的表象概念之所以具有意义，是因为它具有成为意识的可能性。无论本能的原初表象多么遥远，无论它们的变项何其扭曲，它们依然属于意义的领域，在原则上可以转译成意识的心理机制语词。在这个意义上，"胡塞尔和弗洛伊德之间并不存在一条不可逾越的鸿沟。"③ 心理分析作为一种意识的回归是可能的，因为在一种特定

---

① 利科：《解释的冲突》，莫伟民译，商务印书馆2008年版，第298页。
② 利科：《解释的冲突》，莫伟民译，商务印书馆2008年版，第122页。
③ 马迎辉：《胡塞尔、弗洛伊德论"无意识"》，载《江苏行政学院学报》，2015年第3期。

的方式上无意识与意识是同质，它们互为相对他者，而不是绝对他者。

四、结 论

传统的现象学和解释学关注的是意识的领域，而利科试图通过对弗洛伊德心理分析的考察，来实现对现象学和解释学的研究领域的拓展，去关注无意识领域；同时，通过弗洛伊德的"反现象学"，来揭示"意识的幻相"，而克服"意识的幻相"的方法，就是利科的反思哲学——意识本身是抽象的，它只有经历各种中介即广泛存在的宗教、艺术作品、经济、制度等文化符号，才能变得丰富而具体。

利科对现象学研究领域的拓展是否成功呢？笔者认为是存在问题的。利科一方面认为无意识理论实现了对直接意识的驱逐，并将自我意识放到其反思哲学中去；另一方面又主张无意识应该是意识扩展其领域的手段，这在事实上将无意识纳入意识之中，消解了无意识的独立性。所以，利科在这里呈现出一个矛盾。之所以会出现这种矛盾，与现象学的创始人胡塞尔的思想不无关联。胡塞尔在《经验与判断》中提出，知觉对象构造是文化对象构造的基础。① 但笔者认为，如果文化对象能够像知觉对象一样被"构造"的话，也只能通过理解和解释来实现，而不能通过现象学来实现。面对文化对象，我们必须走向解释学或者现象学的解释学，这正是利科从早期的意志现象学转向现象学的解释学的原因所在。遗憾的是，尽管利科已经认识到了现象学在处理文化对象时的局限性，但在论及现象学和心理分析的关系时，他并未将这一认识贯彻到底。

---

① 胡塞尔：《经验与判断》，邓晓芒、张廷国译，生活·读书·新知三联书店1999年版，第164—165页。

创伤与存在
——列维纳斯与比昂的思想交汇

杨婉仪*

一、在虚无与存在之间的光之运动：思想

在传统哲学中，象征永不坠落的真理之光的意象，一旦落入生存的现实中，将不再显示为永恒不动，而是如日夜轮转，抑或如烟火般瞬间即逝的闪耀。相较于柏拉图所展示的日正当中般的永恒真理，列维纳斯将思想之光比喻为闪耀①。这一意象，除了表达出思想对于蒙昧无知的启蒙之外，从一个虚无朝向另一个更广大的虚无移动的它，也同时展示了作为思想基础的混沌之黑暗，以及瞬间闪现的思想之光所照出的空旷无边的天际。而这一比思想更广阔的内在幽暗，有待在每个瞬间的思想中被点亮，并且必须得到反复的探寻和追问。

无独有偶，列维纳斯所开展的这一思想图示，在英国精神分析学家比昂的思想中亦得以窥见。比昂以贝塔（β）元素命名那些还没有被赋予意义的感觉印象，这些还没有被思想化的混沌是仍未被（或无法被）

---

* 杨婉仪，台湾中山大学哲学研究所教授。
① E. Lévinas, *De l'existence à l'existant.* Paris: J. Vain, 2004, pp. 121–122.

命名或仍未被消化的感觉印象，这些混乱的材料存在于大脑之中，如同事物自身，就好比无法被消化的异物。此他者无法与之同一，它所造成的痛苦，将引发个体以肌肉运动或语言试图将其排除，但这一排除也仅仅只是暂时消耗内在的压力，却无法真正触及内在他者与个体间的关系。

内在他者对于个体所造成的压力，除引发宣泄功能外，这一痛苦体验也可能经由阿尔法（α）功能作用，而将情感体验所产生的材料转化为适于思想所应用的东西（阿尔法元素），使得主体得以对其进行思考。这一历程，是个体召唤内在黑暗显形的历程，是将内在的混乱与虚无转化为存在的历程，也是个体思想进行自我理解的启蒙过程，而每一次从混沌黑暗中闪现的光之意象，都是从幽暗内在中燃起的意识微光。

他者面向内心，主动承担痛苦，这是违背快乐原则而在对于内在混沌未明之恐怖的探问中所转化而出的，与其说是对于内在客体的探问，或者更相近于人格的塑形。转化内在黑暗所呈现的存在，如同在认识历程中一次又一次从虚无中显形的意识碎片。这一被思想显现（das Erscheinen/ l'apparaître）的"存在"如同"现"象（die Erscheinung/ l'apparition），而在对于"现"象碎片的拼凑中所探问的心灵图式，或者已然是内在他者显现后的产物。从此观点而言，创伤这一内在他者，或许并非不可消化而只能排出的异物，相反，尝试消化这一异物的历程，或许正好促成了个体在思想中的转化与形变。

依照列维纳斯与比昂的观点，似乎思想的转化所涉及的已然是个体从内在之恶朝向理解之善的疗愈过程，而这一疗愈过程所涉及的与个体的关系，是从承受痛苦的可能性中所开展出来的人格形塑。由此观点而言，分析所涉及的，是否已然是使得个体从以肌肉、语言排除内在他者，转而在重现感受的共时性中，"再次"面对内在客体，使得「再次」显现的感受得以有机会被澄清，进而"消化"的历程？而这一"消化"

并非一劳永逸地解决所有冲突，而是得以容忍冲突；如比昂所言的有能力处在不确定、神秘、困惑中，没有任何焦躁地等待，直到真相大白，如此这一疗愈过程亦显得如同对于生命中的苦痛与创伤的耐心，隐隐然对应着列维纳斯以耐心所揭示的与他者间的关系。

二、缺席的他者

比昂提出O①，并认为个体得以透过心智的成长而靠近这一等同于真理的终极现实。他认为O并非个体能以全盘理解的方式把握到的，却可以短暂体验成为O的感觉，或者在与美或善的接触中体会到它。人与真理的关系，常常以身心二分的超越形态进行思考，苏格拉底以死亡超越身体的限制而达致永恒并得与诸神共在，身体与真理的关系因而显得相互对反。但依照比昂所提出的与O的关系，终极真理并不在生命之外，而人与O的关系，也不是以整全的知识系统对其进行把握，是在共时的短暂"成为"或者体会中领会。

如果O所代表的是终极现实，那么是不是可以将O视为爱欲（eros）这一意向性所朝向？根据罗洛·梅（Rollo May）对于爱欲的诠释：爱欲乃是促使我们与自身所归属者结为一体的驱力——与我们自身的可能性结合，与我们生命中的重要他人结合，而正是透过与他们的关系，我们才能发现自我实现的可能性。②

罗洛·梅在对弗洛伊德理论的分析中关注于将爱欲从本能中区分出来，如果弗洛伊德已然意识到性本能/死亡本能的驱动方向为消弭紧张恢复原状，也就是从生到死的回复到无生命的状态；那么爱欲则是提高

---

① 比昂是这样定义O的："O代表终极现实，我们可以用诸如'终极现实'、'绝对真理'、'神性'、'无限'或者'事物的本质'等词汇来代表O这一终极现实。"纳维尔·希明顿、乔安妮·希明顿：《等待思想者的思想：后现代精神分析大师比昂》，苏晓波译，心灵工坊2014年版，第54页。

② 罗洛·梅：《爱与意志》，彭仁郁译，立绪出版社2001年版，第94页。

紧张状态的生命本能。在此意义上因而可以说：生命中大半的喧闹，乃出自爱欲，同时亦出自对抗爱欲的斗争。指向自身与他人的爱欲之意向性，可被视为人内在与外在的实现动力，此结合的力量，使得人以爱寻找挚爱之人或物的形式，并使自身与之融合。在此，爱欲作为动力因，对于所爱形式的追寻则显示为意象所朝向的目的，这一目的并不能单纯被视为在自身之外，而是使得人在"朝向它、祂或他/她"的同时实现自身的形变①。

值得注意的是，此作为爱欲目的的"在……之前"，很容易被思考为他方的超越价值，并因而分立了生命与超越。若以此方式面对价值，与价值的关系将显现为永恒失落的思乡病，就如同最终极的完美形式是已然无法寻回的与母亲合一的完美。此缺席的大写他者（O），或者被以天堂、永恒失落的伊甸园等在世界之"外"的他方所象征，或者被内化为主体内部的空洞之核。前者作为背反生命的目的，使得客体将目光从自身的生命转开，而将希望投注在死后的未来，后者则显现在虚无对于生命的威吓。但不论将生命视为朝向他方的"过渡"，或者以海德格式的烦所开展的非本真式生活填充内在涌现的虚无，我们皆可看到生命中隐隐透显的死亡氛围。在这染杂着死的处身情境/情韵中，在爱欲渴求他者的驱力中一再寻求越出自身的生之本能，是在尝试与自身所爱相融合的形变中，开显形式的可能性与动态性的创造力，也正是它使得形式不再被局限于理型的永恒死寂中。

若爱欲所朝向的对象，象征着永远也无法寻得的理想或是已然失落而无法回返的美好，那么已然历经上帝（价值）已死（缺席）的人，只能借着将爱欲附着于某种象征，使得欲望有所投注、生命有所依归，而得以在朝向这一象征（真善美）的历程中实现自身。但这一自我实现的历程，却也可能在过度依附象征物的状态下，失却自身的主动性而成为价值的奴隶。就如同人得以在自我实现的历程中体受到与价值合一的短

---

① 罗洛·梅在 Love and Will 中称之为内在的赋形（in-form）。

暂体验，但也可能因为坚持留住这样的体验，使得原本在时间中显现的价值，被赋予了永恒的意义，而成为规范生命的超越价值，甚而削弱自身的生命力，只为了符合既定价值框架的存在模式。最终将生命本能（爱欲）这一充满创造性的欲望，转化为满足于需求：超越价值后则趋于平静的死亡意象（让我们想到了弗洛伊德在《自我与本我》所言的：死亡本能的特性为漠然）。此种状态也如同在冲突中一再使用固着僵化的防卫机制的个体，在经历创伤之后难以变动、复原的弹性差的心灵朝向静止状态，如此顽固的心灵将使得治疗难有突破，而使得个体如同被物化的存在。

O 的提出，对于信仰科学方法，极力避免宗教或者神秘性的精神分析界而言，无疑存在着隐藏的危险，但依照比昂自己的设定，与 O 的关系准则需要避开信仰，使得思想得以保持开放。而这一准则的设定所赋予 O 的开放性，使得 O 不同于被偶像化或对象化的圣物，而显示为不可被存在化的"缺席"。如果诠释者仅只是将 O 设想为超越对象，无可避免地会因为自身已将 O 视为超越的他者：亦即被偶像化的上帝，故忧心其与宗教和神秘性的过度联系。但这是否恰好显示出，诠释者投射了自身对于偶像化圣物的依赖，而这依赖正如此生动地显示于他的恐惧中？但对于人类心灵奥秘的探求，难道可能因为恐惧于超越圣物以及被偶像化的客体对于生命的钳制，就以画地自限的方式否认人渴望实现自身的超越性，而将思想的动力，限缩在某种形式的地志学或封闭的单一结构中？如果对于人类心灵的探求仍然徜徉在二元对立与权威所画出的领地中，是否"再一次"组构了知识论的领地与知识拥有者间的君权关系？而在争夺象征终极真实（或说真理）的权柄（Phallus）的战役中，如父一般的精神分析师的处境与伊底帕斯难道不存在着某种相似性？而这一父的象征，似乎正吊诡地召唤着伊底帕斯悲剧？并以身为例（可以从弗洛伊德与荣格的关系中窥见）地显现着他所相信的真实。

比昂所提出的 O 与列维纳斯思想中缺席的他者相互应对。反对将上帝偶像化或对象化的列维纳斯，同样反对将上帝视为存在的本体论神学①，对他而言，不管将存在当作上帝或将上帝当作存在，都是偶像化真理。而偶像化真理，将使得思想失去主动的转化能力，转而盲从依附特定对象，如此不仅使得思想自我超越被诠释为灵魂脱离身体的超越，也使得缺席的他者被对象化为特定宗教形态中的偶像。

如同被耐心所描绘的，与缺席他者的关系是无限在现象中的显示，这被 Gérard Bensussan 称为"大写的无限以某种方式显现在有限中，在一限的"②，可以被视为在某一瞬间，短暂地"成为"或者体会到 O 的经验。此一经验并不被捕捉为现象的在场，相反，它引发了所有现象性的混乱，此种被 Jacques Rolland 称为对立现象的，在列维纳斯那里被称为痕迹，即非一场所。O 并非一个现象，也非一个场所，而如同缺席他者所留下的痕迹，如主体中心的洞，也如同不可被偶像化的神圣性。朝向这一缺席他者的转化，因而不是达至永恒天堂的超越，也不是某种宗教的救赎，亦非把握真理的狂喜，更非融入无的解脱；而显示为个体于共时中"再一次"于痛苦中遭逢内在他者所实现的思想转化历程。这一过程是"再一次"重临现场体验痛苦而了解自身已然得以承受，是对于意义的澄清，也是对于感受的清偿。

某些遭遇重大伤害的人，往往会一再地、反复地回忆创伤，在抑郁的氛围中，再次观看/显现某个画面，将个体再次带回到某个感受中，借着在此种共时性中再次体验曾经引发个体的强烈情绪，这些似乎违反快乐原则的现象是否显示了，仿佛透过重新经历可以有机会赋予新的意义，因而在痛苦中再次体受的，不仅是对于已然失去的他者的告别，也是在观看自身所投射的影像中悼念他者的痕迹？如同弗洛伊德在《超越快感原则》中曾思考的，人类需要掌控创伤事件，是否因而得以说，再

---

① E. Lévinas Dieu, *la mort et le temps*, Paris: Edition Grasset & Fasquelle, 1993, pp. 137–148.

② 杨婉仪：《死·生存·伦理：从列维纳斯观点谈超越与人性的超越》，（台湾）联经出版社 2017 年版，第 188 页。

一次体受创伤而赋予意义正是掌控创伤的疗愈手段？而缺席的他者（即创伤、缺乏、失落等）似乎正是构建意义的核心之洞，而对于这一虚无的体受，似乎正是使得个体有机会得以承认这个空与虚无，并与其共一在的契机。

三、共时性与因果推论

依照康德知识来自经验、经验首先发生于被给予的感觉的观点，一件事情发生了，感觉先于理解。在寻找原因解释这一经验的过程中，主体选取习惯操作的因果方式诠释事件的意义，却往往忽略或遗忘因果关系是第二序的，因而这一推论只是众多可能的诠释之一；至于充足理由，从来无人得见。因果与感受之间所存在的距离，显示了系统中的原因并不等同于真理，也因而终极的真，仅能以无法掌握的 O 显现其缺席。是以，对于发生于瞬间的感觉的描述，不同于因果推论中严格奉行的逻辑，如同在被分析者的语言里，真实往往隐藏/显现在他或她对于被其召唤而来的某个场景的描述中，而非表面上所做出的因果诠释。甚而这贸然连结的诠释，可能正以掩盖的方式标示出真实的所在之处，如同症状与内部症结间的关系。是以，让被分析者置身于再一次重现的感受的共时性中，是否正提供出再次诠释的可能?[①] 问题因而显现为，当强迫性重复的病人在诊疗室中借着移情重演痛苦回忆时，分析师是否可能借此机会打断其所固着的因果推论，而使其观看到自身的重复，并因而得以澄清（或重整）事件的意义为新观念？

上述的（思想）转化历程如同光点上升的轨迹，在星火般的光点由底部的黑暗朝向高空的黑暗迸裂的一瞬间，个体的自我理解，是贝塔元素朝向阿尔法元素的越出。思想显现的一瞬间，既是思想的结晶也是这

[①] Ethel Spector Person, Aiban Hagelin, Peter Finagy：《论弗洛伊德的"移情——爱的观察"》，卢志彬、范钧杰译，邱显智校，五南图书出版公司2009年版，第145—157页。

一思想的终结,在每一瞬间闪现旋即消逝的理解中,思想留下了存在的轨迹,而这些点(存在),标示了情感的痕迹如同伤口留下的疤痕。每一个痕迹都象征着某个独特的时间点,绝对差异般地各自独立,而这一由各个独特的痕迹汇集而成的心灵,如同一不共时的多维空间的共—在。共—在不同于自体—客体的共生关系,如果后者是自体感与客体感模糊的强烈情感状态,那么共—在则是在重新赋予事件意义的命名中,以自身方式接受事件为生命的一部分。将曾经的症结转化为存在,以其标示出个体生命的独特性,因而成为非——般或非—普遍意义上的"人"①。而这一由痕迹的共—在所汇集而成的心灵,与尝试以外在于痕迹的因果串联痕迹所组构而成的心灵图示(亦可称之为存有论的构建)有着不可比拟的差异。后者已然离开了心灵的多样、能动与时间性,以因果规制了心灵的运作并将其模块化。

可否说,将心灵化约为各种功能与功能间的互动关系,是使得分析走进死胡同的关键因素?这样的提问,看起来是对于以符应论与因果论为取向的分析体系的提问,但似乎也是对于分析师的提问。② 是否保留

---

① 我们尝试以疯子(或天才)来说明此种意义上的"人",他们是人类的特异状态,往往超越既定范畴而显得难以定义,他们人格的多样可能赋予存在意义多重的可能性,却也足以打扰甚至破坏既定的秩序或价值。他们通常是不幸的并且造成他人困扰的,在越发要求同一性的世界中命运多舛。

② 在分析室中,分析师必须小心与被分析者保持距离,小心应对移情的发生,如同一面镜子,让被分析者透过他/她"看到"自己。但我们不禁会想,这一习惯在日常生活中使用的"观看"方式(因为分析已经成为一种职业)难道不会在出了诊间之后影响分析师日常生活中的观看与判断吗?如果分析师不是神(我们所说的是如果),这样的可能性应该存在的(吧?!)。又一旦以性为关系的前提,从移情/反移情、投射谈论爱,那么人类存在的一切一切似乎沾染着自体性爱的光晕?而分析师又真的可以逃离这个他在分析室中所映射出的"真理"吗?或者,走出诊间之后的爱,是丢开分析眼光的"盲目",而分析师是活在两个对立观点中的"人"(或神?)?抑或现实生活的爱,除了生物本能的爱好(好比喜欢对方的气味等),就只能(或应该)服膺现实原则?

而非常吊诡的是,这样的思维却让我想到罗兰巴特在《恋人絮语》中所呈现出的,明明"看"到夏绿蒂只是一个平庸的人,却对自己的投射无能为力(或者根本执迷不悟)的维特。也许这个联想只是一种偶然。因为分析室中的分析师,本来就被投射为神,这样的问题也许被分析者根本无从想象,也不敢想象。也许不怀疑他人,走进分析室,如此我们才能怀疑自己,信仰他人。

了思想的弹性而小心警醒避免落于某种偏执当中？是否在自身的偏执当中，过于轻率地将新观念等同于旧观念，而粗鲁地将其推进既定的体系中？这些警醒都将影响着分析者的"判断"。如此是否可以说，以容纳器（♀）与被容纳的（♂）的交互作用取代了超我"的功能"的比昂，已然意识到心灵为结构模块化所可能衍生的问题？

纳维尔·希明顿（Neville Symington）以及乔安妮·希明顿（Joan Symington）在对于比昂的介绍中提道：……其实,因果关系的观念是人类进行因果关系推论的天然倾向，投射于外部世界后的结果。换句话说，我们在一些时段内观察到一种持续的关联之后，我们的思想会倾向于将关注由一个事件转向那些总是伴随着这一事件的事物，因而唤起具有必然联系的观念，比昂认为，我们对于非生命世界的因果性推断是道德范畴投射的结果。所谓的偏执性思想，就是那种建立一条"过失"（blame，也就是责备）底线的思想。在人性领域里，我们称之为过失；在非生命世界里，我们称之为原因。因而比昂认为，人类已经被投射为非生命的东西。……①

被比昂称为偏执性思想的道德范畴，以画出界限的分判定立价值，而视"越界"② 为"过失"。此以一条线切割出善/恶、是/非、好/坏的绝对二分，所形构出的被天堂与地狱所象征的存在图示，以解脱心灵于身体，使心灵不受欲望影响为目的。但吊诡的是，正是因为对于欲望的否定与压抑，使得被生命本能（爱欲）趋迫的个体痛苦、悔恨、羞耻。道德范畴构建了人类的存在体系与文明，却也是使得人类心灵扭曲的"原因"。已经被投射为非生命东西的人类，是活在道德体系中却仍未全然物化的存在者，是受苦于生命本能与道德范畴斗争的活体，一旦这样的存在者无法全然放弃结构的包围，而仍试图"活着"，其生命将伴随着与僵化结构、既定因果的持续斗争。

---

① 纳维尔·希明顿、乔安妮·希明顿：《等待思想者的思想：后现代精神分析大师比昂》，苏晓波译，心灵工坊2014年版。

② 此亦可视为一种思想的越出。

是否可以说，精神分析的功能是使承受痛苦的人，有机会于再现的拟真感受中重返过去无法承受的场景，而使得"看见"自身所曾创造的"真实"（realité）的受苦者，有机会借着重新面对、再次诠释，而安抚那个"当时"（往往也是生命历程中永远的与之共时）的自己，而得以逐步接近或调和自身与"现实"（réel）的关系？由此观点而言，痛苦是否正是对于生命的激活？召唤创伤而使自身得以观看伤口并为之命名的行动，是否正是个体允许创伤的跟随并接受它与自身共—在的承担，亦即将创伤视为生命一部分的再生历程？此种从物化状态到人性状态的复活，所展现的正是列维纳斯所关怀的伦理。伦理因而显示为思想从僵化的道德范畴出离，而以人之本性[①]为基础朝向缺席他者的行动。

结　论

如果移情作为疾病与现实生活的过渡地带，而精神分析期望借着记忆、重复与修通让被分析者从疾病过渡到现实，那么可否说，移情所开展出的中间地带，实际上是被分析者的想象力所主动幻视出的虚拟现实（virtual reality）？并且这一个体的错觉或游戏难道不是被分析者的主动创造？如果移情这一阻抗常常发生于被分析者面对着潜抑记忆的痛苦时刻，那么这一个体主动创造的中间地带，是否也可以视为个体以创造所显示的自我治疗？当然，对于将分析捆绑于真理标牌下的精神分析师而言，这无疑是另一种逃逸。但我们想问的是，在尼采宣告上帝已死之后的视角主义时代，在真理崩解的现象学时代，有谁真的可以声称自己"看"到了真理，而在对于真理的窥视中以自身所瞥见的冰山一隅，如

[①]　人之本性为 Gérard Bensussan 在诠释列维纳斯的伦理时所提出的："这思想追求的是什么？为何而努力？列维纳斯所追寻的、尝试的，是言说'人之本性'（l'humain de l'homme）的'意义'（sens）——这个表达意味着（非——可综合的）（non-synthétisable），如他说的，也就是人和人之本性之中，绝不会任凭人将自己不留余地的总括起来以及总意上的理解。" Bensussan, Gérard. *Éthique et Expérience*: *Levinas politique*. La Phocide, Strasbourg, 2008，p. 8 – 9.

何可能反推真理的究竟面貌？弗洛伊德给出的对于真理的承诺，难道不也是他的想象？并且因而值得被分析？在面对被分析者既不可被满足也不可被压抑的移情的"中立"，分析师将移情看成某种不现实的东西，而告诫病人这一情感是为了逃避痛苦而发生的。但吊诡的是，对于失却自身真理的被分析者来说，当下的情感却正是其真实与现实。对于自身的真实与现实被否定，而只能相信有一个自身遗失的真理正操控着不知情的自己的被分析者而言，如果无法如同弗洛伊德般自我欺骗而信仰真理，如何可能痊愈呢？因而，我们似乎瞥见在弗洛伊德与精神分析之间，隐微地显示着信仰的光环，以科学理解人类心灵的理性研究，有赖于自身真实与现实被否定的被分析者的信任，他/她必须相信将被引导朝向其已然遗失的真理。而给出这一救赎的，难道不是不可被明言为信仰、不可被称之为爱的（否认自身为宗教的）密教？

如果移情的产生与对它的分析，在我们的时代中已然成为不可忽视的通往潜意识的康庄大道，那么上述问题或许将显得有意义。在虚拟时代中否定虚拟的爱，所指向的出路除了对于真理之爱（在当代中显示为永恒遗失的真爱）的追寻，也就是服膺现实原则的爱了。而服膺现实原则的爱，难道不是服膺结构的爱？在这一现实原则之下，分析的意义和地位与资本主义之间透显着微妙而亲近的关系。但，那些（或者有些）被分析者，难道不正因为无法适应结构而发病吗？而所谓的治疗所扮演的角色，难道是阻断其以想象所构建的逃逸路线：他们的真实，引导其以信仰的方式交托自身，最终悄悄地将她/他们再度推进社会。而是否精神分析将满足于以让病人（无工作能力的）重回现实社会，再度回归资本主义的循环，并以庆贺社会性存在的再生为"痊愈"？

从心灵地志学到将心灵视为结构，甚而到对于心灵结构的提问，这一进程是否意味着使得精神分析师从神般置身事外的地位下降到与被分析者的关系当中？降低超我压迫，强化自我或者去除自我（当然这涉及了两种不同的分析观点），从整个人格涉及精神官能症的观点而言，在分析历程中所涉及的重演,其意义或许并不全然在阻抗与涵容的关系上,而是否已然更进一步在分析的历程中更新回忆,进而产生新的意义?被分析者或许并不是全然被动的,在这个历程中他/她所创造的价值,是否已然牵涉自身人格结构的转化?是否已然涉及某种人格的形塑?而分析者是否有能力观察出被分析者的主动性与转化能力所实现的形变?1913年弗洛伊德说"只要病人的沟通与想法毫无阻碍地继续运作,移情的主题就可不必触碰",但我们想问的是,在这个看似无害的正向移情中,是否已然涉及了共演?而一旦分析师尝试与被分析者辩论其爱之不真实,对于被分析者而言,是否正好证成了分析师对于被分析者的依赖。

更大胆地问,是否心灵结构的转化,所涉及的不只是被分析者,甚至是分析师?当然,这样的提问所挑战的,已经不只是分析与被分析的二元关系,更加可能涉及的是对于权威的僭越。如此,分析从界外的观看与描述,转向了心灵的肉搏。这让我想到了 E. E. Cummings 的一首诗:I carry your heart with me, I carry it in my heart, I am never without it…

对于权威的质疑,试图让心灵保有未被二元性限定的灵活,尝试从情感的互动看待分析,并赋予个体转化形变的可能……所有这些"不专业"的思维,都为着那些朝向不可知的未来而勇于挣脱心灵桎梏的人。如果列维纳斯的他人思想开展出了为他人的责任,并以之展现了人之本性所实现的伦理;那么我们在比昂的思想中所感受到的,则是人在对于痛苦的承担中所实现的个体化历程。而这一思想的转化,不也显示了人对于自己生命的责任,以及关怀自身生命的伦理?

尝试从列维纳斯与比昂思想的交汇处谈创伤与疗愈,所涉及的不仅是在耐心中朝向缺席他者、面对未知的能力,更是承受痛苦忍受失去,勇敢活在每一瞬间的勇气。这一从黑暗朝向另一黑暗的思想运动,显示出人类心灵的晦暗与悠远,或者远不是任何心灵地图所得以穷尽描绘的。然而,在分析与诠释的努力中所把握到的每个微光,或许都已然象征着某种成长与形塑，都已然在那晦暗不明中，探触到某种通往内心的可能性。

如同苦苦寻找西勒诺斯（Silène）想要知道对人来说什么是最高善的米达斯王（Midas），最终得到的答案是不要出生①。在此我们看到了性本能与死亡本能的同一。但当西勒诺斯说"最高善是不要出生，众多善之中的第二个是死"的话语时，他宣告了最高善（O）缺席，却也暗示了生命中仍有着其他善的可能。众多的善之可能，在人类所能实践的越出（dépasser）行动中即将或等待被创造。善作为创造力与想象力所赋予的象征，显示为思想的伦理特性不断被创发的价值。而或许也正是在创造善的实践中，人方得以体现身而为人独有的幸福。

最后以一首无关紧要的诗作结，让它的意象引领出某种自由联想的理解：

> 成长，是得以忍受失去，
> 是化解幼儿对于母亲乳房的爱、恨、情、仇，
> 是学会以诗歌音乐填补那永远也填不满的空，
> 而说：面对消失，不需要畏惧。
> 然后得以将这句话放在天平的一端，
> 并在另一端小心地摆上焦虑所象征的一切感受，
> 用生命全部的轻，
> 抗衡死亡所幻化而成的一切又一切。
> 每一次的思考，都是清偿，
> 每一次的理解，都是告别，

---

① 一个古老传说提道，为了寻找贤明的西勒诺斯（Silène），米达斯王（Midas）在森林里寻找，但却徒劳无功。当西勒诺斯最后终于落入他的手中，王迫不及待地问他："对人来说，什么是至善？"西勒诺斯沉默了，最后终于在爆出刺耳大笑的同时说出："可怜的短命种，偶然和痛苦的孩子，为什么逼着我告诉你，你一无可取？至善，对你来说是绝对达不到的，它就是不出生，不要存在，什么都不是。而在众多善之中的第二个（le second des biens），对你来说是很快即死。" Nietzsche, Friedrich. *La naissance de la tragédie*, Paris: Edition Gallimard, 1997, p. 36.

面对消失,不需要畏惧,
而只是勇敢地面向未知,
一次又一次地,重新谱出不一样的生命旋律。

(原载于《华中科技大学学报(社会科学版)》,2018年第5期)

欲望的逻辑
——列维纳斯与拉康"错失的相遇"

王光耀[*]

第二次世界大战后的法国思想纷繁复杂,各种思潮流派交替上演,现象学思潮与心理分析思潮便是其中显赫的两支。其中,列维纳斯是现象学运动在法国的代表性人物,拉康是心理分析运动在法国的代表性人物。在各自的生平中,列维纳斯与拉康有着诸多重叠之处。首先,二人在青年时期皆出入于科耶夫在巴黎所开设的连续数年的黑格尔导读课程,均深受科耶夫关于"欲望是对他人欲望的欲望"这一欲望辩证法的影响。其次,二人在"二战"后的法国思想中皆有独树一帜的地位,主要的思想活动时间相近:列维纳斯是现象学运动的第二代代表性人物,推动了胡塞尔现象学在法国的最初传播,并且肇始和推动了现象学的伦理转向与神学转向;同样,拉康是心理分析思潮的第二代代表性人物,推动了弗洛伊德所创立的心理分析理论在法国的落地生根,并且对其进行了创造性的转化。最终,两人虽然身处不同思潮,却不约而同地投身于对主体的发生史的研究,并且均将"欲望"概念作为与"主体性"概念紧密相关、相互平行的概念加以讨论。在有机会纵观二位大师写作史的今天,可以发现,在对欲望问题的深度发掘中重构主体性构成了他们共同的问题意识以及前后期思想的贯穿性线索。如果说自巴门尼德起始

---

[*] 王光耀,苏州大学政治与公共管理学院哲学系讲师。

的西方哲学传统主要关注的是思维与存在的相关性问题,那么,在对表象主体占主导地位的近代主体性哲学的批判与反思中,列维纳斯与拉康皆深入到了心理生活的晦暗深处,他们关注的问题不再是表象思维与存在的相关性,而是欲望与主体、欲望与存在的本质相关性。正是在这个意义上,我们可以说,列维纳斯与拉康是思想上的"同时代人"。然而,二人在各自的生平中却绝少提及对方,更遑论直接的思想对话与辩难,乃至于有学者将拉康与列维纳斯之间的关系称之为"错失的相遇"①,而克里奇利则指出列维纳斯与拉康思想之间具有高度的"形式结构的相似性"②。

本研究的目的即在于,围绕"欲望的逻辑"这一论题,让列维纳斯与拉康这二位思想大师补足这一相遇。首先要阐明列维纳斯与拉康各自所揭示出的欲望的发生机制与运作逻辑,进而对二者的欲望理论进行初步比较,不仅指出列维纳斯与拉康的欲望理论之间的形式结构的相似性,同时也选择性地在拉康的心理分析欲望理论的视野下,反思列维纳斯式欲望理论可能的局限与问题。

一、列维纳斯:绝对他者与形而上学的欲望

在欲望一词的宽泛意义上,可以发现列维纳斯主要谈论了三种不同的欲望类型:"需要"(besoin),"形而上学的欲望"(le désir métaphysique),"爱欲性的欲望"(le désir érotique)。其中,"需要"是流俗意义上的欲望概念,源自主体自身的匮乏,寻求特定的生理—心理满足,因而具有"匮乏—满足"这一结构。"形而上学的欲望"发生在

---

① Sarah Harasym, *Levinas and Lacan: the Missed Encounter*, New York: State University of New York Press, 1988.
② Simon Critchley, "Das Ding: Lacan and Levinas", in *Research in Phenomenology*, Vol. 28, 1998, pp. 72–90.

与他人面容之关联中，并非肇始于主体自身的匮乏，而是源自他人面容之呼唤的触发，表现为一种不得不回应他人面容呼唤的追求，因而无法在"匮乏—满足"这一结构中被说明。用列维纳斯的话说，形而上学的欲望是无所匮乏者的欲望，同时也是不寻求满足的欲望，"可欲望者激起而非满足这种欲望"①。相较于"需要"以及"形而上学的欲望"，"爱欲性的欲望"具有一种独特的含混性（ambiguïté）特征：爱欲一方面在与爱欲对象的亲密性关联中寻求感性享受，另一方面又恰恰要以他人面容对自我身心的触发为前提，因此表现出"需要与［形而上学的］欲望的同时性"② 这一含混性结构。可见，在列维纳斯的欲望理论中，最独特同时也是最重要的范畴便是"形而上学的欲望"。因此，在下文中，笔者将直接用"欲望"一词来指涉"形而上学的欲望"。

与拉康相近，列维纳斯发现了他者在欲望与主体的生成建构中的原初构成性作用。如果说拉康是在想象、符号、实在三界中去打开不同维度的他者，以及不同维度的他者在形构欲望与主体过程中的错综关系，那么列维纳斯则要着重讨论绝对他者对于欲望与主体的构成性作用。所谓"绝对他者"，意指不可被还原到自我之内在性之中的、不可还原到认知与权能之同一化运动中的、不可消解于符号秩序中的绝对他异性，因此属于拉康语境下的实在界维度。在列维纳斯的语境中，这一绝对他异性通过他人的面容现象来彰显。

面容现象的独特性体现在，面容并非现成存在者，而是作为呼唤与凝视作用于我。面容并非可见的面孔外观，并非面容所传达出的具体的内容，而是呼唤与凝视着的姿态本身。列维纳斯在此区分了面容的"说"与"所说"。"说"是从他者的欲望深渊中升起的呼唤与凝视，溢出任何既定的符号秩序，溢出自我借助于能指编码对

---

① 列维纳斯：《总体与无限》，朱刚译，北京大学出版社2016年版，第21页。
② 列维纳斯：《总体与无限》，朱刚译，北京大学出版社2016年版，第245页。

其的对象化理解。正如列维纳斯所说,"面容,卓越的表达,形成最初的话:它是在其符号之顶端浮现出来的能指,一如凝视着你们的双眼。"① 而"所说"则是被纳入同一化符号秩序中的部分。因此,"说"相对于"所说"总是有着溢出与过剩。真正伦理性的姿态在于超出所说而去倾听说本身。在列维纳斯看来,如果我们仅仅停留在既定的符号秩序中去理解他人,那么这就并非是伦理性地倾听他者的姿态,而是在将他人之他者性消解和内化,从而构成对陌异性的同一化之暴力。

如同符号界对主体的询唤功能,面容的呼唤与凝视同样起到了一种结构主体欲望的作用。无论是能指秩序的询唤,还是他人面容的呼唤—凝视,皆是反向凝视着我的位置点,但二者的差别在于:能指秩序以符号性委任的方式将自我询唤为一个接受了这个委任的主体,换言之,自我通过对能指秩序的符号性认同而将自身建构为被阉割的能指主体;他人面容的呼唤—凝视则让自我遭遇了他者的欲望深渊,遭遇了他者的欲望之谜,遭遇了前符号的实在界,从而陷入无尽的回应之中。此即列维纳斯所谓的"形而上学的欲望"的发生学源起。所谓"形而上学",在列维纳斯的语境中,意指一种向着超越者的超越运动。超越并非达及和占有,而是在超越者牵引之下的持续的朝向,一种不断出离于自身之外的离心运动。质言之,形而上学的欲望所面对的并非任何可内化的现成之物,而是他人面容之凝视与呼唤的一再发生,是他人面容之涌现—消隐的游戏所敞开着的他异性深渊。正是这一超出于任何可见对象的不可见的 X,这一不断涌现着的"更多",唤起着欲望并且持续牵引着欲望。由此,在与他人面容的关联中,欲望的对象恰恰是不在场的,总是有待来临的,面容的呼唤—凝视的每一次涌现都更为深刻地增加和深化着欲望,这种加剧本身构成了欲望,维系着欲望。如是的欲望,濒临于他异性深渊之上,是一种与总是无法达及而又总是有待来临的他异者之间的

---

① 列维纳斯:《总体与无限》,朱刚译,北京大学出版社2016年版,第162页。

游戏。在列维纳斯看来,这一欲望具有"全然被动性"的特征,"是对于侵入了'同一'的'他者'的容受性,是生命,而非'思想'。"① 所谓"容受性"(susception),不同于胡塞尔所谓的已然携有先在视域的"接受性"(réceptivité),更非对于他人的"共现"或"同感",而是对于他者之他异性的经受与切近,意味着向着他者之他异性深渊的敞开,经受他异性对于同一性自我的切入与撕裂以及施加于自我之上的不得不回应的重量。就这一回应着他人的主体的诞生而言,在认识的顺序上,主体是在先的,在逻辑的顺序上,他者是在先的。列维纳斯所谓"自我并非第一个到来者"正是此意。主体是他者的认识理由,他者的呼唤是主体的存在理由。

需要注意的是,在将欲望定位为对他人面容的呼唤——凝视的被动的回应时,列维纳斯格外强调他人面容在呼唤——凝视中所传递出的脆弱不安与神圣性的意味,从而也就赋予形而上学的欲望以一种伦理性意味。首先,他人面容在其呼唤与凝视中向我传递着一种柔弱性和吁求,而我不得不去回应,去伸出援助之手,同时也对自身的安好状态感到一种愧疚与不安。这是列维纳斯式伦理的典型结构。这种不得不去回应是如此根本,以至于深化为一种无限的责任:只负责一次是不够的,需要一再地负责,乃至于让自身成为承担他人存在的人质。正如西蒙·克里奇利以列维纳斯式的口吻所写的那样:"我对他人的关系并非某种和蔼的善意,富于同情的关心,或对他人自主性的尊重,而是对一种责任的强迫性的经验,此责任被困锁于纯粹的重量中。我是他人的人质。"② 其次,在列维纳斯看来,面容的呼唤——凝视中有着神圣性的浮现:"在他者之面容这一现象的核心处,在其光芒本身之中,有着被表示出来的意义的盈溢,这一盈溢可以被认定为荣耀。它要求着我,需求着我,召唤着我。难道我们不应将这一对于回应/责任的要求、询

---

① Levinas, *En découvrant l'existence avec Husserl et Heidegger*, Paris: Librairie Philosophique J. Vrin, 2010, p. 216.
② Simon Critchley, *Infinitely Demanding*, London: Verso Books, 2007, p. 10.

唤或召唤称之为上帝的言辞吗？难道上帝不恰恰是在这一召唤中来到我的心灵的吗？……这一对于回应/责任的召唤难道不是在他者的面容中将我指定为负有不可能拒绝的责任，并因此将我指定为独一无二的和被选中的？"① 这种被他人面容的呼唤—凝视抓住从而无从回避的责任/回应，在列维纳斯的思想发展中，最终与其犹太—基督背景相应和，演化为一种"无偿的爱的诫命"："这责任是对他人的脸给我的律令——即无偿的爱——的回应，他人的脸意味着我作为让渡自身者和被选者的独一性；这责任是'为他者而存在'的命令，是作为所有价值之源泉的神圣性的命令。"② 在此，由他人面容所触发与唤起的欲望从愧疚和不安状态进一步被提升为对他人的无偿的爱。

二、拉康：三界拓扑学与欲望的逻辑

与列维纳斯相近，拉康同样发现了他者在欲望与主体的生成建构中的原初构成性作用。但区别在于，拉康主要在想象、符号、实在三个维度的交错统一的拓扑学中考察他者。首先，是想象的他者，作为自我的镜像，如同我一样的另一个自我；其次，是符号的他者，亦即协调着主体间关系的符号秩序、能指链条、象征法则；最后，是实在的他者，亦即超出任何想象认同与符号塑形的不可被理解、不可被表象的绝对他异性的"物/原质"（Das Ding）。与此相应，对主体的生成与欲望的逻辑的考察同样需要在想象界、符号界、实在界三界的交错关系中进行。

首先，在想象界层面，拉康提出了著名的"镜像阶段"（Le stade du miroir）理论。镜像阶段在自我的发生史或自我的构形中具有重要作用，

---

① Levinas, *Alterity and Transcendence*, trans. Michael B. Smith, London: The Athlone Press, 1999, pp. 26–27.

② 列维纳斯：《来到观念中的上帝》，王恒、王士盛译，商务印书馆2019年版，第1页。

是自我在其生成史中所采取的一种源始形式,这一形式被拉康称作"理想—自我"(je-idéal)①,作为一种源初的同一化形式,是其他次生的同一化过程的根源。在拉康看来,正是对镜像阶段的经验使得心理分析对立于任何从我思出发的哲学。② 为了具象地展现其镜像理论,拉康诉诸婴儿期(6—18个月)的孩童对镜中影像的观看。婴儿期的孩童无法自如地协同运作自己的身体,时常陷入对自身身体的非统一性与不协调感的苦恼之中,而镜中所呈现的自身身体的影像却显得统一而完整,从而为处在支离感中的身体提供了指引性的朝向和预见,进而使得婴儿对镜中的影像产生想象性认同。这样的时刻在拉康看来是决定性的,因为它象征着"理想自我"借助镜中影像而得以具象化地呈现,为尚处在支离感和不完整性中的自身提供了力比多投注的方向,而对镜中他像的想象性认同又会反过来指引和塑造着自我的同一性。镜像阶段因此是自我与他像之间的一种反射游戏。作为他像的"理想自我"将自我导向了一个虚构的、假想的方向,然而,在自我的生成中,只能以渐进的方式去靠近理想自我,却始终无法达及。换言之,理想自我与本己现实之间的不一致始终是无法弥合的。③ 必须要注意的是,镜像阶段实际上并不仅仅只发生在婴儿期,在自我发生史的许多时刻,只要理想自我以各种各样的具象他者为中介而唤起我的认同,进而构成自我的力比多投注的方向,自我便在以镜像的方式生成着自身。正如拉康所说,"镜像阶段并非只是[自我]发展中的一个时刻。它同时也拥有一种典范性的功能,因为就镜像构成自我的原型(Urbild)而言,镜像阶段揭示了主体与其镜像之间的关系。"④ 可见,自我总是处在萨特所谓的"是其所不是,不是其所是"的动态生成之中,而这一生成又总是处在对当下自我的扬弃、对理想自我的趋同这一张力性关系之中。正是在镜像阶段中所发生

---

① Jacques Lacan, *Écrits*, Paris: Éditions du Seuil, 1966, p. 94.
② Jacques Lacan, *Écrits*, Paris: Éditions du Seuil, 1966, p. 93.
③ Jacques Lacan, *Écrits*, Paris: Éditions du Seuil, 1966, p. 94.
④ Jacques Lacan, *The Seminar of Jacques Lacan*, Book I, *Freud's Papers on Technique*, 1953 – 1954, trans. John Forrester, Cambridge: Cambridge University Press, 1988, p. 74.

着的自我与他像之间的反射游戏，使得拉康作出这样一条断言："我是他人。"当然，对于这一"是"，我们应当在"生成""成为"的意义上来理解。

有趣的是，拉康进而揭示出，在对理想自我的想象性认同的进程中，总是已经有着符号界的介入。这也是为何，拉康要在他的光学图式中加入一个平面镜，用来代表孩子与镜像之外的第三方的在场，亦即母亲这一他者的在场。母亲抱着婴儿，引导婴儿注视和认同镜中的形象，从而将婴儿的欲望纳入符号界的塑形之中。想象性认同和符号性认同的差异就在于，前者是我们看自己，后者是我们透过某个位置被人看。① 与之相应，理想自我和自我理想的差异表现在：理想自我是一个想象性认同之点，自我理想则是符号性认同之点，是"我们借以进行自我观察和自我判断的代理"②。我们总是在借以进行自我观察、自我判断、自我引导的那个符号性位置的牵引下进行着想象性的自我观看。

而主体一旦要进入符号界，便必然要经受符号界的能指链（la chaîne signifante）运作法则的塑形。拉康揭示出，能指链沿着历时性的组合（转喻）与共时性的替换（隐喻）两条轴线进行运作。③ 例如，就一个句子的意义产生而言，"在句子中我们发现了钉铆点（Ce point de capiton）的历时性运作，因为，一个句子只有随着它的最后一个词项才结束它的意指活动，每个词项都在其他词项的结构中被预期，反过来，每个词项又通过其回溯性效果来凝定其他词项的意义。"④ 能指链正是在这一"预期"与"回溯"互为牵引着的双向回环作用下，在历时与共时双重轴线的共同作用下，动态地生产着意义。而通过钉铆点，能指就暂停了其意指活动的无限滑移，从而使得其动态生产着的意义得以暂时凝结。然而，能指链的意指活动的滑移毕竟无法被锁死，它始终是一个开

---

① 齐泽克：《意识形态的崇高客体》，季广茂译，中央编译出版社2014年版，第134页。
② 齐泽克：《意识形态的崇高客体》，季广茂译，中央编译出版社2014年版，第133页。
③ Jacques Lacan, *Écrits*, Paris: Éditions du Seuil, 1966, p. 578.
④ Jacques Lacan, *Écrits*, Paris: Éditions du Seuil, 1966, p. 805.

放性的过程，在与新的能指的关联中，意义从来无法现成化，总是处在崭新的涌现之中。在能指链的意义生产中，"不是人在说话，而是它（ça）[符号界的能指链这一大他者]在人之中并且通过人来说话"，由此，"人的本质是由语言的结构编织而成的，人变成了语言结构的质料"。① 经由能指链条的询唤与塑形，前语言、前符号的存在（单纯的有机体、生物性存在）便被构造为一个"能指主体"。在著名的欲望图式中，拉康用数学符号 △ 来表示前语言、前符号的存在（实际上是一个神话性实存，是有必要预设的 X），用 $ 来表示被能指链所塑形和结构化的能指主体。△→$ 则指涉前语言、前符号的存在进入能指链，被符号界所询唤与塑形同时也被阉割与异化为能指主体的过程。正是在主体被塑形同时也被阉割的这一双重状态中，欲望诞生的原初场景出现了。拉康本人对欲望诞生的逻辑的表述如下：

> 我们的出发点是：由于主体与能指的关系，主体被剥夺了某个属于自己、属于他真正生命的东西，而这个东西的价值在于它一直充当把主体与能指相缚合的事物。这是一个本身意指着主体在意指作用中异化的能指，我们用"菲勒斯"这个专门表达它。如果主体被剥夺了这个能指，某种个别的客体对他来说就变成了欲望的客体。这就是 $ \lozenge a $ 的含义。②

这段引文传达出的欲望的逻辑非常微妙，需要作一番精细的解读。首先，主体进入符号界必然要经受阉割和撕裂，成为被划杠的能指主体 $。被剥夺的原初之物被拉康命名为"菲勒斯"（phallus）："什么是主体被剥夺的东西？菲勒斯"。③ 既然"菲勒斯"是在主体进入符号界的进程中被符号界所阉割与隔绝的，那么，"菲勒斯"便永远无法在符号界中获得位置，因而属于无从被表征的实在界。需要注意，在

---

① Jacques Lacan, *Écrits*, Paris: Éditions du Seuil, 1966, p. 578.
② 拉康：《欲望及对〈哈姆雷特〉中欲望的阐释》，陈越译，见汪民安、郭晓彦主编：《生产》（第7辑），江苏人民出版社2011年版，第289—324页。
③ Jacques Lacan, "Desire and the Interpretation of Desire in Hamlet", trans. James Hulbert, *Yale French Studies*, No. 55/56, 1977, pp. 11–52.

心理分析学中，菲勒斯相关于实在界的他人的欲望之谜。在俄狄浦斯情结中，婴儿所认同的实际上是母亲的欲望，而母亲的欲望究竟指向哪里，对于婴儿实际上是未知的。弗洛伊德用"菲勒斯"这一术语来指涉母亲的欲望。由于婴儿并不知晓母亲的欲望究竟指向哪里，在面对这一深渊时，竭力让自己成为母亲的欲望深渊所投射向的对象，但却为符号界的父法所禁止，这便是阉割的诞生。在阉割中，菲勒斯成了禁忌，成为无法附着任何意义的纯粹能指。阉割实际上便是欲望的符号化过程，是实在界的欲望被纳入符号界中得到具体表达与具体指向的过程。其次，由于这一原初剥夺，主体作为有所欠缺的存在，便始终有所欲望着。但主体并不知晓被剥夺的究竟是什么，其实正是此缺乏以及使主体将各种幻想对象视为欲望的端项，但主体对这些却始终处于不自知的状态。幻想成为"欲望的坐标"[1]，将欲望引向其客体。正如拉康所说，"欲望在幻想中发现了它的相关项，它的基础，它在想象性注册地中的精准调谐。"[2] 由此，便有了拉康著名的幻想公式"$\$ \lozenge a$"。其中，数学符号 a 的完整表达是"客体小 a"（objet petit a）。客体小 a 所占据的正是菲勒斯被剥夺后留下的空位，"代替了主体在符号界进程中被剥夺的东西"[3]。

如何理解客体小 a？这是拉康欲望理论解读中的一个难点。在笔者看来，我们需要在想象界、符号界、实在界三界的纽结中去理解客体小 a。首先，从发生学的角度看，客体小 a 因为菲勒斯的永恒失落而在想象界中被朝向，因此，菲勒斯的缺失在逻辑上先于客体小 a 的诞生。正如拉康所说，"正是从菲勒斯这里，客体获得了其在幻想中的功能，正是从菲勒斯这里，欲望被塑造成以幻想作为其相关项"，"至于客体小 a，乃是一种想象，一种受苦（pathos），一旦关涉它，主体便感到自身

---

[1] 齐泽克：《视差之见》，季广茂译，浙江大学出版社2014年版，第558页。
[2] Jacques Lacan, 'Desire and the Interpretation of Desire in Hamlet', trans. James Hulbert, *Yale French Studies*, No. 55/56, 1977, pp. 11–52.
[3] 拉康：《欲望及对〈哈姆雷特〉中欲望的阐释》，陈越译，见汪民安、郭晓彦主编：《生产》（第7辑），江苏人民出版社2011年版，第289—324页。

处在一种对于他者性的想象性情状中。"① 既然菲勒斯属于不可符号化、无从现成化的实在界，那么，客体小 a 作为菲勒斯的想象性替代物，便也处在无法真正落地的"不确定的未知"② 之中。拉康由此将客体小 a 称作"是谜一般的，因为它最终是与某种秘密的和隐匿之物的关系"③，亦即与不可符号化的菲勒斯的关系。在时间性结构上，菲勒斯与客体小 a 的关系表现为不可再现的过去在当下贯穿到无法达及的未来之中。其次，主体在幻想的框架中欲望着客体小 a，又不得不借助于符号界来捕捉欲望对象，不得不通过对一系列具体的意义对象的固着来隐喻性地指涉向客体小 a。由此，客体小 a 在进入符号界的信息层时便异化为具体的意义对象。换言之，对客体小 a 的欲望最终只能以替代性满足的方式展现出来，于是，客体小 a 便成为一系列具体的欲望对象的诱因，而这些符号界的欲望对象却皆无法真正满足欲望。正是在这个意义上，欲望的运作逻辑实际上处在一种能指的转喻性链条中，表现为在一系列具体的欲望对象之上的不断迁移。正是在这个意义上，拉康提出"欲望是存在之缺失的转喻"④ 这一命题。每一个具体的欲望对象都构成了对于欲望的替代性的满足，但任何一次满足又都显示为不是与不足，从而打开了"我要更多"⑤ 或"再来一次"的缺口。正是在这个意义上，拉康指出，客体小 a 实际上并非欲望对象，而是欲望的对象—原因，是引发一系列意义对象得以被欲望的结构性空位。正如吴琼所说，"欲望对象是欲望在能指的转喻性链条上进行替代和置换运作的对象，所以是象征界的对象，而客体小 a 正是引起对象替代和对象置换的东西，它不属于象征界，但可以现身于象征界，这时，它指示着象征界的欠缺和缺失。"⑥

---

① Jacques Lacan, "Desire and the Interpretation of Desire in Hamlet", trans. James Hulbert, *Yale French Studies*, No. 55/56, 1977, pp. 11-52.
② 吴琼：《雅克·拉康：阅读你的症状》，中国人民大学出版社2011年版，第660页。
③ Jacques Lacan, "Desire and the Interpretation of Desire in Hamlet", trans. James Hulbert, *Yale French Studies*, No. 55/56, 1977, pp. 11-52.
④ Jacques Lacan, *Écrits*, Paris: Éditions du Seuil, 1966, p. 623.
⑤ 齐泽克：《易碎的绝对》，蒋桂琴等译，江苏人民出版社2004年版，第20页。
⑥ 吴琼：《雅克·拉康：阅读你的症状》，中国人民大学出版社2011年版，第662页。

拉康所揭示的欲望辩证法向我们展示了欲望的发生逻辑与多维结构。在此，我们可以戏仿海德格尔在《存在与时间》中著名的"发问"的形式结构，用"欲望"一词去替代"问"，由此便有了如下这段话：

> 欲望作为"对……"的欲望，而具有欲望之所欲。一切"对……"的欲望都以某种方式是"就……"的欲望。欲望不仅包含有欲望之所欲，而且也包含有被欲望所及的东西。此外，在欲望之所欲中，还有欲望之何以欲，这是真正的意图所在，欲望到这里达到了目标。①

在海德格尔所论的存在问题的形式结构中，"问之所问"是"存在"，"被问及的东西"是"存在者"，"问之何所以问"是"存在的意义"，发问就是从存在者身上逼问出它的存在来，逼问出其存在的意义来。② 与之相应，"欲望之所欲"是"客体小 a"，欲望之所及是具体的对象物，欲望之何所以欲是"物"的原初丧失。客体小 a 不是任何具体的对象物，而是使得一切具体的对象物被欲望所及的先验条件，如同使存在者之被规定为存在者的是存在，使具体的对象物之被规定为欲望所指向的对象物的是客体小 a。欲望者总已经在客体 a 的先行牵引中欲望着客体。但"客体小 a"作为欲望所指向的空位（如同存在作为虚无），可被许多其他具体的意义对象来占据，起到一种替代的作用。但替代终究是暂时的，于是有不断的迁移。作为客体小 a 的具象物，欲望主体总是通过对具象客体的通达来实现对客体小 a 的不可能的通达。物的原初丧失创生了欲望，对客体小 a 的幻想则构成欲望的先验框架，符号界的

---

① 海德格尔：《存在与时间》，陈嘉映、王庆节译，生活·读书·新知三联书店1999年版，第6—7页。
② 海德格尔：《存在与时间》，陈嘉映、王庆节译，生活·读书·新知三联书店1999年版，第8页。

具体的意义对象则暂时地占据着欲望所指向的想象性空位。由此，我们有了这样一个三元组：物—客体小 a—具体的意义对象。

正是通过对客体小 a 的发现，通过对客体小 a 所维系着的欲望的发现，通过对欲望所建构着的主体的发现，拉康根本上脱离了从亚里士多德到普罗提诺的希腊传统中所理解的欲望概念。在希腊传统中，欲望作为一种"渴欲"（appetitus），"介于主客体之间，通过把主体转化为爱者，把客体转化为爱的对象，清除了它们之间的距离"[1]。这样的欲望实际上类似于列维纳斯所说的需要，将他者还原到了自我的同一之中。拉康的欲望结构则如此不同，欲望与欲望所朝向的客体小 a 之间的距离是无法清除的。而且，也正是由于**客体小 a** 的无从达及，欲望才始终在对客体小 a 的无尽朝向中得到维系。

三、初步的比较

在对拉康与列维纳斯的欲望理论作出梳理与阐释之后，我们可以发现，列维纳斯与拉康所揭示的欲望的逻辑之间在形式结构上具有高度的相似性。

其一，如果说"享乐主义在某种特定的哲学传统的道德教导中占据统治地位"[2]，那么无疑，拉康与列维纳斯所揭示的欲望的逻辑皆超出了享乐主义的道德教导，体现为对于快乐原则的打破与中断。根据弗洛伊德的说法，快乐原则寻求的是生命能量的均衡状态，既不过度兴奋，也不过于痛苦。换言之，快乐原则并非无节制寻求快乐的原则，而是保持主体能量均衡的原则，尽可能减少主体内部的矛盾与张力的原则，因而

---

[1] 阿伦特：《爱与奥古斯丁》，王寅丽译，漓江出版社2019年版，第57页。
[2] Jacques Lacan, *The Ethics of Psychoanalysis 1959–1960*, trans. Dennis Porter, New York, London: W. W. Norton & Company, p. 185.

实际上是一种"最小痛苦原则（least-suffering principle）"①。而无论是拉康式作为主体和永恒丧失的客体之关系的欲望，还是列维纳斯式朝向他异性深渊的形而上学的欲望，恰恰会破坏与颠覆快乐原则所导向的生命状态的均衡稳定的自身同一的状态。

其二，"人的欲望就是他者的欲望"，这句话既是拉康欲望辩证法的第一法则②，也是列维纳斯欲望理论展现出的基本情势。就欲望所关涉的实在界的他人的欲望深渊而言，对拉康与列维纳斯来说，他人的他异性既是溢出于我之认知与权能性把握的外在性，同时又植根于自我的最深处，乃至于成为主体性之成其自身的原初构成性要素，"既陌异于我，然而又在我的最深处"③。套用西蒙·克里奇利的说法，原质或他人之他异性于我的内在性而言是那种最内在的，乃至于外在于我。④

其三，欲望的基本情态并非如需要之满足中的愉悦、幸福，而是一种持续的受苦（pathos）。对于拉康来说，受苦既源自欲望之满足的不可能性，源自存在之缺失只能以替代性满足的方式去填补，客体小 a 只能在一系列都不足够的能指的滑移之中被指向，也源自他人谜一般的欲望深渊——正如俄狄浦斯阶段所展现的那样，他人究竟想要什么，究竟想要从我这里得到什么，会引发主体挥之不去的深层焦虑。对于列维纳斯来说，受苦源自不得不回应他人的伦理重负，源自回应运动的无有终止，更源自他人面容的柔弱无助所引发的愧疚与不安。

尽管拉康与列维纳斯的欲望理论之间存在上述形式结构上的相似性，但二者依然有着重大的分野。对于拉康来说，本体论层面的原初缺乏构成了欲望的动力学源泉。正如拉康所说，欲望是存在与缺乏的关

---

① Jacques Lacan, *The Ethics of Psychoanalysis 1959 – 1960*, trans. Dennis Porter, New York, London: W. W. Norton & Company, p. 185.
② 吴琼:《雅克·拉康：阅读你的症状》，中国人民大学出版社 2011 年版，第 591 页。
③ Jacques Lacan, *The Ethics of Psychoanalysis 1959 – 1960*, trans. Dennis Porter, New York, London: W. W. Norton & Company, p. 71.
④ Simon Critchley, *Infinitely Demanding: Ethics of commitment, politics of resistance*, London: Verso, p. 65.

系。与原初缺乏相对应,逻辑上必然要假定一种可能从未实存过的原初整全状态或"太一"的状态。在心理分析学中,这一原初整全状态往往通过婴儿在出生之前与母亲合而为一的原初完满状态来说明。欲望由此是对原初丧失之物的永恒追求,是对一种不可能获得的满足的永恒追求。但对于列维纳斯来说,形而上学的欲望恰恰是无所缺乏者的欲望,不寻求满足的欲望。欲望并非源自在的缺乏,而是源自绝对他异者的触发。被唤醒的欲望既不追求融合与同一而抹消与他者的间隔与差异,也不坚执于自身的固有存在而封闭在自身的同一性中,而是在他人面容的呼唤—凝视的牵引下持续地回应与承担。

进而,在拉康与列维纳斯的欲望发生学这一基本差异之下,我们不妨从拉康心理分析的视角去反思列维纳斯式的欲望理论所可能存在的问题,由于缺失对想象界与符号界在欲望的逻辑中所起的作用。

首先,列维纳斯忽视了与他人的欲望关联中可能存在着的巨大创伤性。列维纳斯固然也指认出与他人关联中所固有的创伤性,但这种创伤性乃是源自他人无尽的呼唤引起的无尽回应的重负,源自他人面容的柔弱吁求所引发的不安,而非他异性的欲望深渊中所涌现的无缘由的侵凌性。正如弗洛伊德在对"爱你的邻人"这一道德诫命的反思中所质问的那样,如果他人向我所发出的并非面容之呼唤的柔弱,并非"陌生人的关切和克制",而是"无所顾忌地嘲笑我、侮辱我、诽谤我"[①],那么又会如何呢?在刘慈欣的科幻小说《三体》中,三体文明向地球派出的探测器状如水滴。地球人被其柔和光洁、液态般的外表所迷惑,将之形容为"圣母的眼泪",将其视作和平的使者。但实际上,"水滴"的强度远远超出太阳系中最紧固的物质。当"水滴"抵达地球时,它没有向地球人传递任何信号、作出任何声明,只是机械般地以超高速规律性地撞击着人类派出去迎接它的太空舰队,不到一个时辰便摧毁了两千余艘战

[①] 弗洛伊德:《一种幻想的未来 文明及其不满》,严志军、张沫译,上海人民出版社2007年版,第97页。

舰。小说中的人物之一在面对如此超乎想象的惨烈景象时领悟到，三体文明攻击地球实际上无须给地球人任何解释，对三体人来说，"毁灭你，与你有何相干？"这正是他异性的欲望深渊中涌现出的"无缘由的侵凌性"的一个生动例证。如果邻人是一个如此这般彻底摧毁我的生活的入侵者，那么又如何呢？尽管列维纳斯式的绝对他者具有不可测度、不可把握、不可认识的深渊性特征，但他将这一他异性的无限深渊绅士化、柔和化了，从而选择性地遗忘了他者的怪物性之维。正因为这一点，拉康派心理分析学者齐泽克在列维纳斯式伦理中发现了"对邻人的道德驯化"（the ethical *domestication* of the neighbor）①，一种恋物式的对他性深渊中的侵凌性内核的否认。

其次，列维纳斯低估了想象界在对欲望的塑形中所起的支配性作用。当对他人的形而上学的欲望升华为对他人的伦理性的爱时，我们很可能并未真正向他人敞开，而总是有可能将他人纳入自我的自恋式想象中，总是在自我的想象与想象的自我中去建立与他人的关联，将他人编织进我的梦。正如拉康所说，"我所遭遇的凝视，并非那种被看到的凝视，而是在他人之域中被我所想象的凝视。"② 由此，对他人的爱实际上便有可能隶属于自我在对他人的想象性认同中获得的自恋性满足。如此想象性的爱对于他人而言，实际上是创伤性的。正如齐泽克所说，"被爱令我直接感受到作为一个有限存在的我和在我身上引发了爱的那个深不可测的 X 之间的缺口"③。

最终，列维纳斯也低估了符号界在对欲望的塑形中所起的支配性作用。形而上学的欲望中所内蕴的"不安"，正是弗洛伊德所谓"罪疚感"的对应物，"一种永久的内部不幸""一种罪疚感的紧张"④。那么问题

---

① Slavoj Zizek, *Less Than Nothing*, London: Verso, 2012, p. 829.
② Jacques Lacan, *Les quatre concepts fondamentaux de la psychanalyse*, Paris: Éditions du Seuil, 1973, p. 98.
③ 齐泽克：《暴力：六个侧面的反思》，唐健、张嘉荣译，蓝江校，中国法制出版社2012年版，第50页。
④ 弗洛伊德：《文明及其缺憾》，杨韶刚译，中国法制出版社2007年版，第133页。

便在于，不安意识，或罪疚感，在列维纳斯式他人面容的呼唤—凝视的触发这一来源之外，还可能从何而来？在弗洛伊德看来，罪疚感有两个来源，首先来自对外部权威的恐惧，害怕受到惩罚，害怕失去他人的爱；其次来自对内部权威的恐惧，亦即来自对内在的超我或良心的恐惧。① 外部权威从外部限制我的行动，内部权威则从内部限制我的意图，因为超我以内在的方式时刻审查与约束着我的意图，仿佛我之中的另一个我。显然，在心理分析语境中，罪疚感主要由符号界而来。在超我的审查下，"每一种本能克制就成了良心的一种动力的根源；每一次对本能满足的新的克制都增强了它的严酷和偏执"②。齐泽克将这一结构表达为"超我悖论"："你越顺从超我命令，你就越有罪""你给予越多，所欠就越多"③。这一关系结构不正是列维纳斯式形而上学的欲望所具有的"愈是负责，责任愈重"的结构吗？与弗洛伊德这一表达相应，我们完全可以作出如下的改写："每一次对他人的回应都成了不安意识的动力根源；每一次对他人的新的回应都增强了不安意识，增强了罪疚感。"若是如此，形而上学的欲望不是很可能经过了符号界超我法则的中介吗，还会有列维纳斯所说的直面他人的伦理的真诚与直接性吗？

通过上述分析，可以发现，拉康与列维纳斯作为思想的同时代人，他们对欲望的运作机制与运作逻辑皆有着深度揭示，从而重构了主体性。在拉康看来，长久以来关于主体的一般构想是将主体"变成是与可智识之物相关联的理智的一种纯粹功能，比如古代的努斯"④。真正的主体恰恰是能够在理智的节制和清明中控制无度的欲望和激情的主体，是自足自主自律的、能够自身理解并因而变得透明的主体。然而，通过对欲望的逻辑的揭示，列维纳斯与拉康皆以各自的方式颠覆了笛卡尔意义

---

① 弗洛伊德：《文明及其缺憾》，杨韶刚译，中国法制出版社2007年版，第132—133页。
② 弗洛伊德：《文明及其缺憾》，杨韶刚译，中国法制出版社2007年版，第133—134页。
③ 齐泽克：《易碎的绝对》，蒋桂琴等译，江苏人民出版社2004年版，第21页。
④ 拉康：《父亲的姓名》，黄作译，商务印书馆2017年版，第62页。

上自足、透明的先验主体。在拉康看来，这样一种主体不过是神话式的想象与执迷，因为，主体借以生成自身和理解自身的力量根本不在于主体自身，而在于在三界（想象界、符号界、实在界）的拓扑学式运作构型之中。在列维纳斯看来，借由形而上学的欲望，主体性的存在深深植根并悬临于他人之他异性的深渊之上。通过对列维纳斯与拉康的比较研究，既可以帮助我们厘清"欲望"概念在"二战"后法国哲学中的全新构境，也可以展现出现象学运动与心理分析运动之间潜在的思想对话与争执的可能性。

德里达解构理论中的弗洛伊德酵素

陶佳意[*]

"书写"在德里达（Jacques Derrida）那里何以成为一个概念？在传统观点看来，书写仅仅是逻各斯展示自身的一种不充分手段，因为它从一开始就把外部的东西引入了要说的东西之中，以一种非当下的方式呈现出来。德里达却从中看出了反抗传统逻各斯中心主义的一种可能性。他看到，西方形而上学设置了一个针对书写/语音的等级秩序，在诸二元对立的两个对立项中，总有一项比另外一项更为优越，基础的优于派生的、内部的优于外部的，它们两者实际上是由一个"中心"和如附属项般像卫星那样围绕着它的外围组成的。也就是说，尽管书写和语音都从文本"作者"的观念出发，将观念进行某种程度的再现，但它们并不享有同等地位，书写沦为了语音的附属品。德里达反对这一点正如他反对西方传统形而上学中的逻各斯中心主义，并且他所论及的文字和语音之间的错综关系也被他看作是形而上学的一种颠覆。

德里达对传统形而上学的颠覆牵涉他的准先验维度以及一系列准概念，从根本上来说，无论是弗洛伊德早期的框架理论还是超心理学时期的成熟理论，他对无意识表象的表达与理解以及与之关联的"痕迹""拓路""转译"等概念与德里达的准概念系统的形成有着千丝万缕的联系。德里达在《抵抗》中就把自己和弗洛伊德思想的关系比喻成"由一

---

[*] 陶佳意，法国斯特拉斯堡大学哲学系博士候选人。

根'脐带'(l'omphalos)相连的"[①] 两端,这似乎意味着,我们可以期待有某种解构主义的,即属于德里达的东西已经从弗洛伊德那里"生出"了。

一

总地来说,弗洛伊德对无意识表象的看法对德里达关于书写和文字的看法有决定性影响。这是因为,在弗洛伊德思想中,无意识系统中的痕迹始终对意识起着至关重要的作用,它在某些方面对意识的影响过于强烈,以至于外部世界对意识的影响竟然在弗洛伊德那里成了一个问题。而在拉普朗虚(Laplanche)与彭塔利斯(Pontalis)看来,弗洛伊德的无意识表象和投注形成的意识表象的关系本身也是一个问题,因为在某些时刻,在弗洛伊德那里它们是几乎无法分辨的。那么在弗洛伊德看来,无意识系统中的痕迹究竟是什么?它又是如何过渡到意识系统中呢?这涉及弗洛伊德的一组概念。

尽管"转译"概念正式出场是在《释梦》中,不过在《科学心理学计划》之中,弗洛伊德就已经开始或多或少地论及它。根据这篇手稿,一种普遍的心理过程遵循着一种基本规则:外部能量 Q 能够突入神经元 φ 系统;而心理系统之内的能量 $Q\eta$ 也能够在神经元之间的 ψ 系统间流动。其中 φ 系统代表着对刺激的直接的接收,而 ψ 系统则负责保存它留下来的痕迹。除此之外,心理机制的能量还遵循着名为"初级进程"的规则,它意味着神经元中的能量倾向于达到并且维持短暂的平衡。"拓路"(Bahnung)是指能量在神经元上留下的痕迹,形成一道道通路,也就是后来的能量在向其他神经元扩展的过程中会遭遇到的一种接触—阻碍(contact-barriers)。在解释这一点之后,可以发现,$Q\eta$ 通过

[①] 沈志中:《"编织者之另一秘密"——德希达与精神分析》,载《哲学与文化》,2006年第33卷第5期。

这些道路进入数个神经元，而后甚至可以经过精力灌注进入意识，而呈现在意识之中的绝非任何一种 Q 本身。在如此繁复的过程之后，出现在 W 之中的东西就总已经是 ψ 或者 φ 系统变形的产物。如此，要从 Q 变成意识，至少已经有两种变形，只有在此《计划》的意义上，才能理解《释梦》中的这句话："梦跟随着已拓之路"。

在《释梦》中，弗洛伊德谈论伴随着这种"跟随"的后遗性（Nachtraeglichkeit）。"凝缩"和"移置"被用来说明梦是如何回归意识的。不过在这个回归过程中，梦的核心总已经是缺席的，也就是说，它是一种对欲望的延迟满足："它是把精神强度从一些重要却被禁止的事情上转移到无足轻重的事情上"，屠夫妻子的例子很好地说明了这一点，她与丈夫的认同是通过与她嫉妒的女性朋友的认同来曲折地完成的①。因此，对于已经通过投注出现在意识中的表象来说，它已然不再是它自身。其次，心理系统中"书写"的运作模式是一种重复（répétition），"弗洛伊德的压抑并非一种忘却和排斥"②，而是日后重复的陌生的来源。如果说弗洛伊德的"转译"提醒我们意识的非本原性，那么"重复"又在重新提醒着我们，意识的产生终究不是一个无根的"游戏"。神经症与创伤的关系在弗洛伊德那里得到了广泛的讨论。在弗洛伊德看来，症状是患者的心理系统所**自发**产生的，它们是以一种异乎寻常的方式被"重新生产"出来的。这一点非常重要，因为弗洛伊德认识到了，症状与创伤事件本身之间实际上没有一一对应的关系，因此传统的图解式心理学在两个系统之间尝试的翻译是不可能的。

因此，古时候的"占梦术"（oneirocritie）在弗洛伊德看来就是不可能成立的，因为它寻求意识和无意识之间的一一对应关系。在意识层面被揭示出来的从来就不是当初真的写进去的东西，如同日后在"狼人"个案中，"原初场景"会且仅仅会以一种延迟的方式被重新把握到。

---

① M. Borch-Jacobsen, *Le Sujet Freudien*, Paris: Flammarion, 1982, p. 16.
② 德里达：《书写与差异》，张宁译，生活·读书·新知三联书店 2001 年版，第 378 页。

除了时间化的维度之外,心理机制还有特殊的保存的功能。由 Q 打开的道路作为过往经历的载体,保存的并不是一成不变的东西。差异一定也一同被保存起来了,因为即使是假设一个与 Q 一模一样的能量也能对已拓的通路再次进行突破,维持整个系统平衡的"第一进程"会将 Q 宣泄到其他神经元中:人的学习能力的可能性正是来源于此。在《书写板》中,弗洛伊德将一种外在化引入记忆系统。它们作为印记,在被"重新产生"的意义上起作用,对意识起着补充作用,也就是后来被称为的"次级记忆",弗洛伊德举了一个备忘录的例子来说明这一点。从这一点出发,心理系统被他看成是一种儿童玩具,它的表面是一层可以重复书写的薄膜,而在这个表面之下是一个表面涂蜡的会留下永久印记的书写材料。这个记忆装置妥善解决了弗洛伊德早期的理论疑难,因为如果 Q 无限制地保存在记忆系统中,那么痕迹将会填满整个记忆系统,一种书写的有限性将威胁着记忆。

在这个意义上,例如笔记、书本乃至整个文化和技术世界都被他看作记忆系统的一部分。这样,一种"记录"(Niederschrift)也出现在弗洛伊德的理论中。对于"记录"而言,一方面,意义已经延迟了;另一方面,它并非是无根的。而在《书写板》中,弗洛伊德把原本分离的意识和记录合二为一了,在这个"装置"中,这样一种记录,"既是一种无底的深度、一种无限的反射,又是一种完全浅层的外在性"①。这种记录意味着,无法被整合入意识系统的东西,就通过神经元中的"拓路"记录下来。然而如果不是一种投注作用,这种记录就仅仅是没有意义的碎片。这种保存是一种外在化,但它并非一种与内截然对立的外,弗洛伊德把它看成一种"自发的系统"②,"真正现实的存在"③,"弗洛伊德

---

① 德里达:《书写与差异》,张宁译,生活·读书·新知三联书店 2001 年版,第 402 页。
② 德里达:《书写与差异》,张宁译,生活·读书·新知三联书店 2001 年版,第 408 页。
③ 马迎辉:《压抑、替代与发生——在胡塞尔与弗洛伊德之间重写无意识》,载《求是学刊》,2017 年第 2 期。

在这里的意思并非是记忆的缺席或者记忆的有限性"①。一方面，对于个体来说，无意识存在于个体过去记忆之中的记忆痕迹在被投注的状况下以不同的方式回到了意识生活之中；而另一方面，弗洛伊德更激进地提出了一个疑问："在现存的各民族的生活中，那种起作用的传说以什么形式出现？"② 这是因为经历了一种空间化，一个外在的"记忆系统"（mnesis），即一种"次级记忆"（hypomnésis）被建立起来，"是与大脑其他部分没有任何联系的一种外体（foreign body）"③。

因此，弗洛伊德不再不作区分地谈论记忆，而是根据一条由柏拉图而来的线索将"潜在记忆"和"记忆"这两个概念进行了区分："唯有心理印迹有能力自我生产并自我再现，而且是自发地"。弗洛伊德在这篇文章中不再将神经元看成唯一保存记忆的东西，"潜在记忆"在柏拉图那里本意是指，为了对抗遗忘，人们将信息记录在纸上，这样记录的纸就作为"记忆的'固定'"④ 成为记忆的一部分。对于这样的"固定"而言，时间的流逝被固化了下来："弗洛伊德像柏拉图一样将次级记忆书写与本身由印迹、由对外在于时间的某种当下真理之经验性回忆编织而成的心灵内书写（en tei psychei）相对立"⑤。也正是因为这样，伴随着时间的空间化作用，异质性（hétérogénéité）由于空间化的作用变得扁平（flat）了，从而被保存在载体之中。

这样看来，再当下化就不再是这种心理系统书写的唯一特征，不仅仅是弗洛伊德，《几何学的起源》的作者胡塞尔就将文字看成了认识的源泉，人类这一种"记忆"既非外也非内，既非真实也非虚构，也永远不会呈现为一个在场的表征。而对于与记忆相对的"自我"（ego）的感

---

① 德里达：《书写与差异》，张宁译，生活·读书·新知三联书店2001年版，第400页。译文有改动。
② 弗洛伊德：《摩西与一神教》，李展开译，生活·读书·新知三联书店1988年版，第83页。
③ 弗洛伊德：《摩西与一神教》，李展开译，生活·读书·新知三联书店1988年版，第85页。
④ 德里达：《书写与差异》，张宁译，生活·读书·新知三联书店2001年版，第400页。
⑤ 德里达：《书写与差异》，张宁译，生活·读书·新知三联书店2001年版，第409页。

知层面来说,它也并非仅仅具有中性含义,相反本身就是一种压抑(refoulement)。这种压抑就是那种通过投注迂回回到意识之中的东西。弗洛伊德所没有发现的整个技术一种非"'自然'的、历史的生产才是可能的,而这种增补性装置是为了替补心灵组织的有限性而附加其上的"①,晚期德里达正是在这个意义上把人类的技术本身看成了空间化的产物,通过激活重新回到当下意识活动的这一行为,痕迹得以为当下的意识活动奠基,同时系统内也保存了更多痕迹,这个过程是无穷的。

二

作为解构主义者,正如他在许多场合表现的那样,德里达的理论依赖于对其他作者的解释。"延宕"(temporisation)和"间距化"(espacement)一起被认为是作为解构思想核心概念书写系统的"延异"的组成部分,再加上"充替"(supplément)概念,它们一起构成了解构的三个要素②,这三者通常被看成是脱胎于现象学,然而,在德里达对弗洛伊德的解读中,这三个概念在早期他对弗洛伊德的解读中是一同出现的。这也是为什么在德里达那里,弗洛伊德占据着重要地位。在德里达谈论后者的"转译""重复""保存"时,"延宕"概念得到了系统阐释。在弗洛伊德思想中,意义是在后遗(延迟)状态下被赋予过往事件的,这是说,过去生命中的一些无意义的痕迹在日后才得以被赋予含义③。如果对弗洛伊德的"后遗性"概念进行区分,可以得到如下结果:首先是一个对痕迹的"保存"层次;而后是一个重新被赋予含义的层次,这种

---

① 德里达:《书写与差异》,张宁译,生活·读书·新知三联书店2001年版,第410页。
② 方向红:《幽灵之舞》,江苏人民出版社2010年版。
③ 拉普朗虚、彭塔利斯:《精神分析词汇》,沈志中、王文基译,行人出版社2000年版,词条"后遗性"。

差别被弗洛伊德笼统地概括成是由"人类身上性的发展含有的差距"①所促成的。弗洛伊德所谈论的记忆系统不包含任何当下在场的东西,而是**书写痕迹**。在后期文本中,例如《书写板》中弗洛伊德就将其理解成一套辅助的技术,一种用来提高记忆能力的技术,"将记忆沉淀进去并且在需要的时候提取出来"②,弗洛伊德的理论在这个意义上就不再是当下在场的心理学,也不是一一对应的将无意识翻译成意识的词典。它们分别涉及德里达"延宕"概念的时间化和空间化,"转译""记录"分别在弗洛伊德方面描画了这两个维度。

在德里达看来,弗洛伊德在谈论心理书写的过程中,一直关注着一种以非同寻常的方式回到意识的心理痕迹。按照之前的说法,如果弗洛伊德在《释梦》中把重复的东西当成某种确定的、当下在场的东西,那么这就"抹掉了其与死亡相对照的活力"③。这种与死亡相对照的活力,在《超越快乐原则》中被描述为作为快乐原则替补的现实原则。这样,弗洛伊德将一种延迟和替补当作了心理机制的法则。从《计划》以来,弗洛伊德就表达了此种倾向,当一定量的 Q 进入心理机制之后在神经元上留下痕迹,这些痕迹在延迟中以一种异乎寻常的方式被"重新生产"(reproduit)出来,而并非是以一种当下在场的方式。即便如此,被把握到的也不是原初场景本身,而总已经是一种它的替补。因此"释梦"并非要去建立一种当下在场的解释模式,而是对"梦"本身的触摸,一种准确无疑的符码系统恰恰是不存在的。另外,心理痕迹被记录时所包含的间距也被弗洛伊德所探讨。而《书写板》中所谈论的这种外在间距的不可取消是《论文字学》的主题,也就是"作为文字的间隔是主体退席的过程,是主体成为无意识的过程"④。弗洛伊德认为某种不能被语音化

---

① 拉普朗虚、彭塔利斯:《精神分析词汇》,沈志中、王文基译,行人出版社 2000 年版,第 38 页。
② Freud, "*A Note Upon the 'Mystic Writing-Pad.'*", trans. J. Strachey, London: The Hogarth Press, 1967, p. 207.
③ 德里达:《书写与差异》,张宁译,生活·读书·新知三联书店 2001 年版,第 390 页。
④ 德里达:《论文字学》,汪堂家译,上海译文出版社 1999 年版,第 97 页。

的东西，就是德里达称为"版画"（estampe）的那种破解出来的不断重复着的东西，所以，他要去关注"关系、差距、运作和差异"① 所构成的隐秘的书写系统。

这也是为什么在德里达眼中，弗洛伊德的潜意识不仅仅是一种"书写"，就仿佛它会如其所是那样在意识中通过语音来完满地表明自身，而是更进一步踏入了原文字的领域（archi-écriture）。可以说，弗洛伊德对心理书写的分析提前将德里达对书写概念的看法进行了论述。

在德里达看来，第一，书写不是同一的。这种非同一性也被德里达认为是"différer"和他分析过的希腊语"diapherein"具有的一个相同含义，它被看作一种"间距化"。结构主义早已涉及了这一点，因为，后者已经把无动力的"差异"（différence）放在了重要位置。同时，卡勒（J. Culler）在《论解构》② 中把德里达和尼采相提并论，因为他们两人都认为传统哲学错误地把因果倒置，没有看到"书写"的非同一性实际上是置于发生的底部的。德里达做出的"书写是毒药"这一判断正是要说明，哪怕在柏拉图那里，书写已经表现为面对着"绝境"展开自身，它的差异对在场形而上学的颠覆是决定性的。"柏拉图主义形而上学的解构已经在柏拉图的著作中体现出来了"③，如果考虑到一种互文，这一表述的含义又将得到加强。

第二，"书写"不会是一种当下的满足和呈现，它始终伴随着一种异于"diapherein"的"différer"的含义，也就是"延迟"。一个主词在形成之前，具有一个对自身极为陌生的"前史"。这一过程被德里达称为"延宕"（temporisation）。符号通常被说成是对事物（chose）本身的替代，而替代、保存、重复等一系列活动早就开始在这个替代结构内部

---

① 德里达：《书写与差异》，张宁译，生活·读书·新知三联书店2001年版，第379页。
② J. Culler, *On Deconstruction*, New York: Cornell University Press, 1982, p. 86.
③ 高桥哲哉：《德里达：解构》，王欣译，卞崇道校，河北教育出版社2001年版，第43页。

进行活动了。在结构主义那里，一个差异结构具有一个"确定点"①，每一个案都是对此"结构"的当下呈现。这种当下的呈现的不可能性被德里达揭示出来，因为在原初的意义被给予之前，这个意义本身就已经被卷入延迟与间距化，也就是延异之中，正如德里达所示，弗洛伊德对梦和神经症的讨论已经事先介入这一点。

在这个前提之下，书写的时间具有多重维度。这显然并不是要说一个"当下"不存在，而是说，一个弗洛伊德式的"现在 X"（Now X），在此新型"当下"中，延迟已经事先参与对"现在"的构造。被写下的东西"不仅是一种传统，而且还是一种革命"②。书写在德里达看来是一种归档，它在记录的同时已经在变异、播撒，并且这个过程是永远没有终点的。正因如此，德里达才会强调，需要被解构的既不是一种结构，更"不是一种分析，因为一个结构的拆散不是朝单一要素、朝不可分解的起源的复归"③。

第三，一种与前两者相关的书写的"重复性"（itérabilité）成为解释德里达思路的关键，它意味着一种非重复状态的在场的呈现是不可能的。在场的东西总是在重复中才得以被接近，这对于一种本源性来说就像是一个苍白的承诺。即使结构主义将差异放在了中心位置，它却把符号和其含义的关系看成是自然的，这是德里达所要反对的。在德里达看来，这种关系对于书写来说不仅不是自然并且当下的，甚至在某种意义上如同布朗肖站在解构主义立场上讲的那样，"无知还构成了世界本质的一部分"④，一种真实性（réalité）在书写中是不在场的，一种重复将它替换了。用德里达自己的话来说，"这种异质性的生产才使得自身最

---

① V. Descombes, *le Même et l'Autre*, Paris: Les Editions de Minuit, 1979, 第三章《结构主义》。

② J. Derrida, *Archive Fever*, trans. E. Prenowitz, Chicago: University of Chicago Press, 1996, p. 1.

③ 德里达：《致日本友人的信》，见杜小真等译：《德里达中国讲演录》，中央编译出版社 2003 年版，第 232 页。

④ 布朗肖：《小说的语言》，见《火的作品》（la Part du Feu），载《法兰西思想评论》2017 年秋季号。

终成为一个占有者展现出来"①，它需要不断地重复自身才能展现出来。就像《论文字学》中所讲的那样，如果书写"源于原始的复制"，那么一种重复（répétition）在这里被看了出来。

而担心间距会造成书写的堕落是没必要的，相反，一种崇高性时常显现于书写中，（文字）即便身为"符号的符号"，"但它也是最好的文字，是精神的文字：它消失在言语出现之前，它在自身中尊重语言能指的理想内在性，它借以使空间和视觉得以升华的一切——所有这些使它成了历史的文字，即成了在其话语和文化中自我关联的无限精神的文字"②。柏拉图将文字称为"药"，既是毒药，也是良药。在大卫（Jacques-Louis David）的画作《苏格拉底之死》中，苏格拉底手持毒酒，手指向天③：毒药成为帮助他灵魂飞升的东西，这样它刚好是原有秩序的一种倒置。它还揭示出，在场—非在场、内部—外部、部分—整体、书写—语音等对立项中显现出来的主要—从属关系从来就不是绝对的。总的来说，德里达拒绝在二元对立之间进行一种非此即彼的选择，因为这就像是去强迫弗洛伊德在梦与意识之间进行选择一样无意义。

这就是书写帮助德里达试图建立起的一套"准概念"系统，在这个系统中，"踪迹"等一系列既在场又不在场的"准概念"以及它们之间的关系被建立起来。在《延异》④中，德里达谈论了解构主义，"延异"（différance）本身就是一个形似动词的名词，这样一来它就变得既有"差异"（différence）的含义，又有了"差异化"（différer）的意义；它同时包含"名词的动词化"和"动词的名词化"；同时包含"空间化"和"时间化"，既是原本，也是摹写、充替。德里达的"准概念"系统被他比作一座档案馆，潜藏在德里达"核心思想"下的书写的无限性，

---

① 德里达：《延异》，汪民安译，载《外国文学》，2000年第1期。
② 德里达：《论文字学》，汪堂家译，上海译文出版社1999年版，第33页。
③ 高桥哲哉：《德里达：解构》，王欣译，卞崇道校，河北教育出版社2001年版。
④ 该讲座讲稿收于《哲学的边缘》的《延异》（la Différance）一文。

赋予了每一瞬间①以自我解构的因素：某一作品的完成，就仅仅是等待着下一次的书写。这样我们也可以看出"解构"并非仅仅是推翻一切的暴力活动；而是说，书写的东西，向来已经处在差异延迟之中，"同时使在场分裂、延迟又同时使之置于分裂和原初延迟之下的移异过程"②。就这个问题而言，在德里达不断向前推进的道路上，弗洛伊德始终被他视为重要的思想资源：在《弗洛伊德与书写场景》的开篇，他明确指出，自己对弗洛伊德思想的阅读和探讨是想要去开启"一场由《论文字学》所提前打开的讨论"③。从这篇文章中我们可以看出，德里达关于前述解构主义的基本想法，如果不是直接来源于弗洛伊德，那也同这位精神分析之父的思想有着紧密连接。确切地说，德里达这样一种反同一的倾向、对一种非此即彼选项的拒斥引起了我们的注意，德里达正是在反对逻各斯中心主义的同时建立起一整套"准概念"④（quasi-concept）："'痕迹'（trace）、'延异'（différance）等均与他对弗洛伊德'后遗性'概念的阅读不可分"⑤，弗洛伊德的思想对于德里达来说开辟了一条通向解构主义的坦途，而德里达也用某种方式继续着这条道路。

三

"从来没有一位弗洛伊德的读者像德里达一般，不仅阅读弗洛伊德的文本，甚至去发现、触摸弗洛伊德文本的身体、去抚摸文本的脐：

---

① J. Derrida, *Archive Fever*, trans. E. Prenowitz, Chicago: University of Chicago Press, 1996.
② J. Derrida, *Marge de la Philosophie*, Les Éditions de Minuit, 1972, p. 31.
③ J. Derrida, *L'écriture et la différence*, Ed. du Seuil, 1967, p. 293
④ 这个术语的台译为"几近概念"，沈志中：《"编织者之另一秘密"——德希达与精神分析》，载《哲学与文化》，2006年第33卷第5期。在此统一为方向红在《幽灵之舞》中的译法"准概念"。
⑤ 沈志中：《"编织者之另一秘密"——德希达与精神分析》，载《哲学与文化》，2006年第33卷第5期。

（弗洛伊德文本）注释中诡异的标点符号"①。透过对弗洛伊德的解读，将时间化和空间化的线索展示出来，以"书写"为题的准概念系统与弗洛伊德的关系已经被揭示出来。

不仅如此，德里达的解构方法也深受弗洛伊德影响，它被称为"复数绝境逻辑"②。面向绝境（apories）展开的逻辑并非一种非此即彼的逻辑，它不会强迫人们去在一个二元关系之中进行唯一的选择，在德里达看来，在场／缺席、内部／外部是缺一不可的构成主词的一种东西。也就是说，任何一个东西只要可以作为主词，在德里达看来就总已经处于差异运动中。在这个层面上，延异就是在意义的产生的意义上的对立项相互的过渡；在德里达那里，非经济的时刻正是差异对我们显现出来的时刻；而与此相对，经济时刻正是指，差异存在，但是将它自身隐藏起来的那种情况。

书写系统的"他物"和"延搁"就是通过德里达对弗洛伊德的解读能够让我们明晰的东西。分开来看，"他物"（Autre）总已经是一种所谓非经济（aneconomic）的时刻，在其中我们总可以看到一种差异；而"延宕"则恰恰相反，它是处于一种"经济"的时刻，差异被时间化延搁，这就产生了主词。这正是德里达思想颇具确定性的一面。在弗洛伊德那里，每一当下（当下 X）都包含着"保存"和"生成"两个维度。保存的痕迹并非当下在场的东西，在投注之前仅仅是一种无意义的碎片；而"生成"则更非原样的一种回复，仅仅是一种替补和延迟。它不再是一种线性时间观的产物，因为保存在记忆之中的痕迹最终会以异乎寻常的方式重新回到意识——线性时间之中，这正是时间化运动。德里达是在打破传统时间观中的"相继性的同时，根据'后遗性'来重建

---

① 沈志中：《"编织者之另一秘密"——德希达与精神分析》，载《哲学与文化》，2006年第33卷第5期。

② 这个貌似奇怪的名词在赫斯特那里是"Plural Logic of Aporias"，它是赫斯特从《绝境》（Apories）中的三篇文章中提取出来的，关于这个德里达研究的新成果，国内论著还很少。

线性时间观"①，这一"后遗性"正是源于弗洛伊德的贡献。也就是说，它并非是一种简单的对传统的颠覆，而是在传统一维时间观的基础上又增加了两个维度，这两个维度正是空间化与时间化。

正如弗洛伊德通过"狼人"个案对某种"原初场景"的揭示，"表明了一种类似'古埃及宗教'那般，以一种不可思议的方式保留着发展的前一阶段"② 在时间上的突入。需要再一次强调的是，父母交媾的原初场景是不会因为投注进入意识的，真正原初场景中的那种活生生的体验已经被丢失。这一种承继性称为"扁平时间性"（flat temporality），对原初场景的召回是一种《超越快乐原则》中提到的"Fort/Da"。每一当下都同时是保留和延展③，而非是仅仅在单一向度上对前一当下的替代，而是说，它在"旁边"。它被称为二维的时间，只是这个"发展的模型"要求每一当下的倾向也同时是延后和展望的，如果不考虑它也是在延展着的话。实际上，它可以"远距离地起作用"（operate remotely），这正如同狼人个案中来访者对父母交媾的原初场景的"看"并没有以一种当下在场的方式被给予。在日后，这件事的重要"意义"才对他显现出来。德里达正是在这个意义上谈论书写的"邮寄"。这种邮寄在德里达这里显示为对弗洛伊德思想的极端化。

这种极端化意味着德里达并没有把弗洛伊德所建立起来的整个系统当成解构的起点，用他自己的话来说，解构并非是对两千多年来的西方哲学传统进行精神分析。在他看来，一个体系化的思想、一种"超—心理学"（métapsychologie）"是不会经受得住长久的考验的"④，因此他并不关心弗洛伊德思想中的拓扑结构，而是关心隐隐运作于弗洛伊德文本

---

① I. Willis. "Now X", Mosaic: An Interdisciplinary Critical Journal, Vol. 44, No. 3, a special issue: Freudafter Derrida, Part I, 2011, pp. 177 – 187.

② I. Willis. "Now X", Mosaic: An Interdisciplinary Critical Journal, Vol. 44, No. 3, a special issue: Freudafter Derrida, Part I, 2011, pp. 177 – 187.

③ "延展"仅仅是 spread out 这个英文短语的翻译，它实际上表明着被保存着的东西对当下的突入，它可以被看作是"记录"的一种时间化的延展。

④ P. Cabestan, "Spectres de Freud: Derrida et la psychanalyse", Revue de Métaphysique et de Morale, No. 1, Derrida, 2007, pp. 61 – 71.

中的解构力量，书写自身的差异在弗洛伊德设置的心理系统的体系中也得以涌现出来。所以德里达声称他要对弗洛伊德文本进行"一种有选择的、渗透性的、有区别的阅读"①，德里达将要做的正是顺着这条"主线"去对弗洛伊德的思想本身进行某种超越，"一种（超越）《超越快乐原则》的非—正题性走向前来"②。

弗洛伊德本人对自己开辟出来的准概念系统的意义并没有深入的认识。在《释梦》中就对他的分析方法不能把一个确凿无疑的当下的原初场景揭示出来表示遗憾，毕竟在他看来，释梦的理论应当以将原初场景准确翻译出来为目标。因此，德里达阐释的弗洛伊德就总是与弗洛伊德的"原意"有着断裂。德里达正是在这个意义上用弗洛伊德自己的文本书写去对它本身进行分析，它可以表明德里达对精神分析的一种期待/脐带③。德里达在用弗洛伊德自己的理论为弗洛伊德自己的文本进行"精神分析"。他在《书写场景》的开篇提到，解构主义并不是对欧洲的形而上学的历史进行精神分析，这正是因为弗洛伊德意义上的精神分析依然是以一个规范的理论结构为前提、理所当然地属于逻各斯中心主义传统。这一点一旦被推向极致，也会面临一定的困局。

具体来说，在《超越快乐原则》中弗洛伊德所谈论的"Fort/Da""在弗洛伊德的文本中是以一种增强（a fortiori）的方式呈现出来的"④。这是因为，"Fort/Da"本来就是指对一种过去场景的召回（recall），而这种"召回"在德里达的《抵抗》中也被认为是弗洛伊德的文本对自己的思想以延迟的方式赋予的一个意义。如何解释？首先，通过弗洛伊德在文本中的表现，德里达把《超越快乐原则》的"超越"（au-delà）二

---

① J. Derrida, *The Post Card*, trans. Alan Bass, Chicago & London: the University of Chicago Press, 1987, p.261.

② J. Derrida, *The Post Card*, trans. Alan Bass, Chicago & London: the University of Chicago Press, 1987, p.262.

③ 沈志中：《"编织者之另一秘密"——德希达与精神分析》，载《哲学与文化》，2006年第33卷第5期。

④ A. Loselle, "Freud/Derrida as Fort/Da and the Repetitive Eponym", MLN, Vol.97, No.5, *Comparative Literature*, 1982, pp.1180-1185.

字进行了改写，在"pas au-delà"（超越的步伐）这个短语中，"pas"具有两种意思，它既可以指"步伐"，又可以指"不"，也就是"不超越"① 的意思。一方面声称要"超越快乐原则"，另一方面又裹足不前。"德里达"指出弗洛伊德在即将跨出"超越"的步子之际，展现出一种犹疑，他不断地在原地打转，还回到自己的外孙小恩斯特的故事、谈论自己的家庭关系等……他甚至还回到了一个经典的原初场景的符号：床（lit）。对于弗洛伊德来说，文本通过空间化将一个无法被整合进入意识的原初场景作为痕迹，而在时间化作用中不断地重新回到意识之中，在这个分析中，"一种弗洛伊德式的极端化"② 被带到了分析之中。弗洛伊德的原文"快乐不能（cannot）被如它那般感知"，不同于"快乐不是（is not）如它那般被感知"③ 这个法文翻译，但在德里达看来，这一种"误译"，恰恰勾起了弗洛伊德"压抑"的内核，这是一个"谜"（paradox），因为无意识就是无法出现在意识之中的，说它"不能"被如它那般感知或许仅仅意味着它依然是可以被感知的，弗洛伊德依然在进行他本人的一种迂回，不愿意踏出最终的一步。

"Fort/Da"正是小恩斯特在这个场景下进行的活动，他把玩具扔到床下，然后再用线把它扯回来。在德里达看来，弗洛伊德在文本中正是从事着这样一个活动，他通过不断地召回过去场景，以达到一种对系统的精神分析理论的"抵抗"（résistance）。也正是在这个意义上，德里达认为"Fort/Da"正是在弗洛伊德本人的实践中得到了增强。这表明，一方面，弗洛伊德并没有能够去遵循他构筑的体系的逻各斯，在书写中，他并没能消除文本和思想间的差异，一种"潜在的声音"（undertone）总是在文本中忽隐忽现。另一方面，德里达并不是一个精神分析

---

① 在《明信片》的英译前言中，译者用"pas au-delà"这个德里达术语来说明翻译的不可能性，这是因为在英文中没有一个单词可以兼顾"不"与"步"的意思。
② J. Derrida, *The Post Card*, trans. Alan Bass, Chicago & London: the University of Chicago Press, 1987, p.290.
③ J. Derrida, *The Post Card*, trans. Alan Bass, Chicago & London: the University of Chicago Press, 1987, p.290.

的"信徒",并不存在精神分析家德里达,这也有助于我们进一步厘清德里达与精神分析之间的微妙关系。总的来说,德里达承认解构主义,尤其是一系列既在场又不在场的准概念正是来源于弗洛伊德的启发,但是他依然把弗洛伊德看作一个置身于逻各斯中心主义中的理论家,他没有看出马约尔(R. Major)所说的关于解构与精神分析的命题:若无精神分析则德里达的解构是不可想象的,而若无德里达精神分析将变得不可想象①。这是说,诸如转译、迂回、记录这样一系列原本仅仅被认为处于弗洛伊德体系之中的概念,只有在解构主义的介入之后才能得到其理所应当的理解,德里达所理解的精神分析,正是已经被他"推向极端"的精神分析。

通过我们的考察,已经可以看出,德里达对于弗洛伊德式"书写"的重视,并不是因为他想去忠实地继承弗洛伊德或者去为弗洛伊德思想在精神分析上进行某种程度的推进。而是说,他注意到了先于弗洛伊德思想本身的一种"原文字",它是由弗洛伊德思想中的"延迟""重复""记录"等具有弗洛伊德意义上"后遗性"(Nachträglichkeit)的"准—概念"(quasi-concept)所揭示出来的。依据这条线索,传统哲学所称的当下在场,在德里达这里不再是一个牢固的基础,德里达为它们赋予了一个前史,但是并没有攻讦一个主词本身的合理性。换句话说,对德里达身为一个相对主义者的批评是站不住脚的,这通过"延宕"的时间化和空间化来完成。正是凭借这一点,德里达构建起了一套基于书写的"准—概念"的体系,而这个体系永久地处于差异化运动之中,否则便陷入与弗洛伊德同样的困境里。

德里达思想长期以来被看作只具有一个现象学起源,正如他的最初的文本仅仅被看作《胡塞尔哲学中的"生成"问题》一样,德里达早在高师时代就对弗洛伊德进行研究,而这一项研究通过某种时间的运作、

---

① R. Major, "Desistantial Psychanalysis", 2000. 沈志中:《"编织者之另一秘密"——德希达与精神分析》,载《哲学与文化》,2006 年第 33 卷第 5 期。

通过延宕本身，才又重新回到人们的视野之中。事实上，在德里达那里，何为原初和最原初的东西，这一问题无论是在解构的思想中还是在德里达自身的学术生涯中，都并非一个有确定答案的问题。本文已经揭示出的仅仅是，对于德里达思想来说，一个弗洛伊德的起源也是存在的，而且透过这种起源，它还将不断地返回德里达的思想本身。德里达建立起来的一套"准—概念"的对抗逻各斯中心主义的书写系统正是有赖于弗洛伊德事先对他的心理系统中"书写"的描绘。本文正是将作为德里达的核心概念书写的"延宕"看作是由德里达吸收弗洛伊德精神分析得以完成。德里达对精神分析的认识同样建立起来了一种对精神分析本身的抵抗。

因此，弗洛伊德思想在两个方面给予了德里达以启发。一方面，他对"后遗性"以及整个"书写"系统的分析成为构成德里达书写"延异"中"时间化"向度的重要依据，而弗洛伊德的"记录"又为与前者相对的"空间化"过程提供了方向。另一方面，但这样是不够的，只要"后遗性"没有被弗洛伊德看作会针对它自己所处的文本提出质疑，那么它就是不彻底的。它需要经历一种德里达意义上的"极端化"，也就是要用精神分析去对弗洛伊德本身进行一种"文本的精神分析"。弗洛伊德意义上的心理系统的"书写"不仅直接地成为解构主义思想的一个组成部分，而且通过对两者关系的谈论可以更清晰地描画出德里达的"书写"概念的基本面貌。说到底，"书写"系统绝非一种和精神分析同一的体系，而是一种由德里达吸收弗洛伊德在诸多文本中对他的启发而得出来的对逻各斯中心主义进行迂回超越的准概念体系。

无意识：表象的现象性还是感受的现象性？
——米歇尔·亨利对弗洛伊德无意识理论的现象学分析

郭婵丽*

米歇尔·亨利（Michel Henry）是20世纪法国著名的现象学家。他所创立的生命现象学独树一帜，开创了现象学甚至哲学全新的生命向度。作为原初现象性（phénoménalité）的生命就是其思想的核心内容。现象性是典型的现象学论题，追问现象如何显现以及显现自身如何显现。但亨利在其现象学研究中创造性地将弗洛伊德（Sigmund Freud）的无意识理论纳入现象性问题的谱系学研究中，揭示出弗洛伊德的无意识概念所包含的生命现象性思想。为了彻底澄清弗洛伊德无意识理论所包含的双重现象性，亨利直接从"无意识"概念入手，揭示出"无意识"所包含的"无意识表象"和欲力①的双重含义，并以欲力为其本质；继而又通过对其欲力概念的分析，揭示出欲力所包含的"表象—代表"（representation-representative）和"感受"（affect）的双重含义，并凸显出感受作为欲力之本质；最后，结合对作为感受之本质的"焦虑"（anxiety）的分析，阐明精神分析中焦虑所揭示的是正是"我"在根本

---

* 郭婵丽：浙江大学国际教育学院讲师。
① 关于弗洛伊德所使用的Trieb一词的翻译问题争议颇多，如英文翻译成instinct、drive等；法文译为instinct、pulsion等；中文译为本能、冲动等，本文所采用的译名"欲力"来自沈志中老师和王文基老师的翻译。拉普朗虚、彭塔利斯：《精神分析词汇》，沈志中、王文译，行人出版社2000年版，第388—389页。

上不可能逃离的持续感受自身的感受性（affectivité），从而揭示无意识概念所包含的非表象的源初现象性。法国著名精神分析家鲁斯唐（Francois Roustang）认为"米歇尔·亨利使我们重新阅读弗洛伊德，以便凸显其发现的独特性，以及清理掉使其陷于困境的模棱两可性"①。一方面，亨利揭示出这一使得精神分析的无意识理论陷入困境的模棱两可性，根源于形而上学未能揭示出两种异质的现象性；另一方面，由于弗洛伊德无意识理论构成了生命现象性问题的研究谱系，关于其独特性的论证亦是对生命这一源初现象性的再一次确认。

一、生命现象性的谱系学

亨利的现象性思想是自 20 世纪后半叶以来的法国现象学彻底化运动的重要内容，他的现象性思想既革新了现象学显现问题的提问方式，也提供了一套彻底有别于以往学说的亨利方案。他将传统现象学所研究的"现象如何显现"问题彻底化为"显现自身如何显现"，追问的是显现得以可能的根本条件。因此，自其现象性研究之后，现象学所要追问的不再只是现象如何显现的问题，更要探求显现自身如何显现的问题；而对于"如何显现"这一基本问题的回答，除了以往的意识、此在、他者等维度，又增加了生命的维度。生命是持续地在自身之中通过自身感受自身、显现自身的感受性（affectivité），这种具有绝对内在性的自身感受（auto-affection）与在出离（ekstasis）自身的意识之域中对象性的显现方式绝然不同。不仅于此，自身感受的感受性还是使意识自身得以显现、得以可能的显现方式，因而是源初的现象性。

亨利关于现象性问题的研究在扎哈维（Dan Zahavi）看来与整个后胡塞尔（Edmund Husserl）时代对前反思的自身意识问题的关注相一致。

---

① Francois Roustang, "A Philosophy for Psychoanalysis?", Terry Thomas trans., in Michel Henry, *The Genealogy of Psychoanalysis*, Douglas Brick trans., Stanford: Stanford University Press, 1993, p. x.

无意识：表象的现象性还是感受的现象性？

传统现象学分析意向性的自身显现时仍然倾向于将其显现结构规定为超越性的显现，即与对象相同的显现方式。与之相对，后胡塞尔时代的现象学家们对这种现象性的唯一性普遍持批判态度。扎哈维认为亨利通过提出并回答显现的可能性条件而构建了一种"不可见者的现象学"①。马里翁（Jean-Luc Marion）认为亨利"基于其相应的现象性而对可见者和不可见者所进行的区分极其清楚明确"②，评价亨利的现象性思想对形而上学和传统现象学关于"可见者和不可见者的单义性和同质性"③ 提出了有力的质疑，而"甚至有可能任何现象学都能以其对不可见者的认识来衡量其重要性"④。

事实上，通过亨利对生命现象性的谱系学研究我们可以知道，揭示一种前意识或者非意识的现象性并非只是后胡塞尔时代现象学家们所共同追求的研究目标，而是一个可以回溯至笛卡尔（René Descartes）的"我思"思想，并经由叔本华（Arthur Schopenhauer）的意志思想和尼采（Friedrich Wilhelm Nietzsche）的权力意志思想，再发展为弗洛伊德的无意识理论的研究谱系。亨利通过对他们的相关文本进行现象学分析，创造性地揭示出其所包含的生命现象性思想及其不彻底性：这种对生命现象性既有所揭示但又未能彻底阐明的含混形态在弗洛伊德的无意识理论中得到最典型的展现。弗洛伊德认为"无意识是构成我们心理活动的过程中一个固定且不可避免的阶段，每个心理行为都作为无意识行为开始"⑤，似乎是将无意识而非意识作为心理的本质，旗帜鲜明地站在传统

---

① Dan Zahavi, "Michel Henry and the Phenomenology of the Invisible", *Continental Philosophy Review*, Vol. 32, 1999, p. 223.
② Jean-Luc Marion, "L'Invisible et le Phénomène", dans Grégori Jean, Jean Leclercq éd., *Lectures de Michel Henry: Enjeux et Perspectives*, Louvain: Presses Universitaires de Louvain, 2014, p. 91.
③ Jean-Luc Marion, "L'Invisible et le Phénomène", dans Grégori Jean, Jean Leclercq éd., *Lectures de Michel Henry: Enjeux et Perspectives*, Louvain: Presses Universitaires de Louvain, 2014, p. 83.
④ Jean-Luc Marion, "L'Invisible et le Phénomène", dans Grégori Jean, Jean Leclercq éd., *Lectures de Michel Henry: Enjeux et Perspectives*, Louvain: Presses Universitaires de Louvain, 2014, p. 81.
⑤ Sigmund Freud, *The Standard Edition of The Complete Psychological Works of Sigmund Freud*, Vol. XII, James Strachey trans., London: Hogarth Press, 1958, p. 264.

意识哲学的对立面，无怪乎其追随者可以直截了当地表明精神分析"使我们反对一切直接源自我思的哲学"①，但亨利将从现象性的角度向我们阐明：尽管弗洛伊德的无意识理论确实涉及对非意向性现象性的描述，但每一次对这一源初现象性的接近都同时伴随着与意识及其表象的混淆。

二、无意识：欲力还是表象？

总的来说，弗洛伊德从描述性的、能量特征的以及拓扑论的（topogrphical）三重维度对无意识进行了层层递进的说明。在描述性的层面上，无意识泛指"潜在观念……我们没有意识到的观念"②，这是我们在惯常意义上所理解的与意识相对的含义。此外，弗洛伊德加入了对无意识的能量特征的描述，并依此对潜在观念进行关键性区分：一类潜在观念只有成为意识的观念才能表现出强烈的能量特征，而另一类潜在观念，"无论它们可以变得多么强烈，都不进入意识……尽管具有强烈性和活跃性，但保持与意识相分离"③。我们可以清楚地看到，两种观念的显现与意识的相关性完全不同：第一类潜在观念的能量强弱与是否通过意识实现自身显现有关，第二类潜在观念则不依赖于意识也具有强烈的能量特征。基于与意识的不同关系，弗洛伊德还从拓扑论的角度进行规定：一部分潜在观念存在于前意识—意识系统中，另一部分则存在于无

---

① Jacques Lacan, *Écrits*. Paris: Éditions de Seuil, 1966, p. 93.
② Sigmund Freud, *The Standard Edition of The Complete Psychological Works of Sigmund Freud*, Vol. XII, James Strachey trans., London: Hogarth Press, 1958, p. 260. 需要说明的是，收录于标准版第12卷的《关于无意识的注释》（*A Note on the Unconscious*）是弗洛伊德用英文撰写的一篇文章，文中似乎不加区分地使用 conception 和 idea，英文标准版的编者倾向于认为弗洛伊德在使用这两个英文词语时对应的德文词语都是"Vorstellung"，中文通常翻译为"表象"。我们在此将 conception 和 idea 都翻译为"观念"，既与英文词语本义相近，又不违背其作为表象的本质含义。
③ Sigmund Freud, *The Standard Edition of The Complete Psychological Works of Sigmund Freud*, Vol. XII, James Strachey trans., London: Hogarth Press, 1958, p. 262.

无意识：表象的现象性还是感受的现象性？

意识系统（the Unconscious）中，弗洛伊德分别用前意识观念和无意识观念来指称它们。

亨利指出，弗洛伊德基于能量特征对无意识所进行的分类已经揭示出两种根本相异的现象性：对于可以进入意识并因此表现出强烈能量特征的潜在观念，无意识"涉及一切意识内容一旦离开了直观和自明性的'当下'并成为仅仅是虚拟的表象而不可避免地没入的晦暗"①，它是众表象的界限，也是意识自身的界限。意识的显现方式决定了一切显现者都有不再显现的可能性和必要性。因此，无意识作为意识的界限构成表象世界的显现法则，此为无意识在存在论上的第一层含义。它也是精神分析理论中意识与无意识相互转化得以可能的存在论上的验先条件。

另一方面，对于无须也不可能进入意识但却仍然具有强烈能量特征的潜在观念，无意识涉及一种原初的显现之维，无意识是作为生命的自身感受的绝对内在，只有以一种根本上与表象的显现方式完全相异的现象性作为其存在论基础，这类潜在观念才不需要也不可能通过意识来显现自身。不仅于此，由于弗洛伊德还进一步将无意识看作具有整体性且对人的心理具有决定作用的无意识系统。因此，亨利认为弗洛伊德对关于无意识或潜在的传统观点进行了纠正，无意识不再是消极的、无力的，有待被意识使其可见的东西，而是具有持续能量的动力过程，并能反过来决定意识。在亨利看来，这意味着一种根本上异于意识的现象性的首要地位在精神分析中得以确立。

由此，我们可以区分出两种无意识：作为表象的无意识和作为能量的无意识。这两种无意识在显现的本质上的差异使得它们不应当再被统归于无意识的概念中，无意识是一个可分解也应当分解的概念，否则，一旦我们使用无意识这一术语，就首先需要说明是作为表象的无意识还

---

① Michel Henry, *Généalogie de la Psychanalyse: le Commencement Perdu*, Paris: Presses Universitaires de France, 2003, p. 349.

是作为能量的无意识。因此，我们可用弗洛伊德的其他术语来更为清楚地分别指称两种无意识：作为表象的无意识即无意识的表象，作为能量的无意识即欲力。

三、欲力：感受还是表象—代表？

弗洛伊德很早就对人的心理活动内部持续而强烈的能量进行过描述，他曾在1895年的手稿①中提出过一套关于心理活动的神经系统的科学假说，其中提出内源刺激（endogenous stimuli）的概念。该假说将个体神经系统所接受的刺激分为两类：外源刺激（exogenous stimuli）和内源刺激。外源刺激是来源于生命体以外的刺激，如果这类刺激引发不快，个体可以通过采取相应的行动来回避；内源刺激则不同，它是个体内在源源不断的能量，其内在性和持续性无可回避。弗洛伊德对此进行了解剖生理学的解释，内源刺激有其"器质来源、躯体来源"②，例如，性欲力就被看作是来源于动情带的刺激在心理上的表现，"皮肤或黏膜表皮的任何区域都可以作为动情带发生作用……确切地说，整个身体都是动情带"③。

但这一解释并未揭示出作为内源刺激之来源的身体的特殊性为何。无论是部分的身体还是整体的身体，解剖学意义上的身体都只是对象化的身体，它和外源刺激以同样的方式显现，因此也应当遵循同样的显现规则。就外源刺激而言，"我"能够将它们对象化从而与"我"自身分离，达到逃避它们的目的。如果身体仍然是对象化的身体，那么"我"

---

① 弗洛伊德未曾发表过这些手稿，它们后来被收录于《西格蒙德·弗洛伊德心理学作品全集标准版》第一卷，共四个部分，德语版编者命名为"Entwurf einer Psychologic"，英译为 Project for a Scientific Psychology，即《科学心理学大纲》。

② Jean Laplanche, Jean-Bertrand Pontalis, *Vocabulaire de la Psychanalyse*, Paris: Presses universitaires de France, 1992, p. 449.

③ Jean Laplanche, Jean-Bertrand Pontalis, *Vocabulaire de la Psychanalyse*, Paris: Presses universitaires de France, 1992, p. 512.

无意识：表象的现象性还是感受的现象性？

也能够对其进行同样的操作，这与身体产生持续且不可回避的内源刺激这一现象学事实相违背。因此，有必要对引发内源刺激的身体的现象性重新描述。

对此，亨利指出，总是感受着且无可回避地、持续不断地感受着自身的，是作为力的身体。"身体是我们的众能力的全体，它的存在只有从力量的本质出发才能被理解"①。"我"的身体性的行为，我看、我听、我闻是因为我能看、能听、能闻，"我"的身体性的行为是"我能"的实现。使得"我"的身体行为得以可能的力量自身并不包含在世界之中的身体性行为，作为力的"我"的身体通过在自身之中感受自身而实现着自身的显现。

因此，在亨利看来，弗洛伊德关于神经系统接受两类刺激的科学假设真正所应揭示的是存在论层面上的两种接受性：与世界相关的先验的接受性和与生命自身相关的先验的接受性。持续的、不可与之相剥离的自身感受自身的"刺激"正是主体性的本质。"我"在根本上不能逃离的"我"自身恰恰构成了"我"之为"我"的本质。

内源刺激的表述虽然随着弗洛伊德对这套神经系统假说的弃置而放弃，但其所表达的含义则由 1905 年所引入的欲力概念所接手。欲力专门用来描述心理能量，但心理能量不可能通过意识显现，而只能通过与其相关联的代表才能显现，也被称为表象—代表。弗洛伊德认为欲力只有通过表象才能显现为心理实在，否则不可能为意识所认识。在这一过程中，被显现的是欲力，但最终的显现物是表象。我们还可以从抑制（repression）理论中看到欲力及其表象的区分。抑制是使得与某一欲力相关联的表象成为无意识表象的过程，其结果为欲力转而与另一表象相关联，而其与原初表象的关联不被意识所认识。弗洛伊德非常明确地区分了欲力及其相关联的表象，并仅将后者看作抑制的对象。这

---

① Michel Henry, *Généalogie de la Psychanalyse: le Commencement Perdu*, Paris: Presses Universitaires de France, 2003, p. 393.

一被抑制机制所作用的原初表象成了无意识，但欲力本身绝不是无意识的。

与其表象—代表相区分的欲力是什么呢？我们只能如弗洛伊德所言通过表象—代表对它进行间接的认识吗？事实上，除了表象—代表，弗洛伊德还用"感受"来说明欲力。"当欲力与表象相分离，并在成为可感的感受中找到一个适合其性质的表达时，欲力与感受量一致。"① 在抑制理论中，感受甚至比表象—代表更重要，因为抑制"除了避免不快再无其他动机和目的"②，因此，当表象—代表由于抑制成为无意识表象，感受却只会产生调性（tonalité）上的变化，即从一种感受转变成另一种感受。

但吊诡的是，弗洛伊德在解释感受与表象—代表在抑制作用下不同的显现方式时，却把原因归于感受总是能为意识所认识。"它（感受）是被感知的感觉的本质，因此是被意识所认识的"③。他特别用压抑（suppression）来说明感受的变化。与抑制不同的是，压抑是前意识—意识系统的机制，感受只会从意识被压抑到前意识，因此感受属于前意识—意识系统。

在此我们会发现弗洛伊德理论内部的自相矛盾：从现象性上来看，无意识和前意识、意识共同构成了表象世界的显现规则，如果感受的显现是通过意识来完成的，那就意味着将感受置于表象世界之中，那么，它如何可能不同时遵循同样作为显现规则的无意识的运作机制，它如何可能不是无意识的呢？否定了无意识的感受的可能性，也就否定了意识的感受的可能性，因而一种遵循表象性的显现方式的感受也被否定了。

---

① Jean Laplanche, Jean-Bertrand Pontalis, *Vocabulaire de la Psychanalyse*, Paris: Presses universitaires de France, 1992, p.410.

② Jean Laplanche, Jean-Bertrand Pontalis, *Vocabulaire de la Psychanalyse*, Paris: Presses universitaires de France, 1992, p.410.

③ Michel Henry, *Généalogie de la Psychanalyse: le Commencement Perdu*, Paris: Presses Universitaires de France, 2003, p.369.

弗洛伊德在确立感受作为心理的本质之后，却不能从现象性上说明感受的本质，因此最终又将感受带回到意识之域中。要解释感受何以不像表象那样被抑制而成为无意识，感受何以总是持续显现这一现象学事实，我们只有对感受的显现进行如其所是的描述，即感受以一种不同于表象的方式显现，这种显现方式保证了感受尽管在调性上会发生变化，但却始终持续地显现。正是在这个意义上，亨利关于源初现象性的理论再一次纠正了弗洛伊德欲力理论中的错位。

四、感受性：永恒的焦虑

弗洛伊德对于感受在调性上的变化有一套基于能量的量化假设。他把人的心理看作被一定数量的能量所投注的心理容器，过度的能量投注会引发紧张和不快，心理容器依据惰性原则倾向于将能量卸载至零。但事实上弗洛伊德也发现总是有一定数量的能量持续地投注于心理容器，因而又提出恒常原则作为对惰性原则的调节和补充。总的来说，能量在数量上增加对应着不快，随之触发的抑制作用对能量进行卸载而对应着快乐，但能量变化受恒常原则所调节，总是保持在一定数量，不可能降至零。

亨利认为弗洛伊德关于能量及其规律的描述只是"附加的假设"[1]。能量的数量变化、刺激等都只是关于感受之调的并不恰如其分的描述，它们在现象学的意义上不具有任何优先性。弗洛伊德之后在关于受虐狂的研究中，也发现能量的数量并不决定感受的调性，快乐也可以表现为能量的增强，而不快表现为能量的减弱。我们所知的现象学事实是感受的调性在快乐和不快之间的转化，而所谓的与之相应的能量的增加或卸载则是由前一事实推导出来的假设。触发抑制机制的，也并非处于高水

---

[1] Michel Henry, *Généalogie de la Psychanalyse: le Commencement Perdu*, Paris: Presses Universitaires de France, 2003, p. 375.

平的能量，而是不快这一现象学事实。弗洛伊德对作为生命之本质的情感性的科学式想象，真正揭示的是感受持续地感受自身，并且这一感受是不可克服、不可超越的。焦虑正是自我试图逃离这一不可逃离的自我之本质。与受到抑制的表象相关联的感受在调性上发生变化，最终都会转变成焦虑。

亨利对弗洛伊德的焦虑概念进行了分类：一种是基于经验主义理解的焦虑，即认为焦虑总是由某一外在情景的刺激所引发，并追溯到个人的出生创伤或婴儿期以及童年时期的经历，这是一种对象化的焦虑；亨利强调的是由所谓的内在刺激持续作用而引发的无可回避的焦虑，一种由自身引发自身投注且无法通过将其对象化从而与自身剥离的焦虑。自我欲求像处置外在刺激一样地去处置焦虑，但焦虑不可对象化的这一不可能性只会进一步地增强焦虑。严格地说，焦虑来自未被使用的力比多。弗洛伊德强调无论是婴儿、神经官能症患者还是恐怖症患者，他们的焦虑都来自未被使用的力比多。例如恐怖症患者会害怕一些实际上并不具有危险性的东西，他所惧怕的外在对象其实只是未被使用的欲力的替代。未被使用的欲力就是被抑制的欲力，但正如前面业已阐明的，欲力并不会被抑制，仅仅是与其相关联的表象被抑制，力比多只会在抑制机制下改变自身的调性而持续显现，也就是以焦虑的调性持续显现。

亨利认为焦虑所揭示的正是"我"不能通过对象化自身而逃离自身的感受性。而这种不能对象化自身的不可能性恰恰构成了自我的本质。"焦虑是作为生命的存在的感觉。它是自我的感觉"①。自我的本质使自我在经验上从包括出生创伤在内的各种情景中感受到焦虑得以可能。如弗洛伊德所言："表示了自我逃避其力比多的焦虑归根结底被认为来自力比多自身……一个人的力比多根本上是他自身的某个东西，不能作为

---

① Michel Henry, *Généalogie de la Psychanalyse: le Commencement Perdu*, Paris: Presses Universitaires de France, 2003, p. 379.

某个外在的东西与其对立"①。

五、无意识：自身—感受的现象性

　　从哲学的角度对精神分析进行论述，时常遭受一种合法性的质疑：精神分析的理论，比如无意识理论是否能够放置到现代哲学的语境之中？因为，既然弗洛伊德所创立的精神分析遵循的是一条与哲学的思辨之路全然不同的分析之路，它决然地将自身的假设与理论建立在分析师们通过对被分析者进行分析而获得的一手病理学资料之上，那么，一种单从理论层面对其进行探讨的研究合理或必要吗？我们认为，尽管弗洛伊德的确致力于创建一门以病理学材料和分析经验为基础的科学心理学，并刻意与哲学保持距离，但也正因如此，他不曾也不可能就无意识进行存在论层面上的阐明，导致其无意识理论中多处存在着将表象的现象性与感受性的现象性混淆的情况，要么它们被归于同一概念，要么源初的自身感受的现象性被不当地还原为表象的现象性，使其无法对作为欲力和感受的无意识进行如其所是的描述。

　　如果能从哲学的角度去厘清精神分析所宣称的关于人类心理的种种创新与发现、对传统哲学之颠覆，以便确认这一颠覆和创新的有效性如何，对精神分析和哲学都是必要的。我们也因此认同专门研究精神分析的学者博尔奇-雅各布森（Mikkel Borch-Jacobsen）的观点，他认为精神分析"需要哲学家帮助其从哲学中将自身连根拔起……从自身中将其自身连根拔起，即彻底摆脱我们称之为'精神分析'的那个不可靠的无意识哲学"②。他因此赞同亨利对弗洛伊德无意识理论与意识哲学的内在勾连的揭示，

---

① Sigmund Freud, *The Standard Edition of the Complete Psychological Works of Sigmund Freud*, Vol. XVI, James Strachey trans., London: Hogarth Press, 1958, p.405.

② Chris Oakley, Mikkel Borch-Jacobsen, "Basta Cosí!: Mikkel Borch-Jacobsen on Psychoanalysis and Philosophy" in Todd Dufresne ed., *Returns of the "French Freud": Freud, Lacan, and Beyond*, London: Routledge, 1997, p.211.

而反对以拉康为代表的法国学界对精神分析与哲学之关系的主流观点，即认为弗洛伊德的无意识理论是对传统的主体哲学的彻底颠覆。

按照亨利本人的说法："以实践的名义消除一切的理论合法性总是可疑的，并且弗洛伊德绝不会认为只有信仰者才有资格研究宗教"①。他更进一步指出，病理学材料作为无可置疑的给予，其显现和被给予所依循的方式恰恰是传统的意识哲学已揭示的显现方式，即病理学材料是通过向分析师的意识显现而成为无可置疑的给予，病理学材料的无可置疑性等同于对意识这一显现方式作为心理的本质的确认，这与精神分析最重大的发现即人类心理的本质是无意识完全相悖；如果精神分析要捍卫无意识作为本质的观点，则它必须通过确认另一个无可置疑的给予，一种不通过意识来完成的显现和给予，才能实现其理论自洽。精神分析有必要澄清其存在论基础，尤其在无意识这个论题上，澄清存在论基础才能确认弗洛伊德的无意识理论最有价值的部分。

因此，亨利对于弗洛伊德无意识理论的分析并没有否定和取消其价值，相反，通过厘清和剥除其与传统意识哲学一致的部分，我们才得以更明晰地确认无意识的独特内涵：借助关于无意识的论述，弗洛伊德得以相当明确地不再将心理的本质归于表象及其现象性，而归于在存在论的层面上与其完全不同的感受性，或者亨利所说的生命的现象性，无意识就是内在而持续的能量，是无须通过表象结构就能显现自身的感受，因此，他将弗洛伊德与笛卡尔、叔本华、尼采等并置在一起，看作是哲学史上为数不多的就源初的、非意向性的现象性进行过碎片式论述的研究者，而与传统存在论一元论的学说区分开来。他评价弗洛伊德的无意识理论是在科学主义意识形态愈演愈烈的时代，以一种并不恰如其分的方式保存了源初现象性，"精神分析是一个没有灵魂的世界的灵魂，它

---

① Michel Henry, *Généalogie de la Psychanalyse: le Commencement Perdu*, Paris: Presses Universitaires de France, 2003, p. 344.

是一个没有精神的世界的精神"①。而亨利本人正是沿着这些关于源初现象性的未竟之言说的方向,去建立一条彻底的现象学之路,以便对作为现象学真正研究对象的源初现象性进行充分的阐明。

(原载于《浙江学刊》,2019 年第 4 期)

---

① Michel Henry, *Généalogie de la Psychanalyse: le Commencement Perdu*, Paris: Presses Universitaires de France, 2003, p. 12.

拉康与马里翁:对两种现代爱欲理论的比较和反思

胡成恩*

按照《会饮》中第俄提玛的讲辞,爱欲(Eros)应是介于神(无限)与人(有限)之间状态的一种存在物。① 那么,这个爱欲也就可被理解为人与动物及神的差别性特质,它是人所拥有的一种区别性特征。但悖论是,他"拥有"的恰恰是一种"欠缺",在"拥有"的意义上异于或胜于动物,在"欠缺"的意义上则异于或低于神。从这一居间性或说"有—无"间的"悖论式相关性"来看,似乎这个"爱欲"既可以伴灵魂上行走向神性或智慧的超越之域,也可以将身体和灵魂拖向兽性的无底深渊。因此,我们在柏拉图和中世纪基督教那里,看到的是作为人向神攀登之梯的爱欲,在精神分析这里看到的则是作为人向非人坠落之因的重力。当然,柏拉图的爱欲论中也有对爱欲之起源的说明,但其主要本质还是人向形而上学升华的一种激情;精神分析通过欲力论(Trieb)同样提供了对爱欲之根源的说明,它也同样有自己的升华之路,但其主要本质则是人身上固有的一种惰性。因此可以说,这两种理论的出发点和归宿几乎相反,也即,在柏拉图那里是以爱智为出发点和立脚点来俯视、评价和定位一切其他爱欲现象的,而精神分析则从"欲力"

---

* 胡成恩,杭州师范大学马克思主义学院讲师。
① 柏拉图:《会饮》,见刘小枫编译:《柏拉图四书》,生活·读书·新知三联书店2015年版,第233—234页,第204a页。

出发来演绎、解释和定位一切其他爱欲现象。在此意义上，在爱欲思想的谱系中，精神分析近乎一种"颠倒的柏拉图主义"。也因此，我们可以将精神分析学看作古希腊爱欲思想传统的一种现代发展，或更具体地说，在马里翁（Jean-Luc Marion，又译为马礼荣）所说的比"对存在之遗忘"更为源初和根本的对"智慧的爱洛斯学之遗忘"的意义上①，精神分析正是这一"遗忘"之现代后果的应激"产物"。因而，以弗洛伊德和拉康为主要代表的精神分析与马里翁的"爱洛斯现象学"，在客观上有着很强的理论相关性和诸多的相似之处。下面我们将结合《会饮》，对拉康与马里翁的爱欲理论之异同进行概要式的分析、比较与反思。

一、还原：爱是最源初的现象

在《情爱现象学》的导言中，马里翁简要阐述了"去爱"相对于"去思"（笛卡尔）和"去在"（海德格尔）所具有的更加源初且优先的地位。在马里翁看来，"由于哲学从爱本身且只从爱'这一伟大的神'之处取得它的起源"，因此，它才"被定义为'对于智慧之爱'，因为，事实上，哲学在打算去知之前应该从去爱开始"②。在马里翁看来，"随着哲学停止将自己首先理解为一种爱，而且停止从爱出发来理解自己，随着哲学直接要求得到一种知识且积蓄这种知识，它不仅与它的源初规定背道而驰，而且躲避它以之与各种对象的科学（这碗红汤）相交换的真理"，从而导致了一种比"存在的遗忘"更为根本的遗忘，对"爱—智慧"的爱洛斯之根源或说智慧的爱洛斯学（l'érotique）的遗忘。③ 也由此，马里翁认为，无论基于认识论还原所得到的我思确定性，还是基于存在论还原所得到的此在本真性，都不是最为源初和根本的还原，都

---

① 马礼荣：《情爱现象学》，黄作译，商务印书馆2014年版，第4页。
② 马礼荣：《情爱现象学》，黄作译，商务印书馆2014年版，第3页。
③ 马礼荣：《情爱现象学》，黄作译，商务印书馆2014年版，第4页。

不足以为自我的存在提供保障，因为它们本质上都基于自我或根本上属于自我，从而来自自我。但是，在马里翁看来，"或者我只通过我而存在，但我的确定性并不是源初的；或者，我的确定性是完全源初的，但它并不来自自我"①。要追寻这种"比我更为古老、从别处突然来到我处的确定性"②，就必须进行一种更为源初的还原，即，"爱洛斯还原"。在此思路下，马里翁认为，无论"思"还是"在"都面临着"有什么用？"的追问而陷入"徒然"的窘境，而"要面对这一苛求，重要的不再是获得一种存在确定性，而是对另一问题即'有人爱我吗？'的回应"③，并用这一问题来代替"我存在吗？"的拷问④，从而去寻求来自别处的爱对自我的保证。从这一问题出发，马里翁开始了他的爱洛斯还原。因此，在马里翁那里，爱洛斯现象成了最源初的现象。与马里翁的爱洛斯还原类似，在拉康那里，我们也可以发现这种爱洛斯现象的源初地位和类似的爱洛斯还原。

首先，从精神分析与哲学的关系来看，与爱欲的关系是它们之间最大的一个差异所在。一方面，弗洛伊德在自己理论的建构中，刻意回避与哲学发生关联⑤；而拉康为了扩大精神分析的影响和丰富其理论内容，虽有意地借用诸多哲学理论，但从根本上来说，他并不将精神分析看作一种哲学，且经常对哲学进行批评。另一方面，在正统哲学领域，精神分析也并不被看作一种哲学，而是更多地被看作一种心理学，甚至是性学。这种尴尬的关系其实恰好反映出二者理论之出发点和旨趣的根本差异。如果我们将形而上学（从亚里士多德到尼采）、现象学和存在论看作哲学之正统，那么这个哲学其实是沿着柏拉图的"理念论"发展而来的，而这个路线基本排除了柏拉图"爱欲论"的面向。这也是马里翁所

---

① 马礼荣：《情爱现象学》，黄作译，商务印书馆2014年版，第36页。
② 马礼荣：《情爱现象学》，黄作译，商务印书馆2014年版，第36页。
③ 马礼荣：《情爱现象学》，黄作译，商务印书馆2014年版，第37页。
④ 马礼荣：《情爱现象学》，黄作译，商务印书馆2014年版，第47页。
⑤ 弗洛伊德：《弗洛伊德自传》，廖运范译，东方出版社2009年版，第64页。在自传中，弗洛伊德谦逊地说自己不是块搞哲学的料。

拉康与马里翁：对两种现代爱欲理论的比较和反思

说的，哲学遗忘了爱欲，而这一遗忘或许可以追溯到亚里士多德。① 与此相反，精神分析的实践及理论都是围绕爱欲现象展开的。正如上文所言，哲学对爱欲的压抑、遗忘经现代性所带来的彻底的社会转型，在19世纪下半叶导致了大量的神经症现象，而正是这种现象成了催生精神分析诞生的现实土壤。② 所以我们才说，精神分析是哲学遗忘爱欲之负面后果的"应激"产物。因此，精神分析从一开始就区别于哲学，因为，如果按照马里翁的说法，哲学无爱欲甚至恨爱的话③，那么，精神分析则是一种纯粹的爱欲理论，它爱"爱"。

其次，作为一种源于现实之爱欲病症且旨在应对它的实践和理论，精神分析的出发点就是爱欲现象，并将这种现象看作人类主体甚至文明最源初的现象。在弗洛伊德那里，人从出生到幼年、童年，再到青春期的逐渐成熟都是在爱欲（在弗洛伊德那里，具体化为"欲力"［Trieb］）的支配下进行的。因此，虽然弗洛伊德并未有意识地对笛卡尔式"去思"的主体认识论和海德格尔"去在"的此在存在论进行还原，但客观上，在弗洛伊德那里，作为"去爱"的主体及其现象无论在何种意义上都先于主体的认识及其存在。与弗洛伊德不同，拉康对笛卡尔的"我思"和海德格尔的存在论都有所阐释、借用和批评。虽然拉康并未从"去爱""去思"和"去在"谁更源初的问题出发给出自己的明确答案，但在其理论中，爱欲现象的源初性是毋庸置疑的。例如，在《镜像阶段》一文的开始，拉康就言明，通过对"自我"的还原及其构型中存在的误认、异化的揭示，精神分析可以此来反对"任何直接源自'我思'的哲学"。④ 也就是说，其镜像理论的目的之一就是对"我思"及源自

---

① 伯纳德特：《苏格拉底与柏拉图：爱欲的辩证法》，见刘小枫主编：《苏格拉底问题》，华夏出版社2005年版，第152页。在柏拉图那里作为动力来源的爱欲，在亚里士多德那里是不必要的，因为在亚里士多德那里，动力基本上是由"自然"这一概念来提供的。
② 伊利·扎列茨基从社会发展历程的视角对精神分析产生之历史条件的阐述，伊利·扎列茨基：《灵魂的秘密——精神分析的社会史和文化史》，季广茂译，金城出版社2013年版。
③ 马礼荣：《情爱现象学》，黄作译，商务印书馆2014年版，第5页。
④ Jacques Lacan, *Écrits*, Paris: Éditions du Seuil, 1966, p. 93.

"我思"的哲学进行还原和解构。笛卡尔是在"思"中发现了"我",但他并没有回答这个"我"的起源问题或何以可能的问题,最终只能求助于一个诚实的上帝作为保证。而拉康在镜像理论中区分了"自我"(moi)和主体(Je),并将它们还原为从"前镜像阶段"混乱无序的状态中,经"镜像阶段"的"想象性自恋认同"才得以构型的产物。① 因此,无论是"我思"之"我",还是我思之"思",都是这种对外在的镜像所进行的"想象性的,源初性的自恋认同"的结果。通过这种还原,在笛卡尔那里作为"构成性"的"我思",在拉康那里只是一种"被构成的"结果,其保证则来自"想象认同"和随后让主体显现的"符号认同"的稳定性,而非一个超绝的上帝。而这两种认同在本质上都是一种事关爱欲的现象:力比多或欲力的起源,自体性欲阶段,主体对镜像的自恋认同,对享乐任性的索求,来自父亲功能的威胁以及对享乐的压抑、转移和升华等。

最后,这一对自我和主体的还原,同样适用于海德格尔所说的存在问题,也即,在拉康那里,爱欲现象同样比存在问题更为源初。一方面,在精神分析看来,"此在"及其"在世之中"并不具有源初性,它们同样面临"此在"何以可能的追问及其"不在世界之中"的威胁。前者体现在镜像理论的还原中,后者则可以在精神病的现象中得到证明。关于后者,我们可以援引齐泽克(Slavoj Žižek)的一段论述来加以说明:"从前—哲学(巴门尼德:思想与存在的同一)到海德格尔的后—哲学(在世之中)的整个传统都依赖于一种思想[man]和世界之间的原始'和谐'——甚至在海德格尔那里,此在(Dasein)总—已'在'世界之中……。而与此相反,拉康则坚持认为,我们的'在世之中'已经是某种原初选择(primordial choice)的结果:精神病的经验证实了这样一种事实,即,不选择世界是完全可能的——一个精神病的主体并不

---

① 胡成恩:《拉康"镜像理论"对笛卡尔以来"自我"观的还原与重构》,载《宁夏社会科学》,2018 第 5 期。

拉康与马里翁：对两种现代爱欲理论的比较和反思

在'世界之中',他缺乏向世界敞开的'澄明'(Lichtung)"。① 另一方面,齐泽克这里所说的"原初选择",在拉康那里,恰恰可以理解为对"去在"何以可能之问题的回答。在研讨11中,拉康在谈到主体只有通过异化方式才能进入意义世界时,他将这一异化形容为一种事关"存在"和"意义"的被迫选择(vel)。我们可以在下面这个图形中看到这一选择面临的情形:②

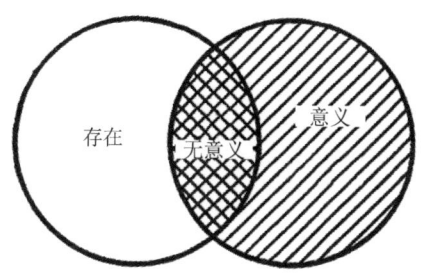

所谓选择是"被迫的",其意思是,在"存在"与"意义"之间,主体只有放弃存在(左边空白),选择意义(右边阴影),接受"无意义"(交集),让自己进入语言符号构成的意义世界(大他者)之中,并由此成为一个本质上"半在"或"缺在"的"言在",主体才能"在世之中"向自己提出关于"存在"的问题,并最终实现或接近本真地"去在",而这个选择就是拉康所说的"异化"。相反,如果主体直接选择存在,其结果就像在"要钱还是要命"的选择中选择"要钱",其结果就是人财两空。对此,拉康说道:"如果我们选择存在,主体消失,它躲避我们并陷入无意义之中。如果我们选择意义,意义只能以被剥夺无意义的那一部分的方式才能得以幸存,这个无意义的部分,严格来说

---

① Slavoj Žižek, *The Metastases of Enjoyment*, London・New York: Verso, 1994, pp. 184 - 185.
② Jacques Lacan, Livre Ⅺ, *les Quatre Concepts Fondamentaux de la Psychanalyse* 1964, Paris: Éditions du Seuil, 1973, p. 192.

就构成于主体的实现之中，它就是无意识。"① 而拉康这里需要被放弃的"存在"，在其理论中，具体来说就体现为在主体早年成长中必须被放弃和压抑的那些欲力及其客体，它们被主体视为"存在"而加以固恋，而本质上它们都只是欲力的纯粹客体之增补。因此，这个选择本质上仍是有关爱欲的选择。

通过上述几个方面的简要分析，不难看出，同马里翁一样，在拉康那里，爱欲现象也是最源初的现象。不过，通过对比可以发现，拉康对爱欲现象的还原要比马里翁更为彻底而更具源初性。首先，马里翁从陷入徒然之境的"自我"（笛卡尔意义上的自我 [ego]）去寻求爱的保证而开始爱洛斯还原，但对自我和爱欲的起源问题，他并没有进行还原或尝试给出说明。与此不同，拉康通过镜像理论对自我的起源进行说明，在研讨 11 中又通过对《会饮》中阿里斯托芬的爱欲神话的重塑，给出了关于爱欲起源的说明，在拉康那里，这个问题其实也就是力比多的起源问题。② 在那里，拉康将力比多看作人类主体身上的一个"无身体的虚假器官"③。这个器官是作为有性繁殖的人在获得生命时必然要经历的原生丧失之产物，这种丧失在生命中成了一个无身体的器官，拉康将其称作"薄片"（la lamelle），它就是力比多。"La lamelle"这个词其实是拉康从阿里斯托芬那里借用来的，拉康的这种原生丧失也类似于阿里斯托芬爱欲神话中被切分的人，阿里斯托芬将这种切分所造成的丧失及其对完整性的渴望称作爱欲。其次，在面对爱欲思想的源头时，拉康自觉并反复回到柏拉图的《会饮》，而马里翁在《情爱现象学》中并没有这样做，不知道这算不算另一种意义上的对"爱"的遗忘。其实，通过对其《情爱现象学》全文的阅读和分析，我们将会发现，马里翁在批判哲学遗忘了爱的同时，也在一定程度上重复了这种遗忘。

---

① Jacques Lacan, Livre XI, *les Quatre Concepts Fondamentaux de la Psychanalyse* 1964, Paris：Éditions du Seuil, 1973, p. 192.

② Jacques Lacan, *Position de l'inconscient*, *Écrits*, Paris：Éditions du Seuil, 1966, p. 845.

③ Jacques Lacan, Livre XI, *les Quatre Concepts Fondamentaux de la Psychanalyse* 1964, Paris：Éditions du Seuil, 1973, p. 179.

二、遗忘：爱智还是爱情？

在将爱洛斯现象确定为源初现象，并以"有人—从别处—来爱我吗？"的问题代替"我存在吗？"的问题（第一章）之后，马里翁就进入了自我对爱之保证的追寻之中。首先，我在被动的等待中，基于"自我的匮乏"对世界和他人进行一种交换式的对爱的索求和交换，而这最终将导致对自身和他人的恨，也因此，这种爱是"非本真的"（第二章）。与"非本真的爱"相反，"本真的爱"应该是主动去爱，去无条件不求回报地给予爱，因此，爱是自由被给予的礼物；由此给予，我成了一个纯粹的爱洛斯者，并在其中显示了我的自由（第三章）。之后，主动去爱在所爱者那里得到了回应，双方在"肉的交错"中相互给予并融入"我们"之中，爱欲达到顶峰，并在这种融合中实现了向一个更高意义上的"我"的升华（第四章）。但这种爱的高潮终将退去，退去后，爱的关系中开始出现大量问题威胁着这种爱之关系的稳定性，诸如谎言、欺骗、日常琐碎，等等，它们逐渐导致了爱的淡化、僵化甚至异化（第五章）。因此，要维护爱的持久和忠诚，必须求助于"第三者"的保证，孩子就是这样的第三者，但孩子不可能永远做这种见证和保证，其自身也将去爱并因此而离开。由此导致的结果是，我们只能不断地重复寻求有限的第三者的保证。要摆脱这种困境，只有在爱中持一种末世论的态度："犹如你不再有任何另一瞬间以便永远地去爱那样马上去爱"[①]。这种末世论的态度最终使我们走向上帝，上帝成了爱的最后保证和见证者（第六章）。

从导言的问题意识出发，我们本以为接下来正文的还原过程要像前言中所说的那样，去追寻"爱智"之"爱"的源初性，并以此来实现对哲学的保证，还它以本来面目，从而克服形而上学对爱的遗忘。但从

---

① 马礼荣：《情爱现象学》，黄作译，商务印书馆2014年版，第395页。

"有人爱我吗?"这一问题开始,之后的全部内容似乎都是讲自我如何"去爱",从而让自己成为一个爱洛斯者并得到对爱之保证的过程,并最终在上帝的神爱和对上帝的爱那里找到了这种保证。正如张尧均先生所理解的那样,《情爱现象学》像是一部用严格的现象学描述之方法写成的独特的爱情小说。① 从"爱智之爱"到"情爱之爱",让正文相对于导言似乎给人一种跑题的感觉。因为很显然,"爱智之爱"与"情爱之爱"并不是一回事。我想这也是张尧均先生有如下观点的一个原因所在,即,马里翁在《情爱现象学》中的爱洛斯还原更接近于《会饮》中阿里斯托芬的爱欲言辞,而非苏格拉底的爱欲教诲。② 因为阿里斯托芬的言辞在给出爱欲起源的解释之后,也主要是在阐述被切分后的人去寻求另一个人的爱对自我完整性的保证,且最终也走向了对爱和神的崇拜。但与马里翁不同,阿里斯托芬除了提供对爱之起源的解释,还探讨了如何超越特殊的两性之爱,投身公共政治生活以追求荣誉,而这也是另一种形式的"去爱"或说爱欲现象。因此,一方面,马里翁似乎并未回到"智慧的爱洛斯学",而只是将整个过程主要局限于自我对另一个自我的"爱",直至上帝的现身并最终回到"神爱"。在此意义上,马里翁在批判哲学遗忘了爱的同时,也部分地重复了这种遗忘。另一方面,自我"去爱"以寻求保证,可以"去爱"的方式和对象很多,情爱之爱,友爱之爱,神爱之爱,社会性的或政治性的欲望之爱,还有爱智之爱,甚至那些作为精神分析对象的"不正常的爱",等等,都是诸多特殊的、具体的去爱现象。但在《情爱现象学》中,我们主要看到的是情爱之爱,神爱之爱,或许还有友爱之爱,但不能说他提供了足以解释所有"去爱"之爱欲现象的爱之概念和理论。在此意义上,他在导言中给出的重建爱之概念的"统一性、合理性和至上性",进而重建一种"爱

---

① 张尧均:《一则关于爱的现代神话——读马里翁的〈情爱现象学〉》,载《哲学分析》,2015年第8期。
② 张尧均:《一则关于爱的现代神话——读马里翁的〈情爱现象学〉》,载《哲学分析》,2015年第8期。

拉康与马里翁：对两种现代爱欲理论的比较和反思

洛斯的合理性"的承诺①，在这本著作中并未予以兑现。

实际上，要对上述如此众多繁复的"去爱"现象进行还原和解释，首先就得有对爱之起源和本质的揭示，简言之，要提供一种源初性的爱之"同一性"或"非同一性"，它作为一切"去爱"现象的本质、动源或机制会支配几乎任何形式的爱欲现象，而所谓诸多"去爱"现象的差异，不过是这种源初性的拓扑变形，这个源初性才是一切形变中的不变量和不变性质。我们可以从拉康的爱欲理论中总结出这一大致观点。因此，相较于马里翁《情爱现象学》中的爱欲理论，作为精神分析学家的拉康在对各种"去爱"现象的阐释中要做得更为全面。对此，我们可以对拉康的"欲力论"和"三界说"在此作一个简要概括。需要说明的是，拉康自己并没有以此方式有意识地来阐明和统合爱欲现象，这只是本文基于拉康相关理论所做的一个尝试，这也包括下面一节的内容。在拉康那里，当主体经镜像阶段和异化选择进入意义世界之后，生活在本质上就是一种爱欲现象，这种现象可大致分为四种。第一种为"非正常的"欲力模式，我们称为"欲力之爱"，也就是精神分析的主要对象：神经症、倒错和精神病。"正常的"又可以分为三类，想象界占支配地位的"爱情之爱"，符号界占支配地位的"欲望之爱"和实在界占支配地位"超越之爱"（具体包括艺术、宗教和哲学三种）。鉴于篇幅所限，以及马里翁《情爱现象学》中的"去爱"更多地表现为对另一个人的爱情之爱，我们在此只对拉康关于爱情之爱的论述作一个对照性的阐释。

在拉康那里，"爱情之爱"可被理解为想象界或想象功能占支配地位的爱欲现象，也即，爱情之爱是处于想象关系中的对另一个"人"的"爱"，不过它当然也会有与符号界和实在界的关联。**首先**，根据拉康的镜像理论，爱既然发生于自我层面，也就有着根本的自恋结构。② 这种自恋之意义意味着爱者所爱的一方面是其"绽出"的自我，即在被爱者

---

① 马礼荣：《情爱现象学》，黄作译，商务印书馆2014年版，第8—10页。
② Jacques Lacan, *The Four Fundamental conceptions of Psychoanalysis 1964*, trans. by Alan Sheridan, New York, London: W. W. Norton & Company, 1978, p. 186.

那里于想象中变得"真实的自我"①,也意味着"从根本上而言,爱人是希望被爱"②。这个想象的关系其实在镜像阶段中体现得最为明显,也可以说,当我们被爱捕获后,我们就进入了与被爱者的镜像游戏之中。在这种关系中,被爱者实际上承担着类似于镜子的功能,在这镜子里我们看到了我们自己,我们所缺失的自己或理想自我(Idealich),也即,在这镜子中变得真实的自己。**其次**,爱的这种"自恋性"最终也体现为一种交换的想象和融合的错觉。只不过这时我们已处于象征秩序中,它为我们与被爱者构建了符号性的距离,这使得我们与其进行交换的想象是在符号秩序的调停下进行的一种间接交换,而非那喀索斯式的直接交换。融合的错觉则在于,我们希望与其相融合达成真实理想的自我,就像阿里斯托芬爱欲神话中被切分后的人想恢复原初自然一样永不可能,也是这种错觉性的想象和期待一直在推动着我们向被爱者无限给予与追求回应的行为。**再次**,由于上述想象和错觉,拉康说,当我们开始谈爱时,我们就掉入了愚蠢的状态。③ 在爱中,人往往会被冲昏头脑变的冲动和愚蠢,这种情况的极端性会造成一种与符号秩序的消极关联,即,它"会引起符号层真正的隐没(subduction),一种淹没,一种对自我—理想(Ichideal)功能的扰乱"④。换言之,爱会令人愚蠢冲动,不顾一切,在这种状态中,以自我—理想为核心的象征认同原先所具有的功能开始退居其次。**最后**,它与实在界的关系则在于,在爱中,无论我们给予什么,还是我们事实上想要得到什么,与爱的期望和想象相比,都只会变成一种不可能性的空无。换言之,如拉康所言,"作为一种视觉幻

---

① Jacques Lacan, *Freud's Papers on Technique*, 1953–1954, transl. by J. Forrester, New York: W. W. Norton & Co., 1988, p. 142.

② Jacques Lacan, *The Four Fundamental Conceptions of Psychoanalysis* 1964, trans. by Alan Sheridan, New York, London: W. W. Norton & Company, 1978, p. 253.

③ Jacques Lacan, *Encore*, The Seminar of Jacques Lacan Book XX, Translated with Notes by Bruce Fink, New York · London: W. W. Norton & Company, 1999, p. 17.

④ Jacques Lacan, *Freud's Papers on Technique*, 1953–1954, p. 142.

象,爱的本质就是欺骗"①。因为,一方面,去爱就是"去给予自己所没有的东西"②,不可能的东西,如"爱你一万年"。另一方面,爱真正所爱之客体并非被爱者这个他者,而是他身上某种我们自身所欠缺之物,这个真正的爱之客体就像阿尔喀比亚德所想象的苏格拉底身体中的"神像"(Ágalma)③。也因此,在拉康看来,被爱者之所以被珍视是因为他刚好进入了爱者的幻想框架,占据了欠缺所留下的位置。④ **这个 Ágalma 也就是拉康"客体小 a"的化身,所以爱之欺骗性的第二方面就在于爱之客体的空无性,不可能性,用拉康的话说就是,"我爱你,但是令人困惑的是,我爱的是在你之中而又不是你的东西——客体小 a——所以我要敲碎你。"**⑤ 也是在这个意义上,在拉康看来,《会饮》中苏格拉底的智慧就体现在他识破了阿尔喀比亚德对其爱慕的真相,他并没有他想要的那个 Ágalma。

因此,在拉康那里,爱情之爱的去爱所寻求的虽可看作是对自我或说"理想自我"的保证,但实际上爱情之爱并不能提供这种保证。因为,这种爱之可能性只取决于双方在想象关系中的偶合,在幻象被穿越后,马里翁意义上的那种爱的激情和顶峰便会消失,即使以孩子或上帝这样的第三者来寻求见证也无法挽回幻想体验中的爱情之爱。因此,与马里翁不同,拉康不会认为通过孩子或上帝这样的第三者,"爱"与"自我"就可以得到什么最终保证。因为在拉康看来,一方面,由于性关系在本质上并不存在⑥,失去想象功能支撑的"爱情"也将不复存在,在爱中,男性和女性并不对称和互补;另一方面,寻求上帝来为其提供终极保证既不必要也不可能,而且,这实际上已是另一种"去爱"

---

① Jacques Lacan, *The Four Fundamental Conceptions of Psychoanalysis* 1964, trans. by Alan Sheridan, New York, London: W. W. Norton & Company, 1978, p. 268.
② Jacques Lacan, *Écrits*, Paris: Seuil, 1966, p. 618.
③ Jacques Lacan, livre VIII. *Le transfert, 1960-1961*, Paris: Seuil, 1991, p. 167.
④ Jacques Lacan, livre IV, *La relation d'objet, 1956-57*, Paris: Seuil, 1994, p. 156.
⑤ Jacques Lacan, *les Quatre Concepts Fondamentaux de la Psychanalyse 1964*, Paris: Seuil, 1973, p. 237.
⑥ Jacques Lacan, *Encore*, The Seminar of Jacques Lacan Book XX, *1972-1973*, p. 71.

的现象。

总之,拉康对各种"去爱"现象都有自己的解释和独特见解,但纵观其已面世的著作,拉康并未对"爱智之爱"进行明确的还原和分析,而是仅仅停留于对遗忘了爱的"哲学"所进行的精神分析批判,例如,弗洛伊德和拉康都认为哲学类似于一种"妄想症"而具有类似的精神结构。[①] 因此,作为一种现代爱欲理论,精神分析并未对爱智之爱进行自觉的反思或还原,而马里翁虽有自觉,但客观上并没有回到"智慧的爱洛斯学"。在此意义上,拉康与马里翁都最终遗忘了爱智之爱,这是否也反映了马里翁所说的西方哲学乃至思想对爱的遗忘之顽固性呢?有鉴于此,下面我们将从《会饮》出发,来尝试提供一个对"爱智之爱"的初步分析以给出我们的一点粗浅反思。

三、悖论:"智"在"爱"中

《会饮》中,苏格拉底借女巫第俄提玛之口所提供的爱欲言辞,被看作是对爱智之爱的一个说明,它提供了一个爱欲朝向美善之域的上升之梯。但是,这种爱智之爱,并未否定或取消阿里斯托芬意义上的情爱之爱,甚至肉欲意义上的爱欲之爱的存在及其合理性,而是从这种较低的爱欲之爱出发向上攀登,走向终极的智慧之爱。由此而言,在阿里斯托芬和苏格拉底各自的爱欲那里,应该有着共同的起源或起点,否则也谈不上从低向高的升华。那么这种共同的起源或根源是什么呢?其实,当我们回到《会饮》中去对比两个言辞在爱欲起源方面的说明时,至少可以发现两个共同点。

第一个相同点是都有神的参与。阿里斯托芬那里,具有男、女、男

[①] Jacques Lacan, Book Ⅶ, *The Ethics of Psychoanalysis 1959–1960*, trans. by Dennis Porter, New York, London: W. W. Norton & Company, 2008, p. 162. 另见弗洛伊德:《图腾与禁忌》,赵立玮译,上海世纪集团出版社2007年版,第92页。

女同体三种类别的"原初人类"被阿波罗和宙斯进行了两次切分,产生了之后男女两种性别的个体,人因这种切分有了爱欲,作为对已丧失的源初自然之整全的欲求和追求整全的名称[193a]。① 在苏格拉底的言辞那里,爱欲则是丰盈之神珀若斯和贫乏之神珀尼阿共同生育的儿子[203c5]。② 在前现代的传统那里,关于个体或文明之起源的神话叙事中必然会有神的在场和参与,无论是希腊神话中将人从动物王国提升上来的诸神,还是《旧约》中将人从伊甸园驱逐到人间的耶和华。但是在现代,在探寻同样的起源或源初问题时,我们不再可能乞灵于任何神力了。

第二个相同点是都有一对对立的概念被用来描述"爱欲"之特性,即,"有"与"无"。在两个神话那里,爱欲在人身上都体现为一种"有"与"无"的关系,或确切地说,一种"悖论式的相关性",即,爱欲具有一种"有无二重性"。在此意义上,爱欲可被理解为一种居间状态,它在人身上可以呈现为很多种二元悖论式的关系和现象。在阿里斯托芬那里,这种关系在人身上体现为一种"原初自然"的丧失,爱欲则致力于对这种丧失的修复[191d]。③ "丧失"本身便包含着"有"与"无"的共在,它既非纯有,也非纯无,而是一种缺场的"有"和一种在场的"无"。"丧失"所导致的结果则带来了一种"欠缺""非全"的体验,并由此带来了启动爱欲的驱力,"企图从两半中打造出一个[人],从而治疗世人的自然[191d]。"④ 但由于这种丧失是源初性的丧失,这种丧失也就具有一种无法被修复的永恒性或说不可能性,这又带来了爱欲的永恒化。所谓的永恒化,即永远停留于上述悖论式的相关状

---

① 柏拉图:《会饮》,见刘小枫编译:《柏拉图四书》,生活·读书·新知三联书店2015年版,第207页。
② 柏拉图:《会饮》,见刘小枫编译:《柏拉图四书》,生活·读书·新知三联书店2015年版,第233页。
③ 柏拉图:《会饮》,见刘小枫编译:《柏拉图四书》,生活·读书·新知三联书店2015年版,第204页。
④ 柏拉图:《会饮》,见刘小枫编译:《柏拉图四书》,生活·读书·新知三联书店2015年版,第204页。

态，因为能够修复自然的另一半永远不可能被找到。我们甚至在阿里斯托芬这里还发现了拉康的"享乐"概念，即，宙斯对人的第二次改造或说整形，通过在男女繁衍中的性，爱欲欠缺之永恒性及其带来的焦虑可以因其带来的短暂满足——享乐而得到暂时的慰藉，从而可以延续他们的生命并使他们可以转向劳作。这种享乐是对永恒丧失及其欠缺的一种补偿，拉康也将其称为"剩余享乐"（*plus-de-jouir*）[1]，因为在这种短暂的满足中，人与人不仅可以实现短暂地融为一体从而得到满足的幻象，还可以短暂地让自我、主体包括象征秩序都被遗忘或淹没，从而让人有与实在界（爱欲之终极客体）相融的幻象体验。但是，它只能是一种短暂的幻象式满足，其真正满足的不可能性和永恒化，让它在人身上不断地被重建和重复。

  在第俄提玛的神话中，有无的悖论式相关性则体现为二者的混合。爱欲被设想为一个既具有丰盈性也具有贫乏性的精灵。来自母亲的贫乏性让"爱若斯总与需要同居"，而来自父亲的丰盈性，使"他对美的和好的东西有图谋；勇敢、顽强、热切，是个厉害的猎手，总会编出些什么法子，欲求实践智慧和解决办法，终生热爱智慧，是个厉害的巫师、药师、智术师［203d5］"[2]。在第俄提玛这里，"有"与"无"具体化为爱欲的两个特性，但实际上和阿里斯托芬那里的有无相关性并无本质区别。在他对"有"，即继承于父亲的丰盈性的解释中，爱欲通过与人的理性、意志、想象力等特性的结合为自己创造出了诸多优良品性和财富，因而这个"有"实际上仍源于爱欲的可塑性。也可以说，第俄提玛这里对作为精灵的爱欲所具有的"丰盈"（有）性的解释，已经是作为源初之爱欲通过寻求和实践所得到的结果。因此这里的描述，更多的是一种对苏格拉底式哲人身上的一些特点的隐喻。所以，在第俄提玛的言

---

[1] Lacan, *The other side of psychoanalysis*: *The seminar of Jacques Lacan Book XVII*. in J. A. Miller ed., (R. Grigg, trans.), New York: Norton, 2007, p. 81.
[2] 柏拉图：《会饮》，见刘小枫编译：《柏拉图四书》，生活·读书·新知三联书店 2015 年版，第 233 页。

拉康与马里翁：对两种现代爱欲理论的比较和反思

辞那里，爱欲同样具有有无的悖论式相关性，处于一种居间状态，并因这种居间的状态，爱欲才拥有了一种动力的属性。与此同时，由于丰盈性和贫乏性皆来自父母般的遗传，它们中的任何一个在人这里都无法彻底被克服，这一点则注定了爱欲，即使是苏格拉底式的爱智之爱，也拥有一种永恒的"非全性"，即使最终我们所爱欲的确实是美与善本身，且不说它们是否真的存在，即使它们真的存在，爱欲之为爱欲，也永远只能停留于对它们的凝望和沉思，要与其融为一体则是不可能的，因为这意味着对人自身之终极有限性的超越，对人本身的彻底否定。

除了上述两个基本相同点外，二者还有一个巨大的区别，这也是众多阐释者所津津乐道的问题，即，"依照阿里斯托芬，爱欲的方向是水平的；依照柏拉图，爱欲的方向是垂直的"①。简单来说，这种区别在于，阿里斯托芬那里爱欲体现为人与人间的"情爱之爱"，而在苏格拉底那里，爱欲则体现为一种从低向高逐渐升华的"爱智之爱"。就此而言，苏格拉底的爱欲自然更合乎我们所理解的内涵较为丰富的那个爱欲，而其顶点就是对智慧的爱。但在他的爱欲讲辞中，升华是如何可能的？这是一个最为关键的问题。其实人或文明所以可能，是需要很多因素共同作用的，它是一个多元决定的结果，而非依赖某种神力或自然就可以静待其成的。爱欲的升华，从动物性的性爱之爱到灵魂性的爱智之爱，同样需要诸多其他因素的共同作用才有可能，而非爱欲这一个向度或特性就可以决定的。因而，一方面，在爱欲那里，我们说升华只有一种可能的向度，因为爱欲之有无的悖论式属性为它提供了无限的可塑性或说可能性，这是人有可能堕落，也有可能升华的根本原因。另一方面，爱欲也提供了升华所需要的动力源泉，这种动力同样来自爱欲的居间属性，来自其在有无间的"非同一性差异"，因为无论作为纯有，还是纯无，都无任何需要运动的缘由，也无任何运动的可能，无论这运动

---

① 列奥·施特劳斯：《苏格拉底问题六讲》，刘小枫主编：《苏格拉底问题》，华夏出版社2005年版，第34页。

是水平的还是垂直的,在此意义上,爱欲的本质属性实际上是一种"非同一性差异"。

  综上所述,对智慧的爱欲也同样根源于"有与无的悖论式非同一性",由于这种开端或起源上的"非同一性差异"从根本上决定了人之为人的有限性及其永恒性,因此,即使在追问和寻求终极原因和目的的形而上学那里,这种"非全性"也无法被克服或补全。这从本质上决定了爱智之爱的"永恒化",它永远不可能通过某个客体或本体来实现自我的同一化、整体化和普遍化,"有无"中的"无"则永远呈现为内在于人自身与文明自身中永恒的"欠缺""空性"或"不满"。因而,我们可以说,在"爱智"中,最为根本也更为重要的是"爱",而非"智";或者说,爱的对象——智慧应开始于对"爱"自身的认识,而非某种外在的可以满足爱欲从而熄灭爱欲的本体或客体。当我们在无穷的存在者中将一个外在的、具体的存在者当成爱之客体并将其放在永恒的"虚位"上,试图解决、固定和熄灭起源上的悖论式非同一性差异时,我们就将存在和爱贬低成了普通的存在者,也就开始了对它们的遗忘。用拉康的理论来看,这个被摆上神坛(虚位)的特殊存在者就是从无穷的存在者中被"升华"到具有"原物"(das Ding)之尊严和高贵层面的一个"例外",而本质上它只是存在者之一,甚至是一个一文不值的事物或概念。以这个特殊的"例外",我们封闭了本为"非全"而"开放"的世界,用张志扬先生的话说就是封闭、填补了奠基处的裂隙与深渊①,将其缝合为一个具有"普遍性和同一性"的理论整体或封闭系统。也通过这种例外的逻辑建构和缝合,使其成了一种"意识形态",即,"把特殊的东西说成是普遍的东西","再把普遍的东西说成是统治的东西"②。同样,也因为虚位或欠缺的开放性和爱智在本质上的非全

---

  ① 张志扬:《偶在论谱系——西方哲学的阴影之谷》,上海复旦大学出版社 2010 年版,第 4 页。
  ② 张志扬:《偶在论谱系——西方哲学的阴影之谷》,上海复旦大学出版社 2010 年版,第 4 页。

性、非同一性，才催生了诸多本体论，产生了诸多"本体"，从而使这个"悖论的空间"变成了"堆满头盖骨的战场"。不难看出，我们这里分析的作为爱欲之本质属性的"悖论式相关性""非同一性差异""非全性"及其"永恒性"，可以在汉语哲学中找到一个比较恰当的对应概念来加以概括，即，张志扬先生的"偶在"①。因此，形而上学的真正终结或许就开始于将哲学从"智"的对象化思维转向"爱"的偶在化思维；唯如此，我们才不至于在"本体论同一"和"虚无主义"之间进行非此即彼的跳跃和震荡。② 其实我们在海德格尔"语言的显隐二重性"，张志扬先生"语言的两不性"③ 和拉康"实在界的两不性"④ 等观点中，都可以看到这种偶在论观点及其摆脱本体与虚无二元性的可能。实际上，在海德格尔之后，悖论式相关性或偶在性的观点与方法，已非常普遍地存在于哲学和各种社会科学中，这其中就包括拉康和马里翁，只是他们并未将这种观点和方法用在对"爱智之爱"的还原和反思上而已。

（原载于《江淮论坛》，2020 年第 5 期）

---

① 张志扬：《偶在论》，上海三联书店 2000 年版。
② 张志扬：《偶在论谱系——西方哲学的阴影之谷》，上海复旦大学出版社 2010 年版，第 5 页。
③ "语言的两不性"就是，"语言既不能证明形而上学本体存在，也不能证明形而上学本体不存在。"见张志扬：《偶在论谱系——西方哲学的阴影之谷》，上海复旦大学出版社 2010 年版，第 3 页。另见张志扬：《形而上学的巴别塔》，同济大学出版社 2004 年版。
④ "实在界的两不性"，可以大致理解为，符号秩序既无法真正得到实在界或实现对实在界的彻底象征化，也无法彻底地摆脱实在界。体现在拉康对语言的理解也表现为一种两不性，即，既不存在元语言，但也不存在完全与客体或实在无关的语言。

附录一：研讨班一和二导论
——拉康在1953年之前的方向

雅克-阿兰·米勒[*] 著　　黄清怡[**] 译

一

"拉康研讨班英文版教程"的演讲者们决定聚焦于拉康的前两个研讨班：第一册和第二册。如果你们回家的时候已经至少读了其中的一本，或者能够凭兴趣去读一下，我觉得我们就已经达到了目标。虽然拉康素来不以可读性著称，但是我相信这两个文本是可读的。他自己说他的著作在出版十年之后，对于人们才变得清晰；十年可能还是太短了。但这些研讨班于1953年和1954年在法国举办，我相信在1989年，它对于许多人来说都很好理解了。从观念上讲，近几年英美作者的书里，只有少数几本能算是跟35年前的这个研讨班同时代的。

在重读了这些书之后，我今晚要介绍拉康——1953年的拉康——让你们熟悉他最初的研讨班的语境：他在做这些研讨班的时候是怎样一个人，以及为什么要给出对于弗洛伊德（Freud）的新解读。1953年的拉

---

[*] 雅克-阿兰·米勒（Jacques-Alain Miller），弗洛伊德事业学院成员、分析家，世界心理分析协会的创立者。

[**] 黄清怡，浙江大学哲学学院博士候选人。本文相关术语的翻译得到了巴黎八大博士候选人王明睿的指正，特此致谢。

康是怎样一个人呢？我无法通过个人经验来告诉你们，因为我在十年之后才遇到他，在 1964 年 1 月，那时候他正开始进行第 11 个研讨班——"心理分析的四个基本观念"。1953 年他 52 岁，他是 1901 年 4 月出生的，我想那离我们还不是很远。据我所知，他家住在拉斯佩尔大街附近，他上了临近的斯塔尼斯拉斯学校。那是一个天主教会学校，学生们都由耶稣会的修士教导，它的受众是巴黎的资产阶级。正是在那里，拉康学习了拉丁语和希腊语，并且接受了宗教事务训练。你们大概知道拉康对于宗教非常了解。我遇到过一些伊斯兰学者说他们确定拉康读过《可兰经》，因为他们在《拉康选集》中发现了很多它的回音。而有些马克思主义者认为拉康的工作主要是马克思主义的。还有人认为他者是上帝的另一个名称。对于不同的人来说，拉康意味着很多不同的东西，但今天我会尽量把注意力集中在心理分析上。

我不会像传记一样向大家介绍拉康的生活，首先是因为我没有这些材料——有时候我也会好奇并且问他一些个人的事，但他并没有兴趣讨论生平事件——其次是因为他蔑视传记作者。在《拉康选集》中你们会看到他对琼斯（Jones）的态度，当中颇有不屑，对一个拉康主义者来说，要成为拉康的传记作者，他必须要克服那种鄙夷——而我从未克服过。实际上在 20 世纪 70 年代，人们可以就生活上的事情去采访他；有个出版社，瑟宜，希望他跟一个记者谈谈，那个记者想写本关于他生活的书，但他毫不犹豫地拒绝了。

在《拉康选集》中，拉康透露了一点关于他思想轨迹的线索，表示他的这本书，与他名字相关的这本著作，是从 1952 年开始的：在那之前的工作在他看来是他的"先行理论"。他并没有抹杀之前的工作，而是强调了在他自己的思想发展中，在 1952 年到 1953 年左右有一条分界线。他教学的起始点是《心理分析学中言语和语言的作用及场域》，一篇为 1953 年罗马报告所写的论文。为什么这个文本对他来说如此重要，在他看来是一个里程碑？你们面前的这个研讨班——"弗洛伊德的技术性写作"是紧跟着"作用与场域"的。那篇论文在 9 月发表，然后拉康回到巴黎,两个月之后这个研讨班开始了。所以这个研讨班和这篇论文必须放在一起去看。这个研讨班可以看作是"作用与场域"在心理分析技术或实践当中的应用。在某种意义上,它回答了这个问题,"从'无意识是像语言一样结构的'这个论点可以推出怎样的心理分析技术?"如果我们承认无意识是如此构造的,我们要如何实践心理分析学呢?

伦理的角度总是优先于技术。因此,这里所讨论的技术必须以第七期研讨班中对于心理分析伦理的讨论作为补充。你们会看到研讨班一并不是"如何根据拉康学说践行心理分析学"——这并不是心理分析学的"垂钓指南"。这本书一定要跟弗洛伊德的文本一起读,你们会看到拉康的进路是一般性的。拉康所出版的文章中,有两篇明显与这个研讨班相关,因为你们知道,这只是一个拉康根据笔记作出的口头研讨班;它没有文字稿,目前也没有现场录音,因为日本人估计还没有发现任何录音带。当时有个速记员,记了一些简略的信息,然后把它打出来。拉康把那个版本保存了很多年,直到 1975 年我开始研究它。速记员的版本在一小部分学生中间以复印的形式流传开来,然后越传越广。那时候人们对他研讨班的引用不像对他所发表文章的引用那么频繁,而那些文章中的某些基本观念其实是在研讨班中发展起来的。在《拉康选集》中你会看到"疗法的变式"。这是一篇百科全书式的文章,第一部分叫作"标准治疗",它是给另外一个分析师去写的,拉康——那时候已经被认为有点离经叛道——被分配去写"标准治疗的变式"。他在这篇文章的开头就拿这个标题开了玩笑,而我相信这个研讨班就是在他为这篇文章搜集材料时展开的。比如关于巴林特(Balint)的部分,肯定是由这篇文章启发的,还有很多其他关联。

在研讨班一的第五章,我们可以看到让·伊波利特(Jean Hyppolite)关于弗洛伊德的"否定性"一文的报告。伊波利特是一个哲学家,他是第一个把黑格尔(Hegel)的《精神现象学》翻译成法文的人,他跟萨特(Sartre)同时是巴黎高等师范学校的学生,也是萨特的朋友,他对拉康的工作很感兴趣,并且定期参加拉康的研讨班。当时其他的法国哲学家认为拉康太难理解了，但伊波利特的思想却很开放。在研讨班一的第五章，我们看到伊波利特关于弗洛伊德文本的发言，以及拉康的引言和评论。拉康后来重写了这个引言和回应，作为一个单独的文本出现在《拉康选集》里面，毫无疑问会有一些学者把这个口头版本和出现在《拉康选集》中经过仔细重写的版本进行比较。因此"标准治疗的变式"以及"对于伊波利特的引言和回应"，是与研讨班一直接相关的两个文本。

但是还有其他的关联，我至少会提到其中的两个。这个研讨班的第二部分是关于想象问题的，它围绕着第 11 章展开，在第 11 章中我们会看到"理想自我"和"自我理想"之间的区分以及复杂的镜像结构。直到 1960 年拉康才开始基于这一部分研讨班进行写作；也就是说，他等了 7 年才为那时候试图强调的重点给出一个确切的公式。在《拉康选集》中，这个公式完整出现在《关于丹尼尔·拉嘉许（Daniel Lagache）的评论》里，配之以确切的镜像图示。在研讨班上，速记员并没有记录下拉康的图示，因此很难去核对它们——拉康也不记得 1953 年他是怎么画那些图示的了，也就是不知道它们当时处于什么阶段。我看了一些学生的笔记，然后他和我最终达成了一些共识。

另一个例子是在第 21 章，其中拉康认为真理出于谬误，1968 年拉康在一篇短小但晦涩的文章《对于假定知情的主体的误解》中直接提到了同样一个观念。简而言之，我们发现了研讨班一和拉康所有其他教学之间的回响。

在序言中（第 2 页，第 4 段），拉康强调了符号对于科学反思的重要性：当他提到拉瓦锡（Lavoisier）在引入燃烧学说的同时引入了恰当的符号观念，我们已经可以看到拉康对于数学的强调，也就是他为思考心理分析经验而发明的符号。在强调符号对于科学的重要性时，我们看到拉康正在为心理分析经验塑造一种特殊的符号，虽然他那时还没有发明对象小 a 或者从他工作中产生的其他符号。

还有一个历史记录：虽然《弗洛伊德的技术性写作》被认为是研讨

班的第一册,但是拉康实际上在两年前就开始了他的研讨班。1951年到1952年,他针对朵拉(Dora)的案例开展研讨,它与《拉康选集》中《就转移所作的发言》相呼应;1952年到1953年他开展了另一个关于狼人的研讨,其中的一部分反映在"作用与场域"中。前两年,研讨班是在他的客厅里开展的;那时候的参加者可能比今晚来的人还要少,我不知道。没有速记员在那里记录,只有一些不完全可靠的笔记。从1953年开始,他才在圣安娜医院开展有速记员的研讨班。但是如你们所见,研讨班的第一节还是遗失了,之后还有另一个空档。

从1953年到1963年,拉康在他的研讨班上解读弗洛伊德,每年读一到两个文本。在12年中,他表现得仅仅是一个弗洛伊德的认真读者;研讨班一关于弗洛伊德的技术性写作,就像前一年是关于一个案例,研讨班二是关于《超越愉悦原则》和《自我与本我》。拉康呼吁要回到弗洛伊德的文本,那时候在美国和英国,人们阅读弗洛伊德比阅读其他分析师作者的文本要少。我怀疑弗洛伊德的文本现在被更广泛地阅读,很大程度上是拉康推广的结果。以后的历史研究者可能会认可或否定这一点,但这是我自己的感觉。

四年前,在哥伦比亚研究所"清除"某些成员之前,我跟美国心理分析协会主席库博(Cooper)博士谈过。他告诉我,"我们在弗洛伊德之后有了进步";你听到这种观点时候就会理解,为什么在1953年美国人就已经开始说弗洛伊德过时了。他们当时认为他们比弗洛伊德更了解心理分析学是怎么回事,而且明显觉得他早期的作品幼稚而老套。比方说在1963年,阿娄(Arlow)和布伦纳(Brenner)的一本书试图表明弗洛伊德的第二拓扑学——本我、自我和超我——完全超越了第一拓扑学,也就是意识、前意识和无意识的区分;这样,他们就因为陈旧而抛弃了弗洛伊德一大半的工作。因此,虽然我没有跟历史学家核对过,但是我觉得我们可以把拉康说的这句话当真,也就是当时的人们忽视了对于弗洛伊德的阅读。

那么是什么让拉康在1953年相信他确实开始把握到心理分析学的

运作和要义了呢？这不是一个传记上的问题——这是一个理论上的问题。在这个意义上，1953 年代表了什么？他显然已经与国际心理分析学会对峙，而且不得不进行教学，以便在同行和朋友当中保持一定的专业存在度；这我就不细讲了。这一理论时刻最重要的特点是，拉康在现象学和结构主义之间找到了一个交汇点。从他最初的精神病学工作开始——因为拉康是一个精神病学家，而不是一个哲学家或者学院派——他就已经有了一种现象学导向。我说的现象学指的是胡塞尔（Husserl）现象学，因为由卡尔·雅斯贝尔斯（Karl Jaspers）引入精神病学的正是胡塞尔版本的现象学。

我相信直到 1953 年，拉康都被认为是一个存在主义者。这是望文生义的，因为他显然不是一个萨特主义者，但我承认他称得上是。1953 年并不是他为了结构主义而抛弃存在主义/现象学的一年，而是他融合两者的一年："作用与场域"正是对于这两者的融合。那时拉康关于言语的理论，在某种意义上是存在主义和现象学的，而他关于语言的理论则是结构主义的。

他一方面提到胡塞尔——在背后还有海德格尔（Heidegger）、萨特、梅洛-庞蒂（Merleau-Ponty）和黑格尔，另一方面提到索绪尔（Saussure）、雅各布森（Jakobson）和列维-斯特劳斯（Lévi-Strauss）。1963 年，作为一个哲学学生，我记得我第一次读到"作用与场域"时是多么着迷。我激动地看到在 20 世纪 60 年代初期，这些事情是如何被激烈讨论着，最重要的是那个要抛弃存在主义而转向一种结构主义的流行形式的广泛运动，而这些在十年之前，拉康在融合两者的时候就已经讨论过了。

我试图给你们讲述拉康理论道路的概要，一个由拉康出演的"朝圣之旅"。把它当作"朝圣之旅"来展示会很有趣。虽然到 20 世纪 30 年代他是一位严肃的精神病学家，但是我感觉拉康在此之前可能有其他的职业。他上中学、大学和医学院的时间并不是那么相合，我怀疑他中间花了两年去做其他的事情——但这只是一个猜想。不管怎么样，我们要记得拉康是一个精神病学家，是亨利·艾（Henri Ey）的同事，后者在将近半个世纪的时间里都是法国精神病学的中流砥柱。在《拉康选集》里我们会看到一篇1945年写的讨论亨利·艾主要观点的文章。

作为一个引用,我们来看拉康的这篇论文:《论妄想型精神病与个体特质的关系》。它在1932年出版,1975年又再次出版①,这绝对不是他第一次发表文章。但它可以帮助我们去理解拉康在1932年到1953年之间在寻找什么。这篇论文是关于妄想症的,这是一种非常具体的精神病类型,克雷佩林(Kraepelin)对它作出过经典描述,并且被法国精神病学界广泛接受。这篇论文有三章,第二章完全是关于一个单独的案例——这是非常具有原创性的,因为那时候的大部分论文都会在很多案例之间做比较,每一个案例只涉及一点点细节。拉康表示他有很多抽屉装满了案例研究,但是他倾向于详细考察其中的一个来达到问题的核心。他的第一章回顾了所有关于妄想症的精神病学研究。第三章给出了从深入的案例研究中带出的一些视角,并且提到了弗洛伊德。在这篇关于精神病的研究中,弗洛伊德第一次出现在拉康的著作里,并且我们知道,就是在这篇论文完成之后,拉康进入了心理分析学领域。我认为把他引向心理分析学的主要是他对于精神病的研究——而不是对歇斯底里症的研究。

那么在这篇论文中拉康做了些什么呢?他发明了一个新的范畴——"自我惩罚的精神病",这与弗洛伊德"自我惩罚的神经症"相对应。弗洛伊德是要阐述超我的概念,并展示负罪感在神经症中的重要性,而拉康试图把弗洛伊德的超我转移到精神病学领域,并且表明它在这里有相似的作用。他用了一位年轻女士的案例,她在严重的妄想情况下,用刀袭击了一名著名女演员。当时各大报纸都报道了这个案件,而这位女士被带到了拉康当时工作的圣安娜医院。拉康注意到,在关禁闭之后,也就是在惩罚开始之后,她的妄想很快就极大地减轻了。被警察抓住并且

---

① *De la psychose paranoïaque dans ses rapports avec* **La personnalité**, *suivi de premiers écrits sur la paranoïa*, Paris: Seuil, 1975.

关到戒备森严的圣安娜医院后,她的精神错乱很快就消失了。拉康总结道,在某种程度上,她似乎想要被惩罚,他把这当作"自我惩罚的精神病"的一个案例。

更重要的是,拉康对于心理分析学的兴趣来源于弗洛伊德的超我概念。这已经透露了拉康的"自我"概念的某些情况:它与自我惩罚紧密相关。也就是说,它和统一性、和谐、平衡或享乐没有关系。实际上,它已经是一个分裂的自我。关于"超我"这个术语有一个问题:你会觉得有一些东西在上,而另一些东西在下。但是"超我"仅仅表示预设中的自我并不想要有利于它自身的东西。当弗洛伊德说超我管理着症状时,他设定了一个内部分裂的自我,它并不想要有利于它自身的东西。相反,它想要的是惩罚、痛苦和不快。所以拉康式的自我与它自己作对,而不是对它自己有利——就好像在追寻不快乐,如果允许我颠倒一下美国协会的名言。"超我"意味着自我追寻不快乐。

在自我的分裂和自我根本的受虐狂式处境之间有一种关联:在不快中寻找满足这一事实。在弗洛伊德著作中发现的无意识自我惩罚这个观念,意味着预设中的自我在不快中寻求满足,在痛苦中寻求愉悦。这叫作受虐狂。拉康想法里的主体根本上是受虐狂式的,这个观念一直延续到他教学生涯的最后阶段,甚至越来越明显。这已经给了我们一条线索,为什么拉康对镜像阶段感兴趣,因为——作为对主体自己的身体(自我的身体)与它的意象之间关系的描述和分析——镜像阶段建基于一个分裂的自身:它是对于分裂的自身的一种评论,是接近自我的分裂的另一种方式。这是拉康最主要的话题,甚至比语言还要重要。

把握拉康在他纳入论文的案例研究中采取什么视角是很重要的。那是现象学精神病学的视角。在短短的几分钟时间里,给你们简述胡塞尔现象学的要点不是件容易的事,但我还是会尝试一下。

让我们把它跟笛卡尔(Descartes)的观点比较一下。我们所看到的和感受到的真相是什么?对于笛卡尔来说,我们所看到和感受到的、当作外部世界的东西并不是物质而是广延。他正是通过广延来指出我思和思想之间的区别。他区分了两种现实：思想的现实和广延的现实。他说广延的意思是，感知的真理是由科学的几何学所给予的。如果我们看到我们的手指比月亮大，这仅仅是身体性的幻象。感知的真理由科学所给予：天文学和几何学给出了外部世界的真理。笛卡尔采取了一个客观的世界视角，真理是上帝的视角，也就是科学。科学从上面，换句话说，从一个无人能够到达的初始点给所有人指定了形式。

而胡塞尔说什么呢？他很严肃地看待这样一个事实，也就是当我从空间中一个特定的点看出去的时候，我看到一个人坐在我的前面，而在那个人背后的一个人，我只能看到他的一部分，等等。我们可以采取上帝视角，并且说出现场的每个人坐在哪儿，或者我们可以画一张座位图出来，那是一个真理。但是我在这儿，有自己的视角：视角是现象学的一个基本观念。你不能取消自己的视角，而你可以把自己的视角哲学化。真正的日常生活的一个公理是，你只能感知事物是前后并置的，或者说在你和某物之间总有遮挡。没有视角就没有实际的感知。我们可以把它作为一个法则。

我们现在可以精确地模拟视角：我们正在发展一种关于视角的科学（实际上我们在重新发展它，因为过去已经有一种关于视角的科学了）。事实上，我们可以说现象学打开了一个关于我们自己身体的哲学领域。因为没有一种无身体的精神，所以我们不能把世界上的各种事物想成仅仅是上帝的广延的一些部分：有一种客观的东西一直在场——我自己的身体——而我与它的关系跟我与任何其他事物的关系都不一样。让我们来把它哲学化。

这个观点对于 20 世纪有一种原初的影响。与自己身体的重要性这一观念有关的对于生活和感受的广泛崇拜，源自胡塞尔。这个观点现在传播得如此广泛，以至于没有人知道它的根基在哪里。与科学的客观视角相对，现象学致力于发展一种严格的主体性哲学。它认同有一种自然科学，其中可以发现客观因果解释，但是认为当涉及人这一种带有视角并言说着的主体时，我们要考虑到另一种东西：意义。

狄尔泰（Dilthey）甚至在胡塞尔之前就这么说了，但是一直到雅斯贝尔斯，意义才被带到精神病学当中。雅思贝尔斯反对那种精神病学家，他们说，"你受心理问题困扰吗？让我们来找到客观的生物学原因和组成性要素来解释它，就像我们解释任何生理疾病一样。"雅思贝尔斯把对于疯癫的意义的兴趣带入了精神病学，去考虑主体所说的语言，等等。拉康在他的论文中明确提到了雅思贝尔斯。

海德格尔的工作从胡塞尔的工作中发展出来。海德格尔定义了他所说的，并非人——而是人在世界中的存在。它不是纯粹的意识：它总是在一个世俗的语境中，带着一种特定的视角，也就是说，总有一些他没有看到但包围着他的东西。作为一个在世界中的存在，人有一个投射，也就是一种未来感，一些他想要去做的事情。于是，他把自己的生活从当下投射进未来。海德格尔原创了非常重要的存在主义观点，"投射"。从身体上说，我在这儿，但是我把自己投射到了未来，并且我在构想我想要干什么。正是因为我想要去做某件事，我才体会到困难和阻碍。萨特发展了这一点，事物并不会本身就是阻碍，只有你想要什么东西的时候，它们才是阻碍。正因为你想要这件事进一步发生，那些具有反作用的事情才被体会为阻碍。你们会在拉康的著作中发现同样的观点以另一种面貌出现。

甚至在海德格尔的写作中，我们会看到这样的观点，也就是人——作为一种与环境和未来相关联的存在——总是把它自身投射向自身之外。海德格尔所说的此在并不是一种内在性。他没有把人的生存定义为一种内在性，一种内在的东西，就像观念或者感受那样，而是定义为一种持续的向外投射。海德格尔发明了绽出这个概念——盯着外面，拉康采用了这个概念；海德格尔发明了绽出与持续之间的区别。没有内在性，人把自己投射向外，这个过程重复着；拉康关于"L'instance de la lettre"["字母的诉求（意味着'代理'或'坚决要求'）"]的文字游戏，其实是从海德格尔发展而来的。

萨特把海德格尔的观点激进化了，他说从根本上说，意识是无，如果我们认同海德格尔所说的人总是出离于自身,我们可以把它简化为,意识是无,除了一种向外的意向运动什么也没有。这是极度概括的存在与虚无。萨特走得很远,把意识定义为虚无,但它与意向性相关联。在定义意识时,萨特自己用了"存在的缺乏"(le manque d'être)这个表述,而拉康把它重新表达为 manque-à-être,这很难翻译成英文,但是拉康把它翻译为"欲求存在"(want-to-be),显示出欲望的影响。

  从胡塞尔到萨特的问题式可以表达为如下的说法:如果意义是由人的投射给予世界的,我们仍然可以追问是什么给人的个体世界以意义。这个投射是一个人的视角,不是在纯粹感知的层面上,而是在历史的层面上;也就是个体在历史层面上的视角。因此我们可以去问一个人:"你为什么反叛呢?"他可能会回答:"我反叛是因为有些不能承受的事情。"我们假设你的筹划是去保卫民主;你感受到官僚的顽固,因此体验到在你的道路上有一些障碍;你试图克服它,但是有些时候这些障碍对你有好处。这个障碍是由一种作为视角的投射所定义的,一个主体拿起历史,并且给它一个意义。比如说,如果你们中有人恰好是美国共产党的一员,你可能会把最近世界上发生的大事看作是一种阶级福祉将大行其道的表现,给这些事件赋予特定的意义。因此你会看到不同的投射之间的关联,基于投射和存在的缺乏的意义。很抱歉我的进度这么快,这是半个世纪的哲学。

  现象学对于拉康来说极为重要,因为它引入了反客体主义的观念。在某种意义上,拉康把现象学的很多思考转化为了无意识。对他来说,重要的是无意识并不是一种内在性或者一个容器,里面一边是些驱力,另一边是些认同——与之相关的是一种信念,认为一点分析就能够清理这个容器。他没有把无意识当作一个容器,而是当作一种绽出的东西——在它自身之外——它与作为存在的缺乏的主体相关。

  在世界大战之后,散文家和社会学家朱尔斯·门罗(Jules Monroe)写了一本书批判杜克海姆(Durkheim),标题是"社会事实并不是物"。门罗用一种现象学的视角解释道,社会事实对于人们来说有意义,而如果你想要去理解社会学，你必须回到人们给予事物的意义上去。事物并不在于它们自身。在研讨班一和"作用与场域"那篇文章中，拉康推进了这一观点，虽然精神病学事实并不是物，但它们可以被重构。拉康迫使我们去问自己，精神官能症患者、精神病和倒错者是如何给予特定事物意义的。他讲述了一个孩子的故事，当这个孩子被打巴掌的时候，他会问这表示慈爱还是惩罚，如果打巴掌的人回答这是表示惩罚，孩子就会哭，如果他说这是表示慈爱，孩子就不会哭。这个孩子知道，一个巴掌可以有很多意义。拉康认为，生理学家想要定义为客观的所谓本能发展实际上也是这样。弗洛伊德说，所有事件，包括"本能发展"，都是意义性事件；对于一个患者，你必须重构他生活中的意义性事件，去分析他为什么选择特定的意义，而不是其他的意义，以及特定意义是如何被给予到特定事件的。

在拉康的论文中，从一开始就把他与现象学家区别开来的是——我在这里没有时间去评述它的细节——虽然他把意义看作是精神病学与心理分析学中非常基础的部分，但是他同时还强调了寻找意义法则的重要性。他并不把意义看作是在这里或者那里的虚无缥缈的东西，落到某个事物上，给它意义，然后消失。意义建基于主体这个事实——意义并不是一个物这个事实——并不意味着意义没有任何法则。在 1932 年，拉康已经开始研究语言学以发掘意义法则。并且在研讨班一的开篇，他重新强调了这一点："我们这里的任务是去重新引进意义的领域，这个领域自身必须要在它自己的层次上重组。"（p.1）——换句话说，他的起点仍然是存在主义/现象学式的。在 1932 年，他是一个雅思贝尔斯主义者。在《谈心理因果》(《拉康选集》，1966) 这篇文章中，在他与亨利·艾争论的语境里，他是一个存在主义者，但同时他也关切逻辑时间。为什么呢？有一种客观时间，它由时钟所测量，还有一种主观时间：一种持续兴趣的时间，结束的时间——我们正在飞速地接近它——等等。从现象学的角度看，你可能会区分客观时间和主观时间。但是拉康并没有用一种难以被表达的感觉描述去理解主观时间，试图去把握时间的内在感觉（就像在诗歌中看到的那样）；他试图去发现主观时间的逻辑。他关于镜像阶段的工作，正处在他的论文和他与亨利争论的交界处，但是我们现在要跳过它，走向结构主义与存在主义交汇的时刻。

拉康可能是在 1949 年读了列维-斯特劳斯、雅各布森和索绪尔（因此他不能被认为是后结构主义的创始人，这一个运动在 20 世纪 60 年代后期才开始），发现了他所寻找的东西：意义的法则。存在主义以及现象学的某些方面完全与结构主义相对，但是他把其他方面调和起来了。结构主义告诉他，胡塞尔描述人对于世界的直观理解——在视角中感受到人自己的身体或存在——的企图，是虚幻的，因为语言总是已经在那儿了。因此拉康拒绝了现象学对于直接性的幻想，并且意识到语言的起源这个问题并不是一个科学的问题，结构的观念贯穿了对于起源的寻找。从某种意义上说，并没有结构的起源：除非有语言在那儿，不然我们不能思考。语言是一种秩序（这是对于索绪尔符号秩序理念的援引），也就是说，互相关联的元素构成的整体。一个有差异性的秩序必须作为整体来理解，不同的组成元素互相关联；没有一个元素是绝对的。在这种秩序中元素的最小个数是多少呢？最简的秩序由两个相关元素组成。在大量思考之后，拉康采用 S_1 和 S_2 作为最简结构秩序的组成元素。

因此我们看到拉康关心的并不是意识，而是意义主体。他采取黑格尔的观念，也就是意义主体总是与一个他者相关；为了成为我自己，我必须要承认另外一个承认我的人。这将带我们窥探拉康如何理解主体与大他者的关系。随着拉康把主体（作为意义主体）与大他者之间的关系跟镜像阶段中主体与它自己意象的关系区分开来，L 图示①中内含的观点在研讨班一中发展了。在这个研讨班中拉康主要强调的是，在处理心理分析问题的时候，要区分语言和象征的层面与想象的层面，虽然我在这里没有时间去详述。想象界/象征界的区分是这个研讨班的要点。

---

① Jacques Lacan, Écrits, trans. Alan Sheridan, Norton, 1977, p. 127, p. 193.

问题：你刚才简要地提到海德格尔是拉康工作中某些方面的潜在文本。海德格尔是如何影响拉康的呢？比如说第七期研讨班就经常以向死存在结尾。

米勒：你认为海德格尔在第七期研讨班当中在场性极强？

问题：到结尾处，拉康有时候会使用"向死存在"这个术语。

米勒：我认为拉康非常敬仰海德格尔，但是我并不认为海德格尔的影响像人们想象的那么大。显然在拉康教学的开始阶段，这种影响比后来更明显。大概十年前有一个美国海德格尔主义者来见我，他认为拉康是海德格尔的一个追随者。我让他失望了，因为我说，虽然拉康在某些意义上认同海德格尔——这么说可能还太过了——但他并不是一个海德格尔主义者。相反，我试图指出他在现象学方面的痕迹，把它放在法国精神病学、客观主义，还有生物学导向的心理分析学之间的交界处。拉康在从事心理分析学之前就已经采纳了意义的视角。1932年他强调要在疯癫本身当中，也就是说，在患者言谈的内在逻辑当中去寻找意义。正是在那个意义上，他认为自己是一个雅思贝尔斯主义者。他的进路与那些试图去探查被疯癫所影响的大脑部分的研究者完全相对。拉康就像弗洛伊德一样，是在真正聆听患者所说的话。有一些法国精神病学家，他们虽然相信疯癫是生理决定的，却是好的聆听者。拉康声称，他从他那些生理学导向的精神病学教授那儿学到的，比在其他任何人那里学到的都要多。从一开始，他就采取了从现象学那里来的对于意义的关切：他在寻找意义的法则，并试图解释意义的出现。

结构主义让他相信他必须从索绪尔对于能指和所指的区分开始。索绪尔在语言的物质性层面强调结构的存在，坚持一种能指的对称结构的存在，但他自己没有发展这个结构。拉康改造了这种结构，他认为一个特定的所指，也就是说，一个特定的能指行为或意义，是由特定的能指组合所产生的。他发现了这样一个法则，意义是作为能指的运作而出现的。最后他区分了两种基本的能指组合：隐喻和换喻。在后者中有两个能指的组合，它们产生了一种特定的意义效果，一个所指

（我们把它叫作省音）；在换喻中有另外一种组合，它产生了一种正面的意义效果。

二

我们继续来讲拉康在研讨班一之前的方向，我可能会提到，这给了我一个机会，去弄清楚拉康早期工作的理论编年史。拉康抛弃了精神病学的视角而采纳一种心理分析学的视角，我们可以在他 1932 年关于精神病学的论文中看到这一时刻；像我上星期提到的那样，他试图在"自我惩罚的神经症"模式上建立一种新的范畴，"自我惩罚的妄想症"，也就是把弗洛伊德的第二拓扑学，确切来说是超我的作用，整合到精神病学的研究当中。拉康在 1932 年完成他的论文之后进入了分析，并且从那一刻开始，我们可以追踪他如何仔细地、系统性地、高度个人化地走向心理分析理论。

在研讨班中拉康的主要目标很明确，这可能也是他之后 30 年教学工作的目标：去改变心理分析学的传承方式。他不断重复道，他言说的对象是分析师同事们，这么说可能有一些夸张，因为参加他课程的还有一些其他人，但他以此强调，他向之诉说的大他者的核心是那些分析师同行，并且他的目标是去改变心理分析学在当时的实践方式。我们不再知道那个时候它是怎样被实践——我们必须通过拉康的批判去重构它。比如说，自我心理学已不在它的巅峰时刻，而我们不知道自我心理学实践在它的鼎盛时期是怎样的。顺便说一句，我昨天在报纸上读到一则引用，声称法国从来没有任何自我心理学家，这个说法至少可以说是惊人的。不管怎样，拉康并没有兴趣为了改变心理分析学而改变它，而是要去了解它如何运作。拉康一次又一次地回到这个问题，"分析是如何进行的"？

拉康当时的目标是简明性，这可能会让你们很惊讶。在一页一页的研讨班记录中，你会发现分析如何进行的简单概念，并且你可以追踪到他观点的发展。他简明性的理想跟弗洛伊德类似。在《文明及其不适》中，弗洛伊德说科学的目的在于简单化，也就是说目的在于找到一些看似抽象的概念，但是这些概念能够让你把握拉康叫作"分析经验"的东西。这个表达现在可能应用得更广泛了，但是拉康似乎是第一个在1938年就使用这种说法的人。

回到编年史的问题，我们知道拉康是在1932年写完他的论文之后，进入了心理分析领域。他在1936年的马里昂巴会议上发表了他的第一次心理分析报告——《关于"镜像阶段"》。就在这次会议之后，他写了第一篇关于心理分析学的文章，这篇文章并不是那么有名，我们只有前面一半，拉康并没有完成后半部分。我首先想要关注拉康在经历了四年的分析之后，对于心理分析经验采取的早期视角。在1936年的8月到10月，他写了文章《超越"现实原则"》，你们可以在《拉康选集》中找到法语版。这是一篇惊人的文章，并且没什么人去读，因为它包含了一些关于现实与爱因斯坦以及现实与科学的晦涩概念——这些对于大部分读者来说似乎有点不着边际。拉康很明显想要效仿弗洛伊德，弗洛伊德写过一篇《超越愉悦原则》，因此拉康在35岁的时候写了《超越"现实原则"》。在这篇未完成的文章当中，我们很难清楚看到他当时到底想要说什么，除了现实比我们想的要更复杂，以及爱因斯坦的相对论观点与之相关。

这里要关注的是拉康在他称之为分析经验的领域最初的尝试。他的文章《超越"现实原则"》的副标题是"对于分析经验的现象学描述"。他是一个精神病学家的时候是一个现象学者，而他作为一个试图展现他称为分析经验的东西的受分析者时，仍然是一个现象学者。现象学描述意味着尽力不带任何先入为主的观念去展现发生着什么。你们中的有些人可能想要以一种更复杂的方式来表述它，但是在任何情况下，它都包含了对于所有先见以及先在的理论架构的悬置：你只是去描述现象。采取了这一视角，拉康发现心理分析经验基本的材料就是语言。在1936年就看到这一点是很惊人的，当时拉康刚刚离开精神病学领域开始心理分析学的尝试。到1953年,在他写作《心理分析中言语和语言的作用及场域》(《拉康选集》)的时候,他才真正开始发展这个观点,并且他在研讨班一中继续发展了它。但是这个观点在1936年就已经有了。我们可以看到他是怎么从1936年开始一点点建设它的。

这个观念一开始并不在前台。拉康只是说,跟精神病学实践相比,弗洛伊德式实践的特殊之处在于,在心理分析中你主要是基于患者说的话来工作。也就是说,你并不像在精神病学中那样,用一些客观陈述的症状来替代他所说的话;你是去听患者自己对于症状的证词。虽然这一点看起来很简单,但它是由一个全新的路径组成的。这是拉康教学中的阿基米德点。这在弗洛伊德的著作中无法清晰地找到,但却是源于弗洛伊德对于心理分析经验的描述。它意味着在心理分析中你并不把说出来的东西指向事实。你并不去证实患者说的话。弗洛伊德一开始就是这么做的,甚至一直到狼人的案例中也还这么做;但是后来他停止了。去询问患者或他或她的家人来证实他或她说的话,这并不是分析。在这里拉康的立足点是,患者话语的内部连续性的概念代替了对于现实的参考。你并不把他或她说的话跟能在现实中找到的事情比对,你只是去考察他或她的话语是否连贯。你在他的话语本身中去寻找不一致性,而不是在现实中交叉检查。

因此拉康的出发点是,语言是心理分析经验的主要材料。如果这是正确的,而且在现象学上说是正确的,那么心理分析是通过语言运作的,并且有一个问题出现了:什么是语言?从1936年到1953年以及之后,你会在拉康的工作中看到对语言这个观念的推进。在某种意义上说,他是在接触到结构主义语言学的时候找到了他的方向。但是他从1936年开始,甚至从1932年的论文开始,就期待这次相遇了。在1936年,拉康认为语言等同于符号。即使是这种对于语言的简单化理解,也让拉康表现出一些另类。当你把符号用来指现实中或你脑中的某物时,符号才有指涉作用:你把符号与被指物联系起来。拉康说,在心理分析中重要的是符号指向"某人"。在这个对于符号的非常简单的分析中,关键的东西已经展现出来了。在指向某物之前，一个符号已经指向某人。因此拉康强调患者是在对某人说话。他从语言转向了交流：在语言结构中最重要的似乎是交流，或者用他自己的话说是"对话"。他强调语言的社会作用——语言作为一种社会联系。1970 年拉康表达了话语根本上是一种社会联系的观点，但是这个观点在很早之前就已经有了初始形态。重要的并不是所涉及的事物，而是他对其讲述的那个他人。这个讨论虽然在 20 世纪 30 年代只占了一页纸，但是却呈现了拉康花费很多年时间去发展的观念。

即使你不理解一个患者在说什么，即使在分析中你不去过问他说的话的真实性，总有这样一个事实存在，即他想要说些事情，这个"想要说"① 已经可以被分离出来了。拉康后来用欲望的术语去讨论它，但是这里已经很清楚，被分析者想要一个答案。分析师给出了怎样一种答案呢？在组成心理分析经验的这种不寻常的对话中，分析师又是怎样一种他者？

那时候拉康的答案非常简单：一个试图尽可能匿名的他者：一个没有任何性质的他者——借用罗伯特·穆齐尔（Robert Musil）的书名，他让自己不可见，几乎不做回答，并因此让患者可以把意象投射到他身上，这对于患者来说有着根本的重要性。我们在这里已经形成一个概念：分析师可以看作是语言的大他者②，他是被言说着的主体"想象化"的，因为他是一个不寻常的他者。

基于这个出发点，你已经可以为分析经验中产生的依赖性给出一个新的基础，这种依赖性在此前一直难以解释。为什么当一个人进入通常的分析时，会在很短的时间内开始感到在情绪上如此依赖于分析师，进而引发侵凌性和转移？拉康的第一个回答是，这种依赖性产生于心理分析交流结构中的"不对称化"。在言说主体之间正常的交流场景中，我

---

① 参看法语表达 vouloir dire：欲表达（字面上，想要说）。
② 语言的他者：语言学的他者，他者作为语言，语言所是的他者。

们一会儿是说话者，一会儿是聆听者。因此产生了一种均衡或平等主义。而在这个演讲场景中，我说得越多，就变得对你们越依赖。在心理分析中，我们故意使交流"不对称化"了。一个人是主要的说话者，而另一个人是聆听者，因此就会直接产生依赖性。因为如果你承认一个说话者依赖于一个聆听者，那么侵凌性、重复和转移就随之而来，如果我们假定聆听者保持匿名的话。说话者把聆听者当作是听着他哭喊出整个人生的人，他以这样的模式造出了这个聆听者。

　　拉康继续着手研究交流的结构，试图使之更加精确——20 年后，他的解读变得更加精巧了——但他一直坚持着这个论点，也就是心理分析经验非同寻常地利用了交流的普遍结构。比如在"标准治疗的变式"中，你会找到同样的对于非常规交流的强调。总是聆听者充当指挥休战的主人，也就是说，由他来说是或不，接受或拒绝，决定在字面上理解我说的话，或是决定理解我暗示的东西。一切都取决于听者的反应，虽然这反应在对话的过程中可能会变，但是一直是听者扮演主人的角色：意义的主人。不管我说了什么，他人可能会把它当作一次呼救或是一种拒绝。它总是在听者那里被解读。交流的这种性质在分析场景中被放大了。拉康在 1956 年发表的论文里详细讨论了这一点，但是他在 1936 年就为此定下了基调；后来的版本比之前要更详尽更生动，但是在基础上是相同的。在那篇文章的结尾他说，他在关于交流结构的讨论中，试图构造某种在弗洛伊德的准则中就已经非常清晰的东西。

　　现在我们要来处理他的力比多理论了。拉康很早就把弗洛伊德的工作和整个心理分析领域分成了两个部分，一部分是基于交流和语言的，另一部分是基于利比多理论，也就是元心理学的。如果你仅仅是从语言和意义的出发点来进行心理分析，你无法解释任何东西。关于性发展的理论以及它的各种阶段和驱力等，超出了你的把握。在 1936 年，拉康就已经开始区分弗洛伊德的语言理论和力比多理论。在讲授拉康的过程中有一个基本的问题，就是总要用语言理论的术语来重构驱力和力比多理论。在讲能指和原乐之间的关系时，就像我们现在这样，要不停地跟这种分裂做斗争。1953年在"心理分析中言语和语言的作用及场域"中,你可以看到"言语"和"语言"这两个术语暗示了一种对于技巧的厘清,也就是从本能和驱力理论中辨别无意识的技巧。拉康把意义、辨别和解读放在了本能和驱力以外。

拉康似乎在问自己,弗洛伊德的工作以及整个心理分析学中是否实际上有两个不同的方向,或者他们能否归约到一个共同的核心;而如果可能的话,代价是什么?在什么意义上驱力可以归约到或者包含于语言的结构呢?拉康用对象(a)本质性地回答了这个问题。他发明了这个概念,以便把驱力整合到语言结构中。这样做的时候,他付出了代价;因为在语言结构中你有能指和意义,但是他一心想要发明一种不属于两者中任何一个、完全不同的东西。这可能有一点抽象,但它将像一个罗盘,帮助我们在拉康的作品中找到方向。

现在要给这个骨架加上一些皮肉。如果我们接受了这个观念,也就是向某人说话比关于某事说话更重要,也就是说,如果我们强调语言的社会特征、它构成与他人联系的特征,那么我们就有了一个问题,关于在弗洛伊德那里被看作生理功能的东西。如果你把分析经验看作是一种不寻常的交流经验,你就是在强调这种经验和语言的社会特征。但是你如何处理弗洛伊德所说的似乎合理的生理功能呢?

拉康开始证明这些驱力完全嵌入在语言当中,并且它们是像语言一般结构的,而这些在弗洛伊德的工作中很容易证明。驱力是心理分析神话学的一部分。它们并没有那么自然。驱力理论是元心理学的。弗洛伊德通过语法变形来表现驱力:看见—被看见;他在分析驱力时使用了各种动词时态。如果你去看他关于"本能及它们的变迁"的文章,你就会看到这一点。在社会和生物学之间,在语言和力比多之间必然有一个问题。

我在这里不会深入去讲,但是1938年他关于"家庭情结"的文本[①],

---

① *Les complexes familiaux*, Paris: Seuil, 1984.

一个围绕着家庭的一般临床报告,没有包含这种关于分析的内容;但是很清楚的是,当他讲到弗洛伊德的时候,他从来不是简单地重复弗洛伊德——他试图在弗洛伊德的工作中找到自己的道路,寻找他自己的视角。在《家庭情结》中,他发明了自己的情结概念,或者说把弗洛伊德的概念普遍化了。他认为弗洛伊德理论的一个主要缺陷在于它忽视了结构,而由一种动力学进路主导。它忽视了固定的形式。在1938年,拉康已经非同寻常地开始使用结构这个词,而且已经开始想要从结构的角度重构弗洛伊德的工作。当20世纪40年代末他开始阅读列维-斯特劳斯和雅各布森的时候,这是他已经寻找了很久的东西。

他在《家庭情结》中强调的是形式的自运行。弗洛伊德对于拉康来说是一个过于原子论的思想家,即使是"自由联想"这个术语,也是来自原子论传统。拉康试图把他称为"情结"的东西构造成一种固定的形式,其中有特定的行为和情绪。他把弗洛伊德的发展阶段重写为结构,他称之为"情结"。因此他是从俄狄浦斯和阉割情结当中拿来了"情结"这个词,并且把它跟"结构"这个词等同起来。似乎他对自己说,"弗洛伊德认为他可以把他的情结概念构筑在本能当中,而我要做的恰恰相反。我要把情结作为首要概念,在此基础上厘清本能的概念。"现在如果你这么做的话,人类的本能似乎是依赖于社会这种结构;早在《家庭情结》中,拉康就试图表明人类本能与动物本能无关。我们叫作人类本能的东西与操控和区分有关。很明显,人有一种永不满足的胃口,它无法归约到简单的本能。这似乎并不需要任何证明,这太明显了。拿广告来说:想象一只在看电视的狗,欲望着或者将自己认同为广告里的人或狗。这在家养动物当中是可能发生的。正如拉康所说,生活在语言海洋中的动物总是有些神经症的迹象,并且总会产生一些紊乱。

情结总是文化性的。拉康把本能和自然与情结和文化相对,并且表明,在人当中,社会结构——语言——离机体最远。驱力似乎是纯粹机体性的,但实际上并不是。

我们跳过拉康在第二次世界大战期间的写作,因为那时候他没有发表任何文章;他不想在德国占领法国期间发表。德国占领期间的巴黎有着丰富的智性生活,很多左翼知识分子从纳粹那里得到了发表文章或者上演戏剧的权利。拉康并不是一个左翼知识分子,但值得一提的是,他在占领期间有着不发表任何东西的尊严。直到 1945 年,法国解放的时候,他才把一篇文章给了一个很小的不知名艺术杂志,那是一篇逻辑性短文,叫作《逻辑时间及预期确定性的肯定》①。这篇文章在 1944 年写成,1945 年发表。之后是他 1946 年写的文章《论心理因果性》(《拉康选集》,1966),这篇文章我也先放到一边,我们直接来到一篇延续了《超越现实原则》的文章:《心理分析中的侵凌性》(《拉康选集》),这是在 1948 年写的。其中拉康修正了他关于语言、符号、他者等等的概念。你可以理解他为什么在 1948 年拾起了侵凌性主体,因为那时候它在心理分析中是一个流行话题;这是在弗洛伊德的死亡本能观念中,也就是在"不只有力比多,而且有死亡驱力"这个观念中,可以被那些自我心理学心理分析师接受的一个概念。第二次世界大战似乎展现了某种死亡驱力的存在,在五年的世界大战、集中营、原子弹爆炸等等之后,人性中有死亡驱力这样一个东西的观念似乎不那么遥远了。所以这是一个适时的话题。

你们或许已经知道了,拉康关于侵凌性的观点是从他对于镜像阶段的论述中产生的:想象性关系是对于他人的一场永久的战争,因为他人侵占了我的位置。这让拉康在那时能够在想象层面理解侵凌:侵凌总是根植于自恋。但是这跟分析经验的现象有什么关系呢?在分析经验中,相反,我们有对话——拉康那时候采用了这个术语,虽然这有点太对称了——这样的对话是对侵凌的废除。于是,你们可以看到他如何在已经建立的立场上进一步建构。想象层面在根本上具有侵凌特征,所以我们必须把语言层面跟想象层面区分开来,在前者中理解和对话是可能的。

---

① Bruce Fink 和 Marc Silver 的英文翻译可见于 *Newsletter of the Freudian Field*, 2, 1988, pp. 4–22.

这样也就有了想象界和象征界之间的区分。想象界是战争；言语的象征层面是语言，而它的基本现象表现为和平。

在这篇写于1948年的文章当中，拉康用现象学词汇扩展了他关于镜像阶段的文章，把分析经验概念化为主体间性。当他说到在语词交流中根本的是意义而不是指向时，对此做出了更确切的定义。他的两个信条定义了意义的主体间性，一个是只有主体才能理解意义（这是拉康的工作中对于主体的第一个定义：主体是理解意义的媒介，这个媒介与意义相关），另一个是，每个具有意义的现象暗示了一个主体。如果你在某处找到了意义，那么你有一个主体。正是在这里，拉康首次把主体概念引进心理分析：意义的主体。可以把它当成一个形式定义，就像三角形是这样这样的定义。我们把理解意义或与意义相关的诉求或代理称为"主体"，也就是说没有无主体的意义。

我们也许可以在主体与意义之间建立一种更复杂的关系，但是只要我们说到关联，就足够具有一般性了。它让我们可以区分个体与主体，前者在亚里士多德（Aristotle）的定义中，暗示一个身体、一个灵魂，等等。而考虑主体时，我们并不关心个体——在心理分析学中也是这样。我今天很惊讶地听说我儿子——他要努力进入法国主要的工程和数学学校，巴黎综合理工大学校——除了要通过常规的数学、物理、英语、西班牙语和法语考试以外，还需要通过一个游泳测试。而明天他必须要跑步。在这个情况下，他并不是被当作一个需要去解释某些事情的知识主体或意义主体，他也必须作为一个身体被接受。这改变了我对于学校的看法：我文学/哲学化的感受是，一个人应该是作为一个纯粹的自身、一个纯粹的意义和知识主体能够进入这个学校，而不需要跑步。接下来的事情你们知道，他必须要会修车了！

拉康想要在心理分析学的问题上表达的是，你作为一个意义主体进入它。"不要让不是意义主体的人进来。"即使是在见到一个患者很久之后，你可能也不知道他是否会游泳。你很可能不知道他在个体层面的能力。就像拉康说的，你不会知道他品味的强度；有很多信息是你不会知道的，即使是分析了这个主体——意义主体——几年以后，而这是对于什么能够进入人为分析情境的一个非常激进的定义。

我们也必须区别主体和自我。这是1948年以后拉康工作中的一个根本区分。他给了自我一个定义，类似于萨特在一个题为"自我的超越"的开创性文本①中给出的定义，这篇文章写于《存在与虚无》之前，在其中萨特把胡塞尔的某些观念激进化了，把意识定义为虚无，把自我定义为世界中的一个客体——在你预设中的内在世界里，然而还是一个客体。根据定义，自身意识是透明的，而自我似乎作为一个客体是模糊的；你不知道里面有什么：它就像世界中的一个客体。这启发了拉康，他把自我定义为被给予的意识的核心，但是之于反思，它仍旧是模糊的；根本上他是在想象层面定义自我的。而另一方面，主体是在象征层面定义的。当被定义为意义主体时，他是处在所指的一方，而不是能指的一方。如果你理解了意义主体的观念，那么你就可以看到拉康的主体概念是位于象征层面的，而自我则是在想象层面的。在这个早期阶段，他把主体放在了所指的一方；然而后来，他把主体放到了能指的一方。因此，他从所指转向了能指。

如果我们讲意义主体，并且我们认为在你说话的时候意义会改变，那么理解同样也会改变。对于你们来说，当我继续谈论主体时，主体的概念会具有新的意义。我所讲东西的意义随着我的讲述会不断地改变。一方面我们有这样一个问题式，不断改变着的意义以及与之同行的主体；另一方面，我们有着具有惯性特征的想象性关系。因此我们有两种关系：一种是固定并且包含侵凌性的想象性关系，另一种是在主体和他者之间象征层面的关系（见L图示②），在其中意义不断地变化着——一方面是惯性，另一方面是改变。这可以在研讨班二的结尾和研讨班三

---

① 写于1936年，发表于 *Recherches philosophiques*, Vol. 6, 1936 – 1937, pp. 85 – 123；英文翻译见 *Transcendence of the Ego: An Existentialist Theory of Consciousness*, trans. Forrest Williams and Robert Kirkpatrick. New York: Noonday Press, 1957.

② Jacques Lacan, Écrits, trans. Alan Sheridan, Norton, 1977, p. 127, p. 193.

中找到,但是在研讨班一中也可以看到了。象征是这种主体的轴。

主体和自我之间根本的对立如下:如果你把主体当作是一个意义主体,它是持续生成着的,正如意义持续生成着;主体不是一个固定的点:它是可移动的。另外,自我具有一定的惯性和固定性。这就是为什么拉康把分析经验看作是"主体的现实化"。主体在进入分析时是无——这是萨特意义上的虚无——它通过变动的意义实现自身,并且成为某物。因此在自我这一方的惯性价值与主体这一方的可移动性和自身实现价值之间有一种对立。在这两者之间有着持续的来回运动,这带来了移情的问题。

只要拉康把移情定义为想象,那么它就在心理分析经验中保持了一个惯性时刻。比如说,在他1951年的文章《就移情作的发言》(《拉康选集》,1966)中,他说移情会在心理分析经验中的僵局时刻变得明显。当患者停止诉说时,分析师总是可以这样解读:患者正想到我。这也可以在研讨班一中找到。当主体转向沉默时移情出现了,同时他也与分析师建立了一种想象性关系。

当他试图给出一种对于移情的象征性定义时,他的移情理论改变了。在他提出"假定知情的主体"这一表述时,他给出了这种定义。假定知情的主体是移情的关键点,而这个定义与情绪、投射或惯性无关。

想一下关于强迫症的分析工作。强迫症患者似乎更多的是对他自己说话,而不是对另一个人说话,以至于当你为他解读某些事情的时候,他觉得被你的介入打扰了,他只想继续自己的思绪。似乎这个主体想要对他自己说话:他提出问题,但只想自己给出答案。这就是为什么拉康讲到强迫症患者的"内主体性"。

与之相反,你可能会说歇斯底里症患者是要从他人那里索求答案。歇斯底里患者不能忍受分析师的沉默和匿名性。他想要分析师是一个有面孔的人,一个作为活的身体被触摸和感受到的人,然而分析师的身体对于歇斯底里患者来说似乎是死的。这是为什么,比如说,如果你严格遵循分析场景的规则,很多歇斯底里患者会觉得被拒绝,而你最终也会拒绝精神分裂者,因为你不理解歇斯底里问题中的一个部分是"这个他者是死的还是活的?"

在精神病中,他者很明显是在主体自己的脑袋里对他说话的。从某种意义上说,他者的概念来源于拉康作为精神病学家的工作以及心理自运行特征的观念——克莱朗博(Clérambault)指出了有人在患者自己的脑袋里说话的现象。作为代理或诉求的大他者出现在交流的结构中。从某种意义上说,精神病人只是比我们更明晰:他们比我们更清楚,我们是被诉说的。抱怨有人在他背后说话、有人说他坏话的妄想主体比我们更清楚他的处境,因为我们在根本上是被谈论的,甚至在我们出生以前。在我们出现在世界之前就有一种话语,它规定了我们在世界中的存在。

拉康根据不同主体展示出的不同根本问题区分了临床范畴。意义主体,就它本身来说,是一个问题。主体是一个问号。由于我上次讲到的回溯性作用,他或她不知道,我们也不知道,他或她将来会如何揭示过去。

问题:我有一个关于达尔文(Darwin)的问题。我想是在研讨班二的开头,拉康讲到了哥白尼革命,而且他时不时地会把人类行为跟动物行为相比较。关于达尔文和弗洛伊德有一件有意思的事情,就是他们都贬低了人类。达尔文揭示了人类和非人动物之间的连续性;弗洛伊德延续了同样一种降格。有意思的是,一旦你排除了弗洛伊德理论当中对于本能中心性的需求,心理分析似乎不再延续由哥白尼(Copernicus)、达尔文和弗洛伊德带来的哥白尼革命序列。

米勒:是的,这可能会给人一种印象,就是拉康站在升华的一面,复兴了人类的自恋。在20世纪50年代,你有时候会感觉到一种对于本能的抬高,但即使是在那个时候,纯粹本能也被拉康最小化了。但是在想象层面,人类与动物的同一性被拉康保存并延伸了。他展现了,在那个层面,我们在人类心理学中找到了跟动物行为学中一样的东西。他在早期的工作中常常提到动物王国。在他早期的研讨班里，他不断地拿动物行为学中的例子来展示图像的物质重要性。比如说在1946年他解释道，有些鸽子如果看不到像它们一样的另一些鸽子，就不会成熟。他用这个例子来表明图像具有一种物质性的作用。它们不只是幻象，而具有物质性。拉康很多年的工作都假定了人类心理学就是动物心理学，但是还有另一个层面跟动物层面有交集：主体的现实化。有时候拉康似乎对于象征的力量很有激情；1953年他着实做出改变——他摆脱了国际心理分析学会所有的烦心事。但是不久之后，他采纳了一种更加弗洛伊德式的悲观主义。对于很多人来说，他对人类生存如此嘲讽是很可怕的。如果你要寻找对于人性的降格，就去读拉康吧。

三

我之前介绍了拉康在研讨班一和二之前的工作，让我们看到拉康是如何达到他"朝圣之旅"中那一节点的，也就是从一个精神病学家和现象学家变成一个分析师。我要再次提醒你们，拉康在作为一个精神病学家的时候就把自己视为一个现象学家了，并且他是跟随着卡尔·雅斯贝尔斯的脚步去看他的精神病学论文的。当我们沿着这一历经20年的路径，从1932年拉康发表他文章的那一天，一直到1952—1953年研讨班开始的时候以及"言语和语言的作用和领域"的时代，我们看到了一个进步的转化，或者说现象学嵌入结构主义的过程。以某种方式，拉康的个人经历实际上是法国知识阶层智性历史的概要，对于公众来说，20世纪60年代那一场突然的革命——对存在主义萨特主义的突然偏离，从萨特和梅洛-庞蒂到结构主义的大众转向——对于拉康来说，建基于大量智性工作，这些工作正是我在之前的讲座中试图重构的。

到目前为止，我仔细重构的是拉康的主体观念所扮演的中心作用，甚至是在他声称无意识像语言般结构之前。那篇文章隶属于主体观念。主体观念涵盖了很多现象学对于意识的观点。但是从胡塞尔开始，在现象学中发展出来的是无意识的观念。

拉康式的扭转是要把现象学对于意识的观点转化为主体的观念，也就是无意识主体。像胡塞尔、他的法国学生萨特和梅洛-庞蒂这样的现象学家在他们的意识观念中发展出来的是一种在根本上反客体主义或非客体主义的意识状态。他们强调意识不是世界中的一个物，并且你无法用描述世界中物的那种范畴去描述或分析自身意识。

在试图描述——而描述根本上就跟分析不同——意识的内在生命时，你用来描述世界的那些范畴都用不上，或者不够用了。你可能有一个用来描述世界中客体的范畴——"主体"或类似的术语——但是如果你接受了意识的观念，那么就没有可以用来描述它的客观或实证范畴。

上次我仔细地描述了生活世界，这是胡塞尔所理解的，并被梅洛-庞蒂采纳的"生活世界"，这是一种视角，认为意识与身体本身的关系是，身体总是有定位的，这意味着主观世界或意识世界总是有定位的：根据从海德格尔那里来的"投射"概念，你只能通过某一视角来触及它。我们说到意识的时候所谈论的不是一个一劳永逸地出现的东西。相反，意识是形成着、变成着的东西；它并不"存在"，而要从一个定点演进出来、变化出来。在海德格尔的工作中我们已经可以看到投射这一主题，它在萨特的《存在与虚无》中也非常重要。在萨特的工作中，存在，也就是存在者，是跟自身意识相对的，自身意识是无：一种运作着的无。正是萨特的无——它转化了存在，并在存在的总体性中打出了孔隙——给被定义为欲存在（manque-à-être）的拉康式主体铺了路。

因此，在现象学和拉康的工作之间有很多联系。意识并不是一个物。它以某些方式是"无物"，而它会变成（物）。在《存在与时间》中，海德格尔抗拒谈论意识，因为他已经感觉到意识所是的这种客体不应该被界定为意识，而应该被界定为此在，因为它总是一种有定位的意识。在某种意义上，拉康把整个现象学分析转化为了无意识主体，而拉康教学的很大一部分是在心理分析中重构这一现象学主题。

主体是生成的，这很难理解，因为这是所有经典英美哲学所拒斥的：一个有缺陷的无的观念，这个无不是一种纯粹而简单的无，而是一种有行动力的无。这是黑格尔的中心原则：有一种无，它不是纯然的无，而是辩证且有行动力的无。经验主义者，特别是休谟（Hume），拒斥这种观念。实证主义者拒斥它，巴特勒（Butler）也拒斥它，她说："一个物是其所是，没别的了。"

美国人最近痴迷于一个观点，也就是，无可以是些什么东西，而巴特勒说得可能不对。也许黑格尔不是一个疯子。主流英美哲学一直把黑格尔看作一个疯子，整个辩证法传统一直被认为是导向纳粹主义的纯粹疯癫。到了第二次世界大战的末尾，美国人可以理解它的吸引力，但却不能理解它如何能够作为一个有行动力的意识形态立场持续下去。

你必须理解没有内含的主体这个概念，比如"实现"这个术语：这个主体，根本上是无的主体，如何能通过他或她的投射以及她/他所变成者实现或确切化？这就是为什么拉康的长文章"言语和语言的作用及场域"（前两个研讨班就是基于这篇文章）的第一部分叫作"主体的实现"。实语和虚语的概念是根据主体的实现来展开的。

此外，作为无的、生成和演进着的主体意味着主体的历史的重要性。你可以在他或她作为历史的发展中把握主体，因此基于无的历史这个概念被提了上来。拉康把一次分析过程看作是对于历史的一次建构，这是被说出的历史，是由主体用意义建构起来的历史。直到现在，美国分析师才开始重新发现心理分析是一场叙事，这个观念在《作用及场域》中显然已经是一个中心观念了。在分析中被说出的历史是对于主体投射的重构。

再者，它意味着你要区分主体和自我。这在萨特《存在与虚无》之前的一篇叫作《自我的超越》的短文中就已可见，在其中萨特解释了自身意识和自我之间的区别，自身意识是无，而自我是对于主体来说的一个客体，世界中的一个客体，一种他不了解的东西，一个固结物。因此这个主体观念需要与作为世界中一个客体的自我区分开来，这正是拉康在他关于镜像阶段的文章中所说的。镜像阶段给出了自我作为图像的定义，这是一个世俗的图像，一个图像的大杂烩：自我被认为是对于主体来说的一个晦涩的客体。主体根本上是处于接收的一端。主体负荷着他的自我和自恋，他甚至可能会把它们体验为对他主体实现的阻碍。

因此，主体和自我之间的区别着实是拉康的研讨班一和二的根本指向，并且他试图反复地解释和阐述这一点。自我是基于镜像阶段得到理解的，也就是说，基于两个相似客体之间的关系：一个人自身和他自身的图像。这个区分有着至高的重要性。自我和他我之间的关系是一个世俗的关系。

在研讨班一和二中拉康为主体构造了一种关系，对应于他在镜像阶段中为自我构造的关系。我不再返回去讲拉康如何把这个主体定义为一个意义主体，每一种意义都与主体有关，没有主体就没有意义。在主体这一方面，拉康构造了一个 S（它与自我不同），以及 S 的相关概念，它在研讨班二的末尾被拉康称为大他者（主体—大他者 [S-A]）。这跟镜像阶段中设立的两个想象关系的术语（a-a'）对应。他在意义层面构造了主体和他者的对应关系，其中的问题是主体将如何被实现。

主体和自我之间的区别类似于大他者和小他者之间的区别。它们是两种对应的区分：你从自我的特殊地位开始——这现在还是美国心理分析师的中心点，其中最先进的人已经开始把心理分析当作叙事，但是如果他们再往前走一点点，把叙事想成是对个体起作用的，他们就无法逃避主体这个概念。通过重构意义，你改变了什么？你并没改变这个个体。不是说你参与了分析就会有三条手臂四只眼睛。那是什么改变了？你必须定义是什么将通过意义的改变而改变，而这就是拉康对主体所做的，是主体由于意义的改变而改变了。你们都知道这两条轴：想象轴和象征轴。它们并不是用平行线表示的。他可能会说，一方面是想象界，另一方面是象征界，这个关系是平行的。我同时既是意义主体，也是一个图像：我是一个身体或意象，我也是一个实体；你可以用平行线来表示。

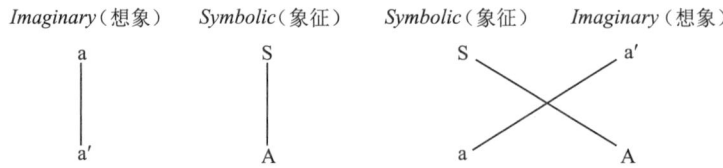

　　你们在这些研讨班的末尾看到的扭转是，当这两条轴被建构出来，它们是有焦点并构成了一个交叉的。想象关系——换句话说，从镜像阶段生发出来的关系——是建立真正象征关系的障碍。必须突破或跨越想象界以达到象征性。

　　这跟弗洛伊德关于心理分析过程中抵抗机制的工作直接相关。在此之上，拉康把想象性抵抗定义成这样，比如说，一个患者和他或她的分析师卷入到一种双重关系中，就像镜像阶段中描述的那样，具有"你占了我的位置"或"你篡夺了我的角色"这样的特征。这解释了分析过程中的很多现象，在其中我们发现了必须被克服的想象性抵抗。

　　拉康声称分析中根本的抵抗是来自分析师的，是由于分析师把自己放入与患者的双重关系中。因此拉康有一句名言，分析中唯一的抵抗是分析师的抵抗。

　　但是还有另一种抵抗：当主体必须要建立一个新意义的时候，象征轴的抵抗。拉康指出，在象征层面是有矛盾的：受分析者的话语内部具有抵抗性，而且这种抵抗在逻辑上是可以推断的。

　　我目前为止所说的话应该可以给你们提供一个坐标，用以阅读这两个研讨班：每当你觉得理解他的话有困难时，就试试用上这个坐标。拉康的《电视访谈录》读起来似乎是一个有着大量复杂修辞的矫揉造作的文本，我在出版这本书时，就在页边加上了一些公式，来表明拉康的修辞实际上是对于某种极度精确的本质的解说。

　　对于前两个研讨班来说，你需要在页边注明，虽然拉康构造了这两条轴，但是其实还有第三条轴，我之后会讲到。拉康在这里的目标是要运用这个坐标以理解各个自我之间的想象性关系。他在研讨班一和二中试图阐述这一关系的某些特点，这在镜像阶段中是没有给出的。

拉康是如何理解想象性关系的呢？他的理解并不仅仅是经验性的或基于观察的。他用了黑格尔提供的坐标去理解想象性关系：他把这个关系构造为主人和奴隶之间的关系，一种辩证的异化关系，并且在某种意义上他并没有更进一步。比如说，他在1951年写了一篇文章叫作《就移情所作的发言》，它是对朵拉案例的重新解读。那时他明显是把黑格尔坐标应用到了主体与他者的关系中。他应用了在镜像阶段中已经发展出来的观念，把作为分析师的弗洛伊德和作为主体的朵拉之间的关系表现为延续黑格尔模型的辩证关系。当他在1966年为《拉康选集》写这篇文章的简短序言时，他说那时候他只是在让学生们熟悉主体这个概念。他用一种很有意思的方式使用主体这个概念。他把一个主体和另一个主体的关系——这时另一个主体是他者——与客体化对立起来。他在与主体的客体化搏斗。

那时，他把移情定义为根本上是想象性的。移情、自恋和爱都被认为是想象性现象，处于想象轴 $a-a'$ 之上；对于镜像阶段的参照，在自恋的例子中是非常恰当的。之后拉康认为移情是一个打断了主体创造性实现的想象性现象。因此，在那时候，他的移情概念是完全负面的。

这样你们就可以理解拉康在多大程度上把对镜像关系的参照带向了黑格尔坐标；甚至后来，在他通过结构主义重构这个关系时，他继续提到了主体和他者之间的这种辩证关系。让我来指出他的欲望图示的中心模块，它在十年之后的1960年才被确切给出。这个图示的中心模块是由主体与他者之间的相互关联所给出的。我们如何在象征层面理解它呢？主体必须要接受或确认他者为另一个主体，以便他者足够或确实地确认他。你首先要做的是承认他者的存在和价值，以便他者确认你。在黑格尔的工作中，主人地位的绝境就在于他没有承认奴隶是一个主体。于是主人出局了，因为他无法被任何人确认。主人没有把奴隶确认为一个主体，所以奴隶的臣服并不代表对于主人的确认。奴隶的臣服仅仅表明主人的力量；这绝不是把主人确认为一个主体。

另一方面，奴隶在历史中获胜了，因为他是那个工作的人，并且他通过工作把无变得有效用。马克思采用了这个辩证过程,把它当作是最后奴隶将成为历史的真正主人的保证。

在此基础上,拉康为主体构造了这个高度平等的必要性,去承认另一个人的存在,以便另一个人承认他。他用丈夫说的"你是我妻子"这个短语做例子,表明主体(丈夫)确认他者(妻子)占了一个特定的位置;只有这样他才能被他所确认的那个他者确认。用拉康的话说,这意味着主体无法确认他自己,因为他不知道他是什么;他不能说我是你丈夫。他只能说"你是什么",以便得到他者的回应。这也使分析场景合法化:你需要一个他者。这解释了为什么在会面中分析师化身为另一个主体,从他那里你可以得到自己的身份。这意味着去确认他者就是被他确认。这意味着一个人类主体根本的欲望是得到确认。拉康花了很多年扩展这一点,把弗洛伊德的欲求(Wunsch)理解为被他者确认的欲望。他把欲求带得很远,以至于最后他总结到,这个概念不适用于心理分析学。

我觉得吸引人的并不仅仅是拉康最后拒斥了诸如交互性、他者、创造性言语等概念。这并不是对一切的直接摒弃,那种后结构主义者倾向于的摒弃。拉康谨慎地解构了所有这些元素,让他们互相碰撞,直到现象学的结构开始瓦解。

人类的欲望是被他者承认,并且正如欲望图示表明的那样,主体的欲望根本上是他者的欲望,主体从他者那里听到的,实际上是他自己信息的倒置。当你相信是你自己在言说的时刻,实际上是他者在言说。这就是为什么拉康把这个大他者,一开始是另一个主体,转化成了无意识自身。这也是为什么他在1953年说"无意识是他者的话语"。他从内部转化了黑格尔模型,并且在研讨班二的末尾,他把他者定义为一个中心场域,而不仅仅是另一个主体。最后他者根本不再是另一个主体,而是无意识的中心场域。

因此拉康进步地"结构了"一开始根本上是黑格尔式的模型。他把辩证法和结构联系了起来。他把言语和语言理解为两种根本的关联,并且是两种互斥的概念。他在"言语和语言的作用和场域"中强调了这一点，并且在研讨班二的末尾，他还在阐述言语和语言的关联和矛盾。在第22章"言语在哪里？语言在哪里？"中，他的根本要点是区分言语和语言。这是一个索绪尔式的区分，在索绪尔的《普通语言学教程》中得到阐述，并被雅各布森接纳；索绪尔区分了作为固定、广泛、全球性结构的语言，以及作为一种特定作用、一种创造性作用的言语。拉康把语言表现为一种秩序，一种结构化的秩序，包括了语言的词汇和语法，换句话说，固定或有秩序的一切。言语产生于那个固定的秩序。言语是一种特定的秩序化，它可能最终会进入词典。

一个词的意义是什么？一个词的意义由这个词的不同用法构成，由那些将会形成意义转变的创造性使用构成。某一刻出现的某种特定用法频繁地重复，以至于后来它进入了词典，这样一个新的意义就产生了。比如说"心理分析"，就是一个在某一时间被创造，而现在可以在大多数字典里找到的词。法兰西学院正在缓慢地准备它的词典——经过了20年，我想他们终于到了字母"C"或"D"，因为他们非常仔细：他们每个星期四会面，并不是每个人都出现，所以他们的进展很缓慢。去年他们表达了这样一种观点：很多心理分析词汇不应该被纳入进来，因为它们太新了，而且他们不知道这些词会不会留存下去。语言抗拒对新词的接受和意义的转变。"一种语言的生命"包含了意义的持续转变，这要归功于言语，它处于与现实的辩证关系中。

拉康把作为固定结构的语言与作为创造性作用的言语对立起来。他从这里推论出自己在心理分析历史中的位置。对于弗洛伊德来说，言语和语言具有至高的重要性，但是从弗洛伊德之后，人们渐渐忘记了言语和语言在心理分析中的角色，直到1953年。拉康表明心理分析师把无意识客体化了。他们完全忘记了言语的创造性作用。拉康把他的历史任务，他对于弗洛伊德的回归，看作是对于言语这一根基的回归。所有心理分析概念都建基于言语，只有在言语中，心理分析才有行动力。

目前为止，我们已经有了几个区分：主体和自我，大他者和小他者，言语和语言（言语的创造性作用和语言的固定秩序），还有象征界和想象界之间的区分，实在界是第三个未知的量。那时候，拉康只用了象征界和想象界，实在界还未进入想象性关系。你不知道什么是实在的：它既不是象征的，也不是想象的。拉康带着这个对立开始了对弗洛伊德工作的一次系统性重构。他注意到弗洛伊德没有基于言语构造一个明确的转向，而拉康找到了这个阿基米德点，从此开始重构弗洛伊德的所有工作。基于他对于言语的理解，拉康开始重构临床经验，把各种从这条或那条轴的紊乱中得来的临床经验理论化。

把它结构化的第一步是——我跳过了一些中间步骤——尽量聚焦于言语和语言。言语在哪里？语言在哪里？他做出了一个从黑格尔视角看来非常奇怪的关联，试图把语言放到这个公式中——一个通常只会包含两个主体的公式：一个主体和另一个主体。当我对另一个主体言说的时候，我必须说他的语言以便被理解；比如说，当我跟你们说话的时候，我就在说你们的语言。拉康展示了语言对于言语来说的必要性：如果言语的创造性作用要得到运用，语言的固定秩序是必不可少的。语言的结构性秩序总是位于他者的中心场域。因此，拉康开始把他者的意义从另一个主体改变为作为固定秩序和结构的他者。

结构主义视角中根本的一点是，语言是一个总已经在那儿的不同元素的固定秩序（见于索绪尔、雅克布森，还有列维-斯特劳斯，特别是后者对于马塞尔·莫斯的引介）。语言的概念，从结构主义者的视角，预先排除了它作为一个全球性秩序的起源，也就是说，它意味着语言总是先于言说的主体。这就是为什么拉康总是批评语言习得实验，他根本的观点是，在主体的任何学习之前，语言已经在那里，在世界中了。每个人都出生于一个语言已经在此运作的世界。因此，问题在于主体是如何进入语言的，而不是反过来。

乔姆斯基（Chomsky）把语言看作是一种内在发展的机制，但拉康的视角与之恰恰相反：语言已经在那里了，问题是个体主体如何进入它。从结构主义来说，语言是先于主体的一种秩序。那时候，拉康试图从语言中推断出主体,并表明主体是特定语言学关系的结果。在《言语和语言的作用及场域》中,是符号造就了人:人由于符号而是其所是。这里拉康引入了列维-斯特劳斯的各种人类学参照,表明即使是在最"原始"的人们那里,他们的生活也是以一种高度结构化的指射秩序来组织的,并且他们的铭文有一种非常精确的符号秩序。我们文明中的不适也许可以归因于此:我们的象征秩序远比原始人的要自相矛盾,它过度复杂了。

把他者当作语言结构的中心场域,拉康继续用语言结构来指明一个原初法则——俄狄浦斯法则。与镜像阶段中发生的事情相比较,在所有这些之中,根本的术语是他者的承认,他者对于某人存在的承认。想象界是一场战争,象征秩序根本上是和平和对话。由此,拉康会把那时的欲望定义为对于和平符号的寻找,如果考虑到心理分析本身的存在,这似乎是很困难的。这也是为什么他后来离开了这一立场。

为了理解言语和语言之间的差别,比如说,在《作用及场域》中拉康就凝练了三个中心矛盾、状况或主体立场,其中言语和语言似乎截然不同。第一个矛盾被他称为疯癫矛盾,其中疯癫的定义是典型的:在疯癫中我们看到的是言语的缺失而不是言语的创造性作用。我们发现语言仅仅是一种没有创造力或辩证性的固定形式。他把疯人定义为没有确认他者的人,实行着一种无法想象的、不去确认任何他者的负向自由。疯人不知道任何辩证法,拉康更进一步说,在心理自运行机制中,他者直接向主体说话,而不具有象征性。它来到了实在维度的边界;你不是从语言学他者那里接收象征秩序,而是接收了实在界的东西,因此你是在你脑中听到他者说的话。这只是一个草图,但是你可以看到即使是他对于施莱伯(Schreber)案例的分析也是基于言语和语言的矛盾。

第二,拉康把症状、禁忌和焦虑(借用了弗洛伊德1925年标题的三个术语)看作对言语和语言之间关系的示例,他认为分析症状是一种尚不能在话语中实现的言语或讯息,它在身体或意象中得到表达。这是一个尚不能通过清晰的话语来表达的象征性讯息,而在身体的实在界或作为被替代的言语的想象界中得到表达。你必须在其中辨认语言的结构。

  第三，拉康分析了他所说的话语的客体化，这代表了我们在文明中的状况，其中一切都已经被说出来了，言语的创造性作用降低了。只有客观话语保留着，一道语言之墙，像他说的，一个固定的形式，一道与言语相对的结构之墙。因此心理分析在文明中的作用是去维护创造性言语的权利，克服并对抗这个固定秩序，这个观点显然有一定的浪漫主义和无政府主义的弦外之音。由此出发他推断出了一种新的心理分析技术，它修复了弗洛伊德的技术。换句话说，他由此出发推断出了解读应当是什么，以及分析过程中时间的作用应当是什么。在"作用及场域"第三部分的后半部分中，拉康详尽解释了为什么这意味着不定时长的分析过程。我想今天我没有时间向你们解释这个了。

附录二：无意识：内部还是外部？
——从弗洛伊德到拉康

居 飞[*]

在精神分析的认识论中[①]，就无意识这一基本概念而言，内外对立相比局部—整体对立更具一种基础地位，或更具一种基础方法论的味道。实际上，无论弗洛伊德还是拉康，两者都依赖于这个认识论范畴来反对古典的形而上学，尽管此范畴在各自理论体系中总是意义多重。在拉康的理论坐标上，它甚至还带有了形而上学的色彩。

一、无意识之优先性

在弗洛伊德体系中，无意识作为首要发现，尽管仅是精神装置的一个子结构，但却最为特殊。其不仅有专门的运作逻辑与表象内容，同时也在很大程度上决定了我们对外部现实的感知，外部世界的多样性及复杂性很多时候需要回溯到主体的内部无意识世界。就此而言，无意识构成了精神生活的基础。

---

[*] 居飞，同济大学人文学院副教授。本文得到 2014 年"上海市浦江人才计划"（项目编号：14PJC100）以及 2014 年"同济大学人文社会科学青年基金"项目（项目编号：20141850）资助。

[①] 居飞：《无意识：局部还是整体？——精神分析的认识论》，载《哲学动态》，2015年第 2 期。

因此，自发现无意识这一"现代性的伤口"起，弗洛伊德就未将其成果安置在古典哲学传统中，其无意识定义也从本质上不同于在思想史和心理学史上出现的诸多无意识定义，典型如莱布尼茨（Leibniz）和尼采（Nietzsche）等名家的定义。作为集其理论大成的原心理学（Métapsychologie），其名称也并非为了仿照形而上学，恰恰相反，而是为了纠正古典形而上学的错误，并重构人类精神生活①。在生命的最后年月，弗洛伊德再次表述了其反对古典哲学的哲学抱负，这次目标更加具体，直接指向康德的先验空间观念②。这一表述后来引起了不少哲学家如德里达等人的注意。

从术语学来说，尽管弗洛伊德从古典表象哲学或古典心理学借用了不少术语，但用法往往不尽相同，甚至可能完全相反。以表象概念为例，它在古典哲学中一般指某外部知觉在脑中的出现以及留下的印象。但对弗洛伊德而言，无意识表象，尽管其起源可追溯到某个知觉，但一旦进入无意识中，它就只服从无意识所特有的联想法则和运作规则，也就此与外界无关，还因被持续投注而能够影响到外部知觉。在这个意义上，我们很难说它还是一个"表象"。同理，还有现实、自我及客体等术语。这些变化从本质上涉及弗洛伊德所带来的一个认识论断裂或颠转。

由此，我们看到，就无意识而言，弗洛伊德的基本立场在于强调无意识相对外部现实的优先性，内部相对外部的优先性，"观念先于知觉"。这个思路带来了很多为人熟知的成果，例如：因性冲动被压抑而导致的升华、强迫症和宗教仪式的相关性、死冲动和战争等。当然，最广为人知的还是俄狄浦斯神话，其原型是家庭中的俄狄浦斯情结。

---

① S. Freud, *Œuvres Complètes*, V, sous la direction de Jean Laplanche, Paris: PUF, 2012, pp. 354–355.

② S. Freud, *Œuvres Complètes*, XX, sous la direction de Jean Laplanche, Paris: PUF, 2012, p. 320.

二、内外分化：快乐的还是现实的？

这一思路明显不同于传统意识心理学，因为意识系统或弗洛伊德经常简化使用的知觉—意识系统不仅受外部世界调控，还要承受无意识的渗透和支配。这一说法也直接挑战彼时在思想界处于主导地位的进化论，因为在其看来，意识的主要目的就是适应现实。

然而，赋予无意识优先性，这并不意味着外部现实就是次要的，或仅是无意识的衍生物。无论是基于彼时处于主流的科学实在论，还是基于临床观察到的精神冲突，抑或是基于治疗所面向的基本现实需要，弗洛伊德都无法回避或者取消外部现实的基本作用，也正因此，他在其后数十年间一直努力维持"快乐原则—现实原则"的基本二元性。但这样做也就意味着，不仅需要承认外部现实和无意识一样具有独立性和自主性，也同时需要证实其在何种意义上是独立的。另外，因意识处于无意识和外部现实之间，其相对后者是内部，相对前者却是外部，其中间地位使得需要不断质疑其到底是不是一种传统意义上的"意识"。这一系列问题开启了弗洛伊德的精神分析之路，但另一方面也使得内外问题变得无比复杂，既在内外的不同分化机制方面，也在这些机制之间的衔接方面。

自 1895 年《神经心理学大纲》起，与布洛伊尔（Breuer）坚持精神系统如同物理世界一样只存在一种恒定态不同，弗洛伊德基于神经症临床及梦，却认为精神系统在正常思想之外存在一种独立自主的过程。精神系统由此就存在两种相对独立的守恒态，弗洛伊德以物理学术语把它们的工作原则分别命名为惰性原则及守恒原则，前者力图紧张清零并尽可能快地得到满足，后者则是对前者的紧急修改并试图保持能量数量的恒定①。由此这般提出的无意识便彻底不同于意识，它只以快乐为准，

---

① S. Freud, *La naissance de la psychanalyse*, Paris: PUF, 1956, p. 317.

对表象源于何处并不感兴趣,其运作依据"快乐 = 紧张减低,不快乐 = 紧张升高"的量变序列而变化。而意识和知觉及外部世界相连,其依赖于多样化"现实指示"或"性质指示"来确保满足和实在之物相连。这一质量对立构成了最早区分"无意识—意识"的心理学标准,并在其后以不断分解组合的方式被整合到"快乐原则—现实原则"的基本二元对立中。

  从发生学来讲,正如"满足经验"模型描述的那样,一开始幼儿从外部客体得到满足,外部客体及其表象让紧张平息。然而,如果在紧张产生时并没有相应的外部客体,幼儿可能超投注以往曾带来满足的客体表象而幻觉性地得到满足,换言之,表象在超投注之下能产生一个如同外部现实的幻觉。这实际就是在强调,无论外部客体是否到场,幼儿一开始只对快乐感兴趣,精神装置也只服从快乐原则,他并没有必要考虑满足表象是否和实在客体相连。弗洛伊德的这个陈述不仅彰显了人类精神生活相比动物而言的独特性(后者很难只依赖于表象),同时也产生了以下两个对精神分析临床实践而言至关重要的问题。

  第一个问题是,此刻即使主体还无从认识外部现实,但这并不意味着其就无"内外"之分。相反,他以快乐为准建立了一系列丰富的内外区分,它们也不限于无意识领域,其后还能在现实原则建立后叠加或渗透到对外部现实的感知中。

  就此区分而言,弗洛伊德在不同文本中表述稍有不同。第一个表述见于 1915 年的《冲动及其命运》。在快乐原则主导之下,主体经历了两次不同的内外分化:第一次,主体与令人快乐之物相一致,外部世界与无关紧要之物相一致;第二次,主体通过内投所有令人快乐之物而与之相一致,通过把不快乐之物投射到外部世界而使它们相一致①。第一个阶段的主体被弗洛伊德定义为现实—自我,但此"现实"并非外部物质

---

① S. Freud, *Œuvres Complètes*, XIII, sous la direction de Jean Laplanche, Paris: PUF, 2012, pp. 181–183.

附录二：无意识：内部还是外部？

世界意义上的现实，弗洛伊德把它定义为一个相对主体的"恰当的客观标准"，即相对主体主观感知的客观性①。第二个阶段的主体被定义为快乐—自我②。在 1925 年的《否定》中，弗洛伊德再次表述了快乐原则主导下的内外区分。但这次，弗洛伊德在第一阶段并没有使用"现实—自我"术语，而似乎只作了一个类似存在论的陈述："一开始，表象的存在就保证了被表象之物的现实。"③ 这个陈述有点让人迷糊，我们留待下文讨论。第二阶段，弗洛伊德仍称为"快乐—自我"，与此前相同。但也在此文中，弗洛伊德增加了第三阶段，即现实原则有所介入后，这个阶段被定义为"现实—自我"，此处的现实就直接对应于现实原则。这个用法也和此前 1911 年的《精神运作的两个原则的阐述》中弗洛伊德初次提出"快乐—自我，现实—自我"用法相同。

由此，我们看到，弗洛伊德之内外分化比实在论意义上的内外分化复杂得多。同时更重要的是，如弗洛伊德所强调，只服从快乐原则的内外区分并不完全限于无意识领域，其也会不断地影响，甚至修改后续基于现实原则而建立的区分。在此意义上，弗洛伊德的意图不仅仅在于强调主体如何从快乐原则过渡到现实原则，也在一个去时间的意义上强调这三种内外区分的标准能共存于同一客体之上。换言之，内外区分的重心在于其标准，而非在于其发生。如此一来，外部现实术语就很难完整保留其客观色彩，它仍然可以意指一般意义上的客观现实，但它同时也复合或叠加了快乐原则的色彩。

从思想史角度来说，弗洛伊德这个工作更新了对人类精神生活的认识，其影响也扩展到精神分析之外的诸多领域，如艺术界、教育界等。从日常生活角度看，许多社会或文化争议内部都暗藏了此种无意识的内

---

① Michel Henry, *Généalogie de la Psychanalyse: le Commencement Perdu*, Paris: Presses Universitaires de France, 2003, pp. 181–183.

② J. Laplanche, J.-B. Pontalis, *Vocabulaire de la psychanalyse*, Paris: PUF, 1967, pp. 257–258.

③ S. Freud, *Œuvres Complètes*, XVII, sous la direction de Jean Laplanche, Paris: PUF, 2012, p. 169.

外区分逻辑（如：同意我就是好人，不同意就是坏人，等等）。

第二个问题更为麻烦。如精神分析临床所示，如果主体能依赖快乐原则获得满足，他又为何非要寻找实在客体呢？对此，弗洛伊德在《大纲》中的回答是，因为主体碰到了一个"生命紧急状态"[1]，即死亡，因主体如果无限制沉迷在幻觉模式中只可能以死亡结束。但从今天孤独症临床、网瘾或毒瘾来看，这个说法并不具有普遍性，尤其是结合弗洛伊德后期所发展的死冲动概念来考虑的话。

如果这个紧急状态启动了，那么还要回答一个问题：主体如何能过渡到"现实原则"？或者说，在快乐是第一意愿时，主体如何感知一个客观外部世界，并将之作为一个备选？弗洛伊德的回答在两个不同的方向上：其一，在早期《释梦》中，他借助反射弧模型，把外部世界的存在归功于运动端或者运动性知觉[2]，这也是后来"现实检验"概念的主要存在依据。但正如精神病及一些谵妄状态所显示的运动性幻觉那般，也正如今天高度发达的游戏仿真技术所示，这样的保证在逻辑上也不彻底。其二，正如他在《否定》中所坚持的，一开始外部世界就有所介入，表象保证了被表象之物。这在今天看有点像一个实在论承诺，弗洛伊德似乎并未就此过多说明和解释。依 J. 拉普朗什（Jean Laplanche）的看法，这个问题关系到《性学三论》中的支撑理论：一开始，自保冲动在实在客体中找到满足，其自然功能的实现使得主体能以同样路径（如口腔）边缘性地得到一种幻想式满足，性冲动由此产生，其实质只是自保冲动的边际产物[3]。但是，这一答复不仅颠覆了弗洛伊德"现实原则是快乐原则之修改"的观念（既在时间上也在逻辑上），同时其外部视角也无法回避主体在被快乐原则控制时的主观视角：主体终究只是与快乐或不快乐表象打交道。

---

[1] S. Freud, *La naissance de la psychanalyse*, Paris: PUF, 1956, p. 317.
[2] S. Freud, *Œuvres Complètes*, IV, sous la direction de Jean Laplanche, Paris: PUF, 2012, pp. 590–591.
[3] J. Laplanche, J.-B. Pontalis, *Vocabulaire de la psychanalyse*, Paris: PUF, 1967, p. 377.

附录二：无意识：内部还是外部？

实际上，如果暂时抛开这一哲学式追问（当然也不能把此问题还原为一个自然习得模式），我们会发现，无论是"生命紧急状态"还是后来支撑性冲动的自保冲动，弗洛伊德都假定了生命体内在的一种自适应或调整能力，这实际是一个进化论假设（更偏向拉马克的立场），尤其自保冲动更是直接考虑了外部环境的作用①。

在1920年后，弗洛伊德进一步向进化论倾斜。因重复以及抵抗等临床现象所显示的死冲动倾向，他进一步强化外部现实的干预功能，由此也更多直接作为一个准人格机构而起作用。就自我而言，尽管弗洛伊德依旧如1915年左右那般强调其形成要依赖于无意识的一些特殊运作（如认同、投射），尤其是涉及俄狄浦斯情结的那些运作，他也不断向自我代表外部现实这一面倾斜②。

到此为止，我们发现，无论"外部现实"的理论支架如何，其定义更多是否定性的，其功能主要在于防备无意识过程或者死冲动的蔓延，就是说依然以"无意识之优先性"为前提。如果考虑无意识对它的影响，其独立性就更为有限，也更像一个内容和规则都有所不足的理论预设。从精神装置角度来说，外部现实更类似一种催化剂来促进精神装置的分化，其差异会引起能量的不同分配及流通，但却不能导致一个结构性变化。只有在诸如重大创伤以及药物刺激这样一些特殊外部状态中，能量的投注超出了精神装置各机构所能承受的阈限，精神装置被迫以一种非常规方式运作，外部现实才显得部分是决定性的。但即便在这些情况下，弗洛伊德有时仍尝试将它们还原到精神装置的一个早先不足，即此装置从建立开始所能承受的阈限就偏小，也相应更多处在一个不稳定状态。由此，弗洛伊德多次坚持，外部现实不能作为一个主要临床参照

---

① S. Freud, *Œuvres Complètes*, XIII, sous la direction de Jean Laplanche, Paris: PUF, 2012, p. 223.

② S. Freud, *Œuvres Complètes*, XVI, sous la direction de Jean Laplanche, Paris: PUF, 2012, p. 269.

指标①。

弗洛伊德有关外部现实的踌躇,主要是进化论立场,其后在精神分析圈引起了无数争议。不少学派沿着这个思路继续工作,也有学派不断强调这个思路的局限性,因为过度强调它将可能抹掉无意识幻想的独特性,从而让精神分析偏向于一种适应之学。

三、何谓"现实"?

拉康最早的工作"镜子阶段"指向自恋,其中一个目的就是反对当时自我心理学学派日益将自我隔离并单纯看成是外部现实之代理的立场,同时也顺带反对了弗洛伊德的生物进化论立场。对其而言,把自我看成是现实代理,这容易让精神分析成为一门"驯服技巧",分析家也难以保持其中立性。若要纠正这个错误,我们需要质疑自我和外部现实概念。亦即,如果说外部现实塑造了自我,那么自我如何感知这个现实②?这种感知方式又如何构成?因此,首先应该质疑两者之间的关联,而非一上来就把外部现实看成是一个先天预制形式。

这一思路对人类来说尤为重要。因为与很多哺乳类不同,人类幼年期非常漫长,本质上是个早产儿,哺乳期的结束并不意味着幼儿能够自如适应外部环境,也很难想象人类幼儿和其他物种一样服从简单的生物进化论。如果说对人类幼儿而言有一个至关重要的外部现实,那它首先是父母及其对孩子的欲望,而非"物竞天择"生物伦理所描述的一些自然事实。

为了回答这个问题,拉康回到弗洛伊德 1915 年左右的一个观念,强调自我并不是现实的衍生物,而如同外部客体一样是一个力比多投注的客体。但对弗洛伊德而言,主体如何从身体的碎片状(冲动投注在各

---

① S. Freud, *Œuvres Complètes*, XI, sous la direction de Jean Laplanche, Paris: PUF, 2012, p. 20.

② J. Lacan, *Les écrits techniques de Freud*, Paris: Seuil, 1975, pp. 81–83.

附录二：无意识：内部还是外部？

个爱若区）过渡到一个自我统一体（冲动投注在一个自我统一体上），这点并不清楚①。拉康借助于几个光学模型而将之归功于一个特殊的"镜子阶段"，亦即主体借助母亲的身体图像而在镜子前意识到了身体的统一性，而这也是自我第一次被构成的位置。

但是，这一构成并非自发行为，它需要依赖母亲话语的先在引导。正如幼儿从第一人称"我"中建立了自己的主体性并同时建立了自身和其他主体的边界，正是话语功能先在地给身体图像统一赋予了一个符号框架。由此，在镜子阶段的第二个版本中，拉康区分了话语所蕴含的符号功能以及镜像所代表的想象功能②。这个区分也同时方便区分了弗洛伊德那里出现的"自我理想"和"理想自我"的各自功能。在其光学模型中，前者被镜子所代表，后者被镜子反射出来的图像所代表。

由此，自我和外部现实的关联并非预制，而是以母亲功能为中介。她既为主体引入了所谓的外部现实，也帮助主体建立了自我。然而，重心也不在于母子间的主体间结构，而在于这个结构得以构成的途径，即母亲的话语，因为正是它引导了主体的感知并帮助主体登录在符号世界中。如果说存在一个外部现实，那么这个现实不是自然世界，而首先是符号世界。这个语言中的符号功能被拉康命名为大彼者（l'Autre），母亲在特定时候是其代理。

实际上，即便是弗洛伊德，他在晚期也同样意识到，幼儿自我所依赖的外部现实和母爱密切相关。③

在这一"外部决定内部"的思路上，拉康更进一步：其一，就无意识的起源及构成而言，拉康借助结构主义语言学研究，以更科学的方式证实了，无意识不是一个自然分化的机构，而更多是一个外部语言所诱导出的人为机构。无意识中的表象运作规则恰恰是所有语言都具备的，

---

① S. Freud, *Œuvres Complètes*, XII, sous la direction de Jean Laplanche, Paris: PUF, 2012, p. 221.
② J. Lacan, *Les écrits techniques de Freud*, Paris: Seuil, 1975, p. 160.
③ S. Freud, *Œuvres Complètes*, XVII, sous la direction de Jean Laplanche, Paris: PUF, 2012, p. 269.

即隐喻和换喻。这一事实不仅说明两者间的类似性,更说明无意识只可能源于外部符号秩序在精神系统内的登录,"无意识是大彼者的辞说";其二,在精神分析的意义上,因母亲欲望和父亲或父亲所代表的父权制度有关,这个外部现实被还原到父亲的功能那里。主体在那里碰到符号界所蕴含的真正现实,其后通过认同"父亲的名义"而在符号界登录。也正基于这个认同,精神结构在双重意义上被分裂:无意识—意识之分裂,两性差异。

对精神分析而言,拉康的这个更多是认识论的结构主义转向不亚于一场革命,有多重影响。

第一,生物学立场被抛弃。有关进化论部分,前文已有陈述,就不再赘言。我们可以讨论一下弗洛伊德在冲动理论上的生物学保留,尤其是性冲动。弗洛伊德一边不断强调人类性冲动之特殊性,但是当涉及它的本质和源头时,他要么直接承认是未知的①,要么就求助于一个生物学假设。例如,在《性学三论》中,当弗洛伊德强调人类性欲在倒错领域和幼儿领域的特异性时碰到了某些难以解释的个体性特征,他就求助所谓的体质敏感性。今天,因儿童精神分析的发展,我们知道,这个敏感性很大程度上和母子关系有关,而弗洛伊德因更多涉及成人临床而无法对早期母子互动有更深的了解。此外,在有关冲动的一系列论述中,我们都可以找到弗洛伊德的这种保留:如他把冲动定位在身心边界;他有时把冲动源定位在身体内部,有时定位在躯体的开口,等等。

但对拉康来讲,精神结构的启动和生物需要无关,它应归因于幼儿在诞生时的一个缺失。换言之,主体在诞生时因环境转换"感受到"一种无以名状的不满足,此不满足并不源于饥饿,而更多涉及一个相比此前完美满足状态而言的缺失。随着母亲乳房的插入,所唤起的享乐使得幼儿得到满足,并渴望依此途径来重新找回此前的未缺失状态。由此,

---

① S. Freud, *Œuvres Complètes*, XIII, sous la direction de Jean Laplanche, Paris: PUF, 2012, p. 302.

附录二：无意识：内部还是外部？

主体不断请求母亲给予满足来填补缺失，快乐原则被启动。但母亲带来的满足总是有限的，她不能无条件满足主体的欲望，主体因此被挫败并就此对母亲欲望感兴趣，精神结构由此在符号界中展开。在此意义上，母子关系的建立并非基于孩子的需要，而更多基于母亲的欲望，其喂养的并不是孩子的饥饿，而更多是自身作为母亲的欲望。由此，我们可以说，恰恰是母亲的欲望借"生物需要"之名开启了孩子的欲望。

但是，这一很多导论性文献中通行的陈述仍值得存疑，尽管其简化了很多复杂关联。因为假设主体一上来就感受到一种缺失，这就等于假设主体在登录符号界之前就已经具有主体性，这过于先验。也许一个回溯性逻辑更为合适，拉康对此也有不少阐释，即主体一上来并不存在，什么都不知道，恰恰是母亲假定了他的饥饿和缺乏，并借助乳房强制给主体带来了最初的享乐痕迹，主体被此痕迹所启动而成为一个欲望主体，但因其后察觉所得享乐总是不足，他由此回溯性地假想此前存在着一个完美满足状态，也可能前瞻性地假设未来存在得到这种完美满足的可能性。这也是拉康客体小 a 概念所涉及的结构性悖论。

实际上，我们发现，拉康在早期文本中也给生物学基础保留了一个位置。例如在需要—请求—欲望三联体中，他假设了主体一开始有一些生物学需要或一些机体性紧张（未必是饥饿），只是在其后续请求被拒绝后，母亲才作为大彼者被建立，欲望因而产生于需要和请求的缝隙中。但是这个三联体在 1962 年后就很少被提起，主要原因在于拉康逐渐清晰了其符号主义立场，尤其是他的实在概念摆脱了早期的自然主义色彩而开始作为一个真正的结构性参数起作用。

在今天生命科学大繁荣之际，不少学者也越来越习惯将很多疾病追溯到其早先遗传的基础上，甚至包括性倒错以及神经症这些传统上被看作更偏向于心因性的疾病，拉康的立场似乎有点非主流，不少著作在承认拉康卓越贡献的同时也就此表示了遗憾。但如从精神分析角度来看，这个立场仍有值得坚守的理由：首先，在临床意义上，无论在还原论意义上生物水平如何发达，很多语言或文化所带来的心理事实不可能被简化到生物基质上,如人类性欲与动物本能之间的不连续性,施受虐的性快感,等等。其次,在治疗意义上,把很多精神性疾病归于其生物学基础,这就把它们更多看成一个先天事实,而回避了很多病因学问题、甚至治疗学的可能性,例如时下争议最多的孤独症领域。此外,如我们所知,即便在当下的生物科学中,表观遗传学的兴起也使得生物学逐渐摆脱了决定论模式,外在环境的不同也同样能够影响到基因的表达。最后,在理论意义上,因所处科学及文化背景不同,拉康不同于弗洛伊德的踌躇,不愿在生物和文化之间妥协,其理论也由此具备了更高的一致性和完备性,也更具决定论的味道。

第二,这一革命也颠转了无意识长期具有的核心地位。对弗洛伊德而言,无意识是精神世界的最大秘密,甚至是基础。而对拉康而言,尽管它仍是精神的重要一极,但并不具有本质上的优先性,其与意识一道都是符号界的产物,也都依赖于大彼者的功能。无意识并不是本体性存在,相反它却具有一种偶然性,因为正是在一种错觉中,主体幻想可通过大彼者找到一个完美的享乐,但是大彼者同时也登录在符号界,也是被阉割的,它无法提供这个享乐。换言之,无意识和意识既在时间上也在逻辑上代表了两种主体通过能指寻求享乐的能力,但寻求过程中真正核心并具本体性的却是其中永远不能被满足的享乐以及主体由此感受到的缺失,也正是其不可填补性和永恒性使得主体不断在能指链中漂流,并幻想找到能带来满足的客体。

第三,从理论角度来说,拉康的范式转换真正解决了自弗洛伊德起就悬挂在精神分析头顶的达摩克利之剑"何以谈话能够治病",即假若如弗洛伊德所言,词表象外在于无意识,何以谈话有效?语言何以能和异质的无意识世界沟通?如果语言仅是外在的,其他途径如图像或者更高级的沟通技术是不是更为有效?如果沿着弗洛伊德的思路,这些问题几乎无解,话语有效性问题更多是经验性的而非逻辑性的。在拉康框架下却不需多费口舌,如上文所言,无意识从一开始就是话语登录的结果,并不神秘,治疗只不过走了个回头路。

附录二：无意识：内部还是外部？

在精神分析史上，这个差异性也直接导致了拉康和法国弗洛伊德派的决裂，这一派的代表人物是弗洛伊德早期著名弟子 J. 拉普朗什，他直接指出拉康不是弗洛伊德派，因为弗洛伊德说无意识中只有物表象，意识中既有词表象也有物表象，词表象是用来理解物表象的工具，因而无意识是语言的条件，而非拉康所言"语言是无意识的条件"①。实际上，如果仔细推敲拉康的说法，此处"条件"更多是一个发生学条件，而非词物之符合论条件。换言之，如果说无意识运作规则和语言规则一样，无意识就可能不是遗传事实，而是外部语言之登录结果。因此，当拉康此刻说"无意识被结构得像一门语言"，更多是就运作形式而言，而非就声音—图像等运作内容而言。也许真正的分歧在于无意识中先在物表象的起源：如果它们是生物或种系遗传的，拉普朗什的断言就有其道理；但正如拉康不断强调的，所有早先的无意识表象都是母子互动阶段所登录的记忆痕迹，这些痕迹无论从内容还是连接形式上都依赖母亲的话语，那么语言恰恰是无意识的条件。更明确地说，即使如现代神经生理学实验所证实的，儿童初年所接受的大部分信息是视觉的，加上一些其他感觉系统的痕迹，但这些感觉材料无法自身构建为一个符号化系统，它们必须要等到儿童对母亲的话语感兴趣，因为只有语言才能基于其特有的音素结构来建立起一个差异化、命名性的符号系统。

第四，在此趋势下，很多精神分析概念被收敛到语言的功能上，更准确地说是能指结构上。例如就无意识—意识之分化而言，弗洛伊德把它看成是生命紧急状态所必须，但拉康却诉诸能指的内在结构，因能指是纯形式或纯语形的，其意指（signification）不定，主体既可幻想它指向一个实在客体来得到满足（原发过程），也可通过仅把它看成是此前快乐的信号而依此来寻找另一个能指（继发过程）。最终，如我们所知，这个对立被更形式化地还原为两种能指或能指的两种不同功能，即主人

---

① J. Laplanche, *Problématiques IV L'inconscient et le ça*, Paris: PUF, 1981, pp. 261–321.

能指 S_1 和知识能指 S_2[①]。这一还原大大简化了精神分析发展所衍生的复杂概念体系，例如自恋、冲动及自我等概念间的复杂关系，同时也使得某些概念相比其他而言获得了更基础性的地位，例如，更为强调"由外到内"的认同概念相比强调"由内到外"的投射概念逐渐得到了越来越多的重视。

同时，这种收敛也使得很多弗洛伊德的概念获得了更强的逻辑一致性，尽管以牺牲复杂性为代价。例如就无意识而言，弗洛伊德基于原心理学而赋予它的定义是多重的：从时间角度，无意识在于瞬时满足；从表象角度，无意识在于知觉同一性；从能量角度，无意识在于能量清零。这些角度在丰富无意识概念的同时也带来了一些歧义及矛盾。对拉康而言，这些定义最终都被收敛到能指结构上。用弗洛伊德的话来说，表象结构是基础，能量和时间是次要的，如果我们暂时不考虑能指和表象之间差异的话。

第五，对临床而言，工作重心也从症状学的分类和研究转换到对语言所蕴含的辞说结构的分析：传统的病理表象或情结被还原为一些能指的特殊语义冲突，基础幻想被主人辞说代替，精神分析倾听的重心也从家庭故事的各种幻想形式转换到话语的节奏及其内部的裂缝。

同时，最重要的是，这一转换也回避了弗洛伊德在外部现实上的循环论证。因无意识污染现实，或现实中掺杂无意识的产物，相同经验事实既可以被解读为客观外部现实，即压抑一方，又可以被解读为无意识欲望的体现，即被压抑一方。对于那些带点规范性的事实而言，这往往会造成一些困惑，如中国的孝文化既可以被看成是一种天然固有的文化秩序，其形成决定了无意识的形成，但也同样可以被看成是中国特有抚养关系的一种结果，或者一种俄狄浦斯情结在中国的变形。而对拉康而言，有必要绕过这些事实序列，来质疑它们背后所潜在的、语言所传递的文化性的符号结构。

[①] J. Lacan, *D'un Autre à l'autre*, Paris: Seuil, 2006, p. 310.

四、何谓"外部"?

(一) 外部文化现象

"无意识是大彼者的辞说"在弱化无意识神秘性的同时,也使得从外部更物质化的辞说模式来研究它成为可能。语言内在结构的分析也使得人类精神装置可以一种更整体也更客观的方式被考察,这既回应了不少正统学者对精神分析之主观性或心理主义倾向的批评,但同时也不可避免地在整合弗洛伊德的内外对立时使之变得相对次要。此外,这一认识论原则弱化了弗洛伊德精神分析中的文化地域性,而能在一个更基础的方法论水平上为理解文化差异提供一个更清晰的平台:如果无意识被外部语言决定,这点对任何文化而言并没有不同。

就此,"外在性"概念在拉康思想中便获得了一个基础性地位。然而,如果没有澄清这一看似朴实的概念的特定结构性内涵,便可能导致一些误会。常见误会就是把各种外部文化现象对应于这个无意识的"外在性",如人类学、神话学、社会学各领域的现象等,并以此来分析无意识结构。这个做法在严格的结构主义立场上是一个误解。各种文化现象虽处于主体精神世界的外部,但仍是能指的产物。换言之,它们作为外部现实和精神现实一样,都只能依赖于能指赋形才有可能获得其特定的符号价值。能指外在于两个现实,两个现实内在于能指,两者间的"内外"之分实际上仅反映了能指的不同表现领域,这也正是拉康整体论立场所强调的,外部现实也是一种幻想,幻想仍是一种现实。

由此,真正的"外在性"在拉康那里首先指语言所带来的能指结构,后者在母子互动中给主体的内外世界赋形。但如此一来,就涉及两种不同的外在性。尽管语言和其他文化产物外在于主体,尽管在拉康的严格结构主义立场上语言也不等于能指序列,但正是它,也只有它,才能赋予能指一个物质实现模式或一个身体,来让主体登录在符号界中,它由此便具有一个历史及逻辑的优先性而区分于其他文化产物。

但在另一意义上，比较不同的文化现象仍是有价值的，因为它们同样是能指的产物，它们的运作同样体现了能指的符号规则。但需要注意的是，正如神话的多样化所示，它们同样也包含了大量符号结构所衍生的想象内容，过多停留在这些内容上容易使人遗忘在背后支撑它们的符号结构。因此，如同拉康在第一个时代所不断强调的"符号决定想象"原则，我们需要不断回到它们背后所潜藏的能指结构。

这一思路同样颠覆了弗洛伊德的原心理学野心。对其而言，无意识的揭露能够用来更好理解外部现实，是因为无意识能将其效果叠加到外部现实中，两者之间具有一个相对的因果性，无意识也具有一种既在发生学也在结构方面的优先性，诚如冰山隐喻描述的那般。但对拉康而言，无意识和意识依然能够相互渗透、影响，甚至转换，因果性也依然有效，但更多是局部的，因为如果从整体角度来看，两者都是能指的产物，它们只是符号秩序的不同表现。在此意义上，两者关系更多是平行的、伦理学的，而非因果的。

（二）主体间性

这一能指"外在决定论"不仅让拉康重构了精神分析实践，也使得他和很多深受其启发的思想学派保持了距离，如黑格尔学派、现象学学派等。例如，就"主体间性"这一深具现象学特色的术语而言，在弗洛伊德之后，不少学者认为此术语非常适宜来分析治疗关系，但拉康对此却相当谨慎。自其第一个讨论班起，他就指出，任何社会关系必须首先登录在能指所建立的符号规则中，其后主体间的二元关系才能在想象水平上得以展开[①]，正如一个女性只有接受符号界对母亲的命名和规定，她才可能想要生一个孩子。而后，他在1967年又再次强调了引入这个

---

① J. Lacan, *Les écrits techniques de Freud*, Paris: Seuil, 1975, p. 249.

术语的危险性①。暂且抛开其哲学背景，这点对精神分析实践而言更为关键。精神分析治疗不同于一般心理治疗，它不仅要揭露主体间关系背后所潜藏的符号关系，更要揭露此关系中欲望的不可能性。由此，分析家得假装处于某个位置上，以便让各种幻想展开。如果过于强调二元关系，尤其在转移中，这就使得幻想易于得到过多的现实支撑。同时，我们还要意识到，拉康这一观点的前提是，主体的符号结构是完整且稳定的，而对精神病性主体则应另当别论。

（三）实在（Réel）作为"外—在（Ex-istence）"

但问题还未结束。符号界的功能虽被澄清，但它可否带来我们想要的满足？答案是悲观的，因为语言并非真理，能指也有其局限，它带来的满足总是有限的。对主体而言，缺失因而是永恒的，欲望也因此永不停歇。这样，拉康自 1960 年起，就整体性地转向实在界，来试图澄清其给精神结构所带来的多种效果，与其相关的一系列概念被陆续提出：客体小 a、太一、不存在的性关系等。

而实在界的功能也使得一个新的"外在性"被引入，实在外在于能指序列。但拉康的实在界并非一个自然哲学或科学哲学意义上的实体性存在，它更多是一些由能指链的边界或者能指结构内部的一些缺口给定的不可能位置。它们"存在"，但不能被符号化，也不能被想象。从结构角度来说，其功能不易于被自然语言澄清，而更适合用形式语言来刻画。由此，相比于符号界或符号界产物（如身体）的外在性（Extériorité），拉康借海德格尔哲学发明了术语 Ex-istence（外—在）来指示实在的外在特征，并借此明确了其"反哲学"立场。

这样，能指结构就安置了一些不同水平上的内外关系：精神现实—外部现实，能指序列—符号化产物，实在界—能指系统。从外延角度来讲，这些关系似乎暗示了一个由低到高的等级关系。然而，问题并非那

---

① J. Lacan, *La logique du fantasme*, ALI, inédit, Leçon du 1 février. 该讨论班为国际拉康派协会的内部交流版本，依法国惯例，在此仅注明引文所涉日期。

么简单。如果实在是被能指序列的一些边界或裂缝所给定，这些边界或裂缝同样也是相对于内外现实而言，因为它们同时也是能指规则的体现者。换言之，实在不仅外在于抽象的能指结构，也外在于内外现实中的能指产物。对精神现实而言，正如弗洛伊德"梦的脐点"或重复现象所回溯性地暗示的那般，存在一些其所不能触及的挡板。对外部现实而言，正如焦虑性客体或者垃圾处于整个符号系统之外，也存在一些欲望所不能抵达的地点。因此，这几种内外关系并没有构成一个简单的等级体系，它们之间具有一个复杂的嵌套关系。实在既和能指接壤，也和能指产物接壤。

所幸的是，我们在拉康的众多符号结构中找到了一个可描述这个关系的结构，即莫比乌斯带。莫比乌斯带是具有莫比乌斯结构的一个几何表象，如果其用法局限在隐喻意义上，则可用来描述两事物之间既同也异的关系。从代数组合的角度来讲，它同构于图1。如果在拓扑学上考虑该表象的外蕴空间，此图能以一种简化模式来图表化这三种内外关系（图2）：其一，此表象轨迹所围绕的空间可表述两种现实间的"既对立又同一"的关系。之所以对立，是因为两者代表了精神结构的两种不同工作方式。在对抗状态下，无意识快乐原则被压抑并通过其他途径来满足。之所以同一，是因为两者都是符号界的产物，在逻辑上看，两者目的一致，都在寻找快乐，也都指向实在，后者实际上是前者的一个修改。其二，此轨迹或内蕴空间可以形式化能指的"自身差异性"，能指是纯形式的，为了定义一个能指就需要另外一个能指。实际上，如上文所述，正因能指的自身差异性，精神结构内外现实才得以分化。其三，

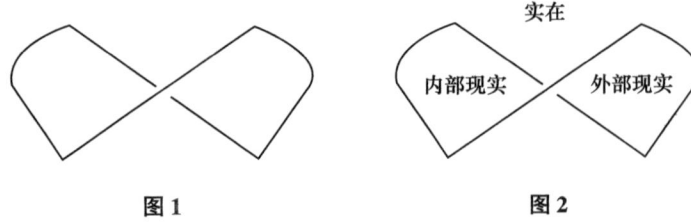

图1　　　　　　　　图2

此表象的外蕴空间可用来定位实在的外在性,实在外在于能指结构以及内外现实,但又与两者接壤。在另一个科学实在论的立场上,整个内外现实可以被看成实在中被符号化的部分。

(原载于《世界哲学》,2016年第6期)

附录三：从射影几何模型看精神分析实践中的"真理"

蔡婷婷*

前　言

我们知道与胡塞尔不同，梅洛-庞蒂建立了一个以知觉为中心的现象学系统。在这一系统中，现象学更多地与感知经验相关联，也即是说，与主体的知觉体验而非与其反思性相关联。而运用严格的科学方法对知觉体验进行探究，一种崭新的关系在哲学与科学之间被建立起来，后者（尤其是心理学）通过其技术手段的日益精进为我们对意识经验进行哲学反思提供了更多的可能。在这一前提下，梅洛-庞蒂所定义的"真理"就始终与知觉的概念密不可分，他认为"世界并非如我所思，而是如我所感知"，"我并不能占有世界，（因为）它是无穷无尽的"[①]。因此，一方面，真理就被排除在作为"绝对"或"整体"被抵达的可能性之外，而只能是"未完成"的，并且始终在一种不断被新的感知经验所更新和颠覆的"历史的"建构中被无限接近；但这同样意味着，真理由此只能作为其本身而存在，这一点在其晚期著作中通过"交错"的概

---

* 蔡婷婷，四川省妇女儿童医院心理学副研究员。本文为四川省卫计委普及应用项目"幼儿孤独症的机构式心理治疗模式研究"（项目编号：17PJ259）的阶段性成果。

① Maurice Merleau-Ponty, *Phénoménologie de la perception*, Gallimard, 1945, p. xi.

附录三：从射影几何模型看精神分析实践中的"真理"

念得以确认：真理即是肉身的真理，是感知与被感知的交织，是真理与随时可能在时间中发生翻转的非真理的交织，因为它们不可分离、互为衬里，并总会在下一个可能性中成为对方。另一方面，梅洛-庞蒂和大部分当代思想家一样，从根本上质疑自笛卡尔以来基于"我思"建立的自我的真理。由此，我们需要去考虑"反思"之外的自我的部分：比如焦虑、绝望、迫害以及享乐等一系列特殊的情感体验。而这就让我们无法回避地触及从未知直至"奇特性"（Unheimliche）的领域，并让我们完全脱离曾经占有世界以及占有我们自身的那个位置，因为这不再是一个思考中的自我，而是在《可见与不可见》中所定义的肉身的自我。

简单来说，在笛卡尔那里，自我的真理在于对一切在表象中为意识提供根据的东西进行怀疑，并最终将思想本身抽取出来作为唯一的确定性。主体由此被简约为一种消灭的力量，而他的在场即是作为这一确定性的在场。我们知道从笛卡尔那里开始的哲学和科学传统始终将主体作为思想或者自我意识。虽然在后来的哲学思考中，这一自我意识经历了诸多变形，直至对存在的思考在海德格尔那里达到顶点，但对主体与存在问题所做的一切讨论仍然不会耗尽以下问题：即主体的在场是如何从消灭的力量被带回到存在那里的？这个问题在雅克拉康那里就成为他对主体这个概念本身所进行的思考。作为弗洛伊德的重要后继者和阅读者，拉康同样将无意识放在了极其重要的位置，而自我意识作为一种"不知"（méconnaissance）就被剥去了在哲学和科学领域被赋予的特权。弗洛伊德提出，在病人那里表现出的症状正是通过这一"不知"而与无意识欲望联系在了一起。除了和弗洛伊德一样去考虑症状与无意识的关系之外，拉康从《焦虑》（1962—1963）讨论班开始将一些特殊的经验现象与无意识冲动的意识表象，即情感相联系。其中，焦虑作为主体与实在界相遇的信号，以及在抵达实在界之前"最后的壁垒"，被他放置于精神分析治疗的核心位置。在该讨论班中，他通过焦虑的概念重提"镜子阶段"理论，并认为不是所有东西都能被镜像化，而是在主体的位置上始终存在一个"剩余":"焦虑的现象出现在本来是缺失却被这一剩余的出现所替代的时刻。"① 这样,不能被定义的"奇特性"(Unheimliche/étrangeté②)就准确地向我们标记出本应在那里的"缺失被缺失"的地点("le manque vient à manquer"③)。

一、"镜像"与分析家的位置

从拉康的早期讨论班开始,他始终将"像"放在十分重要的位置上,从他关于"镜子阶段"的理论这一点不难看出。该理论虽然在上个世纪30年代就被提出,但它不仅是拉康理论的起点,也始终是其思想的核心。比起直接重复其在1949年文章中的论述④,我们或许可以换种方式来讨论。举个简单的例子,某个孩子说"弗朗索瓦打了我",而实际上是这个孩子打了弗朗索瓦⑤。由此可以看出,虽然在这一时刻孩子通过弗朗索瓦这一彼者身体的镜像承担了他还未获得的对自己身体的控制,但在他与其同伴之间存在的是一个不稳定的镜子。他在"打"这一行动中确认了自己的身体,并且只是确认了自己的身体,因为这一行动并不涉及任何动机或后果。"打"的行动被认为发生在弗朗索瓦身上,这是通过一个比自己更完美、更能控制的彼者的先于自己的行动,来确认该彼者作为自身镜像的理想形式。这对于主体将自身作为形式或自我而言具有十分重要的意义。

很明显,孩子的这一攻击性行为带有破坏的意味,但拉康并不仅限于在此意义上谈论摧毁性,他认为一方面,主体有个最初的欲望,驱使

---

① Jacques Lacan, *L'angoisse*, séminaire X, Paris: Seuil, 2004, p. 74.
② S. Freud, *"L'inquiétante étrangeté"*, in *L'inquiétante étrangeté et autres essais*, Paris: Gallimard, 1985.
③ Jacques Lacan, *L'angoisse*, séminaire X, Paris: Seuil, 2004, p. 53.
④ Jacques Lacan, *Le stade du miroir comme formateur de la fonction du Je telle qu'elle nous est révélée dans l'expérience psychanalytique*, in *Écrits*, Paris: Seuil, 1966.
⑤ Jacques Lacan, *Les écrits techniques de Freud*, Paris: Seuil, 1998, p. 281.

附录三：从射影几何模型看精神分析实践中的"真理"

他将一个彼者的像纳入自身。也就是说，这一欲望使他将所看到的情景投射到外在于他的形式之中，即由彼者发出。因而，"打"的行动的意义在于将彼者的身体摧毁，并将其作为自己的理想形式，使其欲望在这个身体形式的通道中通过。另一方面，这里发生了一个翻转的游戏：主体在这一镜像时刻看到了彼者的像，并且在一种同时性中用这一外在的理想整合了自我的形式；换句话说，主体将自我的形式与他在彼者中看到的欲望——通过投射在彼者中的欲望——作了一个交换。在彼者中，且通过彼者，自身的欲望在"我"与"你"的符号系统中才能被命名。也正是由此，彼者身体的存在变得不再重要，因为对于主体而言，它仅仅由通向这个物的符号（其身体的形象）的存在而在那里。

我们知道，精神分析的规则是自由联想，即说出所有在脑子里冒出来的东西。通过话语来推动分析进行的事实，即是说即使联想不是发生在语言的水平上，但也始终在语言的范围之内。那么，在分析家在场的情况下，分析者是如何通过言说来理解自己所说的话呢？这个问题在之前提到的不稳定的镜子的功能中被具体化，即是要回答分析家的在场作为彼者是如何既作为镜像，而又超越了镜像而存在的。对这个问题的回答或许可以帮助我们理解精神分析中的"真理"到底是什么。"真理"概念涉及的问题很多也很复杂，但我希望通过一种相对直观的方式来澄清在该领域对这一问题的讨论。为此，我认为应该重提拉康在1965—1966年讨论班中对"透视"以及"射影几何"等数学方法所进行的反思，他从法国著名几何学家和建筑学家德扎格（Girard Desargues）的研究出发，着重探讨了通过视觉所建立的人与世界的关系。下面我们就来具体讨论这个问题以及与精神分析的理论如何相关。

二、透视法与射影几何模型

当我们要将位于空间中的某个客体呈现于纸上时，必须要遵守符合人类视觉感知的一些操作上和美学上的规则。这就涉及透视画法的不同技术，虽然这些技术的共同点都是将三维的客体转变为二维，并且这一客体在空间中相对于观察者的远近关系也需要被考虑。透视画法作为呈现外部世界的方式之一，是现有的最接近照相成像的技术手段。一般来说，存在多种透视画法的形式，但我们在此只讨论"线性透视"（也称作"中心透视""消失点透视"或"锥形透视"），因为作为最主要的透视画法之一，它最能体现三维空间的纵深感并且最容易被人类视觉和大脑识别。

"透视"一词来源于拉丁语 *perspicere*，意思是"通过……看"。透视画法是运用线条图形容易暗示三维空间的原理，而造成的一种错觉。这一画法是将人置于一个固定的点上来观察平面上所形成的景物的透视关系，从而表现空间中纵深感的背景构图。文艺复兴时期的画家几乎都研究过透视画法。那么，为什么会产生透视的效果呢？这是因为人的两眼之间存在着大约 6 厘米的距离，对一个物体而言，它其实是被两眼以不同的角度同时进行观察，所以物像会有向后紧缩感。这样，越近的东西两眼看它的角度差越大，越远的东西角度差越小。既然所有的物像都会向后紧缩，那么必然交会于无限远处的某个点。就像我们在日常生活中所能观察到的那样，越远的东西看起来越小，而当距离达到无限远时，这个东西就会等同于一个点，而这个点就是我们所说的"消失点"或"无限远点"。经验告诉我们，渐行渐远的铁路或者公路在透视画法中就被呈现为两条平行直线相交于无限远点。由此，我们就可以提出关于几何空间的一个特殊概念，并将其定义为由两种点所组成的空间：普通点和消失点。

从 14 世纪起，为了让绘画变得更为接近现实，意大利画家开始运用光学系统来进行艺术创作。其中透视画法就是将画家的眼睛作为中心，把观察物投影到画布上，再根据实物的影子进行描绘的过程。但随之而来的问题是，在实物和它的成像之间存在着由于空间的二维化而发生的改变，而如何去解释和证明二者之间的改变与不变就成为之后越来

附录三：从射影几何模型看精神分析实践中的"真理"

越多数学家需要去解决的问题。为了研究实物的成像在投影下的性质，德扎格·彭赛列（Jean-Victor Poncelet）等数学家探索出许多新的几何学概念和理论，由此促使了射影几何这门新学科的诞生。下面我们着重来看看德扎格的思路。

德扎格作为射影几何的奠基人，他所创立的是完全不同于欧式几何的新学科。如果说后者研究的是实物在位置移动后的不变性，那么射影几何关心的只有投影之后成像的不变性。根据欧几里德定理，通过直线外一点，有且只有一条通过此点的平行直线。然而通过探究透视画法以及圆锥体的特质，德扎格认为所有的平行直线都最终能汇聚于空间中的同一点。这就是为什么他建议将欧式定理由以下方式来表达：有且只有一条直线通过空间中的两点；两条直线总是会相交于空间中唯一的一点。更准确地说，在射影平面上，两条平行直线在无限远点相交，而这正是在透视画法中位于视平线上的"消失点"。由此，射影平面上的两条不同的直线总是有交点。不难看出，德扎格所采用的方法在于将欧式几何一般化和普遍化。他的理论其实是确认了对于后者来说在质上存在不同的图形之间仍然有着不可否认的连续性。举个简单的例子，在射影几何中，圆、椭圆和双曲线只不过是圆的射影图形，因此圆的性质可以延展到所有这些锥形截面图形中。

如果使用我们平时所熟知的表达，射影几何即是将被投射于无限远的要素放置于有限距离中来加以处理，使其在平面上成为能够被我们的想象所抵达的要素。这样，被投射于无限远的两条平行线的交点在有限距离中就用位于视平线上的任意一点来呈现，因为我们知道视平线代表着画面的纵深度。在其最重要的著作《试图处理圆锥与平面相交结果的草稿》中，德扎格指出："一方面，我们的理性试图去认识无限多的东西，后者作为一个整体由其最大和最小两个极端结合而成，但另一方面，我们的智力又迷失其中，不仅仅因为无法去想象其最大和最小，而且惯常的推理只会引导我们去做出一些关于属性的结论，而在这样的结论之下，我们无法通过其属性来理解事物本身。"①

尽管如此,德扎格仍然将对欧式几何中平行直线的一般化扩展到了对平行平面的应用上,并且对这一我们"无法想象的"和在透视中"无法被表象的"要素做出了以下设想:在透视设置中,我们首先假设一点 O,表示观察者眼睛所在的位置;一张平面 T,表示成像的平面;然后一张平面 P,表示包含着地平线的投射地面;最后一张平行于投射地面的平面,经过观察者眼睛 O 点与 T 平面相交于视平线 H。我们一般根据观察者的眼睛相对于成像平面的距离来确定该直线在平面上的具体位置,视平线 H 是所有透视结构最主要的定位标准。我们可以选取在视平线 H 上的任意一点作为透视中心点 S,它表示在成像平面中对应着观察者眼睛的 O 点。这些即是射影空间的基本要素。

如图 1 所示:

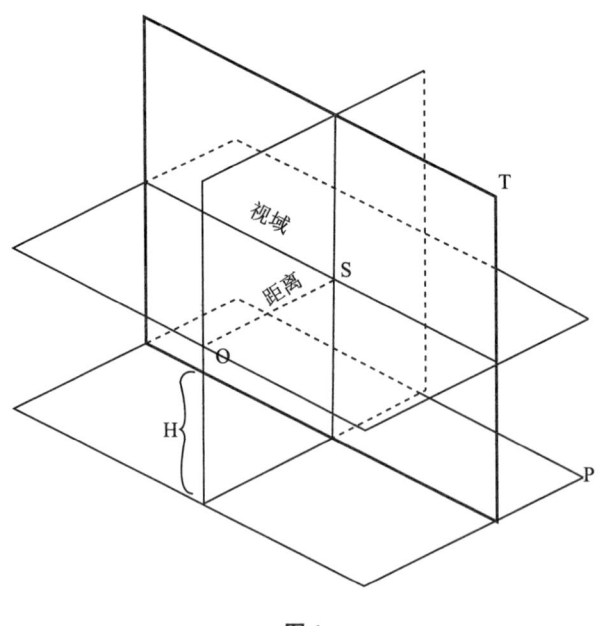

图 1

---

① Girard Desargues, *Brouillon Projet d'une atteinte aux événements des rencontres du Cône avec un Plan*, in René Taton, *L'œuvre mathématique de Girard Desargues*, Paris: P. U. F., 1951, p. 99.

附录三：从射影几何模型看精神分析实践中的"真理"

由此，作为观察者和被观察者的主—客关系就在透视设置中通过后者"被放置于观察者面前的屏幕之上"而被确定下来。观察者在 O 点的位置上被缩减为"眼睛"（长期以来作为"心灵的窗户"代表着意识的主体），而所有的被观察者由此就成为只是对其本身存在的一种表象，而被放置于无数张叠放着的平面之上。

如图 2 所示，这即是我们对于外部世界的表象方式：

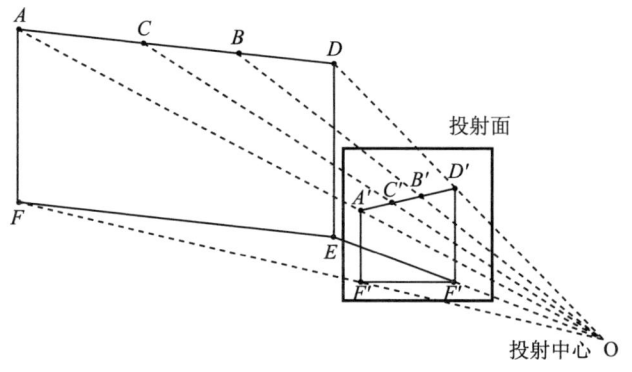

图 2

但是，对于画家来说最早被提出的问题却很简单：即如何在平面上呈现方块铺面地板。虽然常识告诉我们与成像平面平行的方块边缘仍然在画面中保持与之平行，而与其垂直的方块边缘将汇聚于远处的消失点，但困难在于如何来确定这些平行边缘的间距。为此，数学家们提出了这样的解决方案：我们需要在图像中找到另外一个消失点，它的位置依赖于观察者相对于成像平面的距离，即是说由 O 点出发抵达 T 平面的直线与后者相交于 S 点，再由 S 点为起点作一个 OSO′等腰三角形，线段 OS 长度 = 线段 O′S 长度。

如图 3 所示：

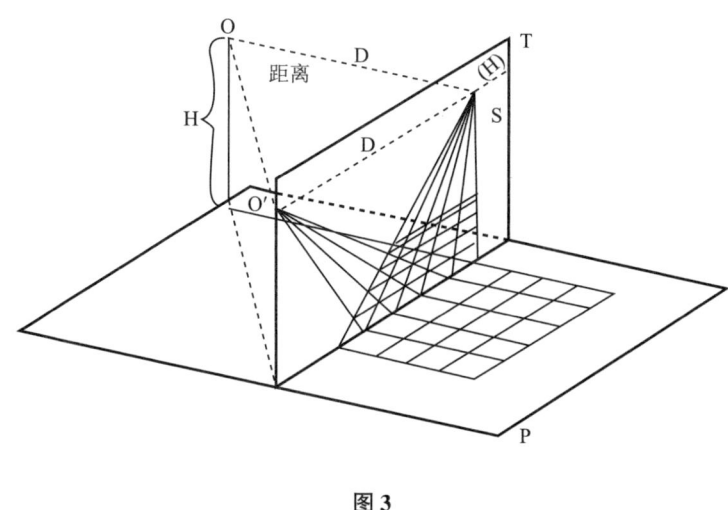

图 3

数学家们认为这些方块的对角线就汇聚于"第二个消失点",即 O′S。这两个消失点之间的距离恰好对应着观察者相对于成像平面的距离。如果观察者逐渐远离成像平面,那么这一距离就会增加,在成像平面上第二个消失点就会更加远离位于中心的消失点,而这些方块铺面就会在纵深感上显得更小。

如图 4 所示:

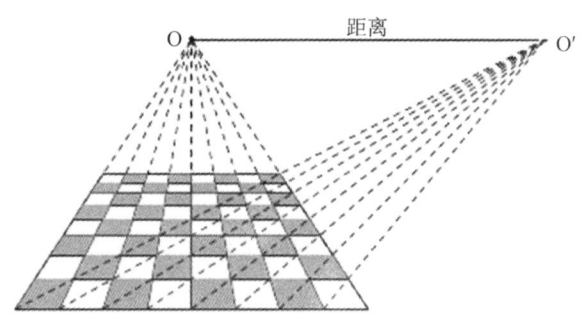

图 4

附录三：从射影几何模型看精神分析实践中的"真理"

三、拉康提出的问题

在具体操作上，若我们想将空间中任意一点 A 呈现在射影几何中，就需要将此点与观察者 O 点相连接，直线 OA 与 P 平面相交，并于 T 平面相交于 a 点，a 点即是 A 点在 T 平面上的成像。但需要指出的是，这一成像只有当 A 点位于 O 点面前并且在 T 平面之后时才是可能的（即透视画法的标准设置），此时 T 平面就是位于观察者与外部世界之间的"屏幕"。

但是，若我们想象一个位于 O 点与 T 平面之间的 B 点，或位于 O 点背后的 C 点，或位于 O 点"脚部"位置的 D 点，再或者位于 T 平面之后无限远的 I 点，对其进行射影变形就不是件容易的事了。这就是拉康通过他第 13 个讨论班所提出的问题。

如图 5 所示：

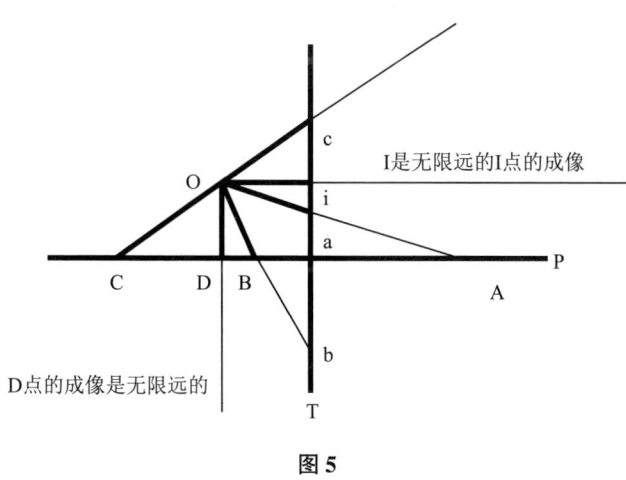

图 5

根据射影几何的规则，我们对 B 点按照 A 点进行同样的操作，那么 B 点的成像 b 就会超过 T 平面的边界而向下延伸，但很显然这一点是无法被呈现于成像平面之上的。就像拉康所说的那样，所有位于 O 点与 T

平面之间的点都会"朝向我们所认为无限远的纵深延展下去"①。

而对于处在 O 点之后的 C 点的成像，按照同样的原理，我们连接 O 点与 C 点，直线 OC 将无限延伸至天上吗？拉康明确地说："严格来说，在透视画法中，位于视平线之上的是天空吗？完全不是，它只是位于你身后的视平线。"② 由此，经过在 O 点之后位于右边的点的直线将在成像平面上位于画面的左上方，而经过在 O 点之后位于左边的点的直线将在成像平面上位于画面的右上方。这就是射影几何的机制，不可见的点在空间中总是在相反的地点被定位和呈现。

当 B 点逐渐趋向于 C 点而在 O 点的"脚部"位置与 D 点汇合时，经过该点的直线 OD 就位于和 T 平面相平行的平面上而无法与之相交，即是说 D 点在 T 平面上没有成像。

除此之外，还存在另一种特殊情况，即在 T 平面上有一点 i，它并不对应于空间中任何一个可见点。换句话说，i 点是空间中无限远点 I 在 T 平面上的成像。通过 i 点我们可以去想象 I 点，但在现实中它无法在任何情况下被定位。这样一个唯一的特殊点作为透视画法的消失点，可以在射影几何的符号系统中被表象，但不能在设置图形中得以呈现，既然我们知道直线 OI 与平面 P 之间没有可见的交点。二者之间始终存在着由消失点所标记的缺口，而这一缺口本身正是看着我们作为观察者的"目光"，与观察者的眼睛相区别，它并不在图像之外而是在图像之中③。

对此，我们很容易联想到关于"沙丁鱼罐头盒"的经典例子：拉康

---

① Jacques Lacan, *L'objet de la psychanalyse*, séminaire XIII, inedited, leçon du 4 mai 1966.
② Jacques Lacan, *L'objet de la psychanalyse*, séminaire XIII, inedited, leçon du 4 mai 1966.
③ 对意大利建筑师和建筑理论家阿尔贝蒂·利昂纳来说，绘画的目的是将不同形状的物体的表面呈现在同一个平面上。由此，他引入了"视觉金字塔"的概念，图画就是朝向世界开放着的一个窗口。在他的著作《论绘画》中，他解释说人的眼睛正是这一视觉金字塔的塔尖，而图画就是金字塔的塔底，画面就呈现在这一平面之上，图画中的消失点也被其称之为眼睛。现在我们将这一金字塔作为圆锥体。虽然阿尔贝蒂没有运用透视画法的概念，但他是首位严格对锥形透视法进行定义的科学家。Leon Battista Alberti, *De la peinture*, traduction by Jean Louis Schefer, Paris: Macula, Dédale, 1992.

附录三: 从射影几何模型看精神分析实践中的"真理"

某次在普罗旺斯度假时，那时现代工业对渔业的影响还不如现在这般深远。一天他随一艘小渔船出海，看见海面上浮动着一个沙丁鱼罐头盒，在阳光下闪闪发光，一同在船上的小男孩指着它叫道："你看到那个盒子了吗，它看不到你!"这个有趣的小故事他是这样来解读的: 他自己把眼前的场景视作一幅在海面上漂浮着罐头盒的画卷，但小男孩却将自己作为被看的东西，而将那个盒子作为正注视着自己的目光，只不过它没有眼睛看不到自己罢了[①]。

虽然我们无法将所有的无限远点都呈现于图画之上，但图 5 向我们确切地展示出当我们去看周围世界的时候，可见的与不可见的都发生了怎样的转化。因此，欧式平面似乎不足以用来考量在图示中那些不可见的东西。而射影平面在前者的基础上增加了一条无限远直线（即由该平面所有无限远点所构成的直线），这条直线同时在 P 平面和 T 平面上使得二者之间的边界被取消；也就是说，该直线使射影平面成了一个没有边缘的连续性平面。这样，从 O 点（根据观察者位置的不同而不同）出发，去往各个方向的平行直线（包括平行于 P 平面与 T 平面的所有直线）都汇聚于无数个无限远点，后者所构成的直线其实是一个围绕着连续平面的圆圈。这样在德扎格那里，世界就并非以一眼尽观的整体呈现在我们面前，而是作为消失点远离视界不断后退的一个无限空间。由此，外部世界对我们来说就是由位于中心的眼睛所构建的一个球面体，而这一眼睛所在的中心点本身是不可见的。德扎格将透视中的消失点构想为同时存在于图画之外和图画之中，这就意味着在两个空间之间存在着"通道"，即是说二者之间不存在根本上的相异性。那么，被精神分析所强调的主体建构的相异性（首先是内与外的相异性）应该到哪里去定位呢?

---

① Jacques Lacan, *Les quatre concepts fondamentaux de la psychanalyse*, Paris: Seuil, 1973, pp. 88 – 89.

四、"假设知道的主体"与精神分析实践中的"真理"

很长一段时间以来,分析家与分析者的关系总是学界讨论的中心,如何理解并处理这一议题成了众多精神分析理论学者感兴趣的问题。对于拉康来说,为此我们需要做的第一步就是重新来理解被精神分析所颠覆与重置的主体只能以其分裂形式存在的身份。在他那里,消失点的特征被赋予了不能被镜像化的客体小 a——目光。而他认为被放置在这个位置上的分析家作为分析者欲望的原因,虽然处在一个不可能的位置,但却能使我们产生将分析家视为"假设知道的主体"的幻象,并使分析者第一时间来到分析家那里寻求帮助,这种请求以希望获得对其自身症状的一个解释,或者"知识"的方式被表达出来①。在 1965—1966 年这一讨论班中,拉康明确指出在透视里分裂的主体作为"目光"(le Regard)在图画中的表象为 S 点,代表了永远无法被表象的消失点,只有这一不能被表象的点才能指示观看的主体,即 Sujet qui regarde(与站在图画面前"看到的主体"相区别,即 Sujet qui voit)。对于分析家来说,他需要通过占据第二个消失点的位置来保持与"假设知道的主体",即 S 点的距离(在法语中"看"最初的含义即是保持距离)。由此,两个消失点之间的差异才能使观看者与屏幕之间的距离变得不再固定不变(如图四),而第二个消失点自身作为透视结构内部的一个基本设定,通过一种空间的"镶嵌"给予了分析者进入异质性建构主体的可能②。

---

① S. Freud, "*La dynamique du transfert*", in *De la technique psychanalytique*, Paris: P. U. F., 1953, p. 50; Lacan, J., *Le transfert*, séminaire VIII, Paris: Seuil, 2001, pp. 203 – 236.

② 就像我们所熟知的那样,弗洛伊德在研究他的梦的时候,更多强调的是梦的场景和内容,却在很大程度上忽略了对于客体的思考。在这一背景下,拉康将客体的问题放在了他对幻想结构的制作上(幻想的图示 $ ◇ a),并且重新思考了弗洛伊德所提出的"被打的孩子"(S. Freud, "Un enfant est battu", in *Névrose, psychose et perversion*, Paris: P. U. F., 2010) 作为人类的基本幻想之一:幻想作为一个场景和一种讲述的前提是存在一个独立的、在一旁观看的主体。Lacan, J., *L'angoisse*, Paris: Seuil, 2004, pp. 85 – 98; Lacan, J., *La logique du fantasme*, séminaire XIV, inedited, leçon du 21 juin 1967.

附录三：从射影几何模型看精神分析实践中的"真理"

我们知道，对主体与"知识"之间关系的质疑从根本上来讲是对分析家功能提出了质疑，这就意味着分析家是否如我们所想象的那样总是知道我们症状的原因，而后者是分析者对分析家建立转移关系（移情）的基础。但在分析的实践中，主体与"知识"的关系在于分析家对其干预的"悬置"，也就是说，分析的根本在于对于分析家本身来讲并不存在"假设知道的主体"；而正是通过对这一"假设知道的主体"进行消解和取消，分析家解释的效果才能在刺激分析者自身创造性的层面上被后者所接受。对于拉康来说，分析家的功能取决于在什么程度上他能对"知识"进行抵抗，这一抵抗的位置才是在精神分析中的"真理"，对于分析者来说，这也是他进入自身无意识的唯一入口，由此找到决定他症状的原因。为了接近这一主体在其中被排除的真理只有唯一的方式，即"佯装假设知道的主体的位置是站得住脚的"①。这就是为什么对于拉康来说，这一"假设知道的主体"在分析中最终被消除才是分析行为的核心。

我们不难想到一个时间上的巧合：1964年，梅洛-庞蒂的著作《可见与不可见》出版以及拉康被法国精神分析学会除名后在"四个基本概念"讨论班中提出主体的分裂与作为客体小a的目光。而这是否可以理解为"真理"作为关于存在的拓扑学结构——肉身的或者数学的——在一个共同的"不能被思考的"的地点使两位思想家实现了真正的相遇，或者说，完成了"交错"呢？

---

① Jacques Lacan, *L'acte psychanalytique*, séminaire XV, inedited, leçon du 29 novembre 1967.

参考文献

Girard Desargues, *Brouillon Projet d'une atteinte aux événements des rencontres du Cône avec un Plan* (1639), in René Taton, *L'œuvre mathématique de Girard Desargues*, P. U. F. , 1951.

Jacques Lacan, *Intervention sur le transfert*, in *Écrits*, Seuil, 1966.

Jacques Lacan, *L'angoisse (1962 – 1963)*, séminaire X, Seuil, 2004.

Jacques Lacan, *L'acte psychanalytique (1967 – 1968)*, séminaire XV, 未出版.

Jacques Lacan, *La logique du fantasme (1966 – 1967)*, séminaire XIV, 未出版.

Jacques Lacan, *L'objet de la psychanalyse (1965 – 1966)*, séminaire XII, 未出版.

Jacques Lacan, *Le stade du miroir comme formateur de la fonction du Je telle qu'elle nous est révélée dans l'expérience psychanalytique (1949)*, in *Écrits*, Seuil, 1966.

Jacques Lacan, *Le transfert*, séminaire VIII, Seuil, 2001.

Jacques Lacan, *Les écrits techniques de Freud (1953 – 1954)*, Seuil, 1998.

Jacques Lacan, *Les quatre concepts fondamentaux de la psychanalyse (1964 – 1965)*, Seuil, 1973.

Leon Battista Alberti, *De la peinture (1435)*, Macula, Dédale, 1992.

Maurice Merleau-Ponty, *Phénoménologie de la perception*, Gallimard, 1945.

Sigmund Freud, "*La dynamique du transfert*" (1912), in *De la technique psychanalytique*, P. U. F., 1953.

Sigmund Freud, "*L'inquiétante étrangeté*" (1919), in *L'inquiétante étrangeté et autres essais*, Gallimard, 1985.

Sigmund Freud, "Un enfant est battu" (1919), in *Névrose, psychose et perversion*, P. U. F., 2010.

(原载于《江苏社会科学》,2017 年第 4 期)

后　记

　　现象学与心理分析思潮几乎同时产生，百年来共生共存、相伴发展，正如文集所显示的，我们可以非常清晰地勾勒出这两种思潮由最初的相互批评到相互影响，再到相互吸收，不断汇流乃至创造出的新的思想范式的过程。

　　科隆大学和都柏林大学曾分别于 2007 年和 2014 年召开了现象学与心理分析的研讨会，会议成果先后收入了 2012 年和 2017 年出版的文集。在国际现象学界，贝奈特和布鲁辛斯卡（Brudzińska）也分别于 2013 年和 2019 年出版了专论。这些学术活动和研究表明现象学与心理分析的交叉研究已经成为国际学界新的研究热点。

　　我们先后在南京大学（2015 年、2016 年）、浙江大学（2019 年、2021 年）举办了现象学与心理分析专题研讨会，本文集的作者大多参加过这四届会议，收录的论文中除了本人指导的两篇学位论文以外，大多也是参会论文。这里尤其要感谢南京大学哲学系的王恒教授和浙江大学哲学学院的王俊教授对系列会议的大力支持。

　　感谢郑永杰、刘溪编辑为文集的出版付出的辛劳，也感谢王知飞、许伟和宋晶晶三位同学在文章格式和体例的编排上付出的劳动。

马迎辉

浙江大学紫金港